UTB **2162**

Eine Arbeitsgemeinschaft der Verlage

Wilhelm Fink Verlag München
A. Francke Verlag Tübingen und Basel
Paul Haupt Verlag Bern · Stuttgart · Wien
Hüthig Fachverlage Heidelberg
Verlag Leske + Budrich GmbH Opladen
Lucius & Lucius Verlagsgesellschaft Stuttgart
Mohr Siebeck Tübingen
Quelle & Meyer Verlag Wiebelsheim
Ernst Reinhardt Verlag München und Basel
Ferdinand Schöningh Verlag · Paderborn · München · Wien · Zürich
Eugen Ulmer Verlag Stuttgart
Vandenhoek & Ruprecht Göttingen und Zürich
WUV Wien

Für Merel, Till und Uta

Carsten Hobohm

Biodiversität

Quelle & Meyer Verlag Wiebelsheim

Zum Autor:

Carsten Hobohm, geb. 1957 in Hamburg. 1978-1984 Studium der Biologie, Chemie, Geologie und Philosophie in Bayreuth und Freiburg i. Br., Diplomarbeit im Bereich Geobotanik. Promotion an der Universität Hannover bei Prof. Dr. Richard Pott. Forschungsreisen zu Nordseeinseln, in den Mediterranraum, zu Makaronesischen Inseln und nach Mauritius. Seit 1992 wissenschaftlicher Mitarbeiter, 1997 Habilitation im Fachgebiet Geobotanik und Naturschutz, seit 1998 Hochschuldozent in der Ökologie am Fachbereich Umweltwissenschaften der Universität Lüneburg.

Die Deutsche Bibliothek - CIP-Einheitsaufnahme

Hobohm, Carsten:
Biodiversität / Carsten Hobohm. - 1. Auflage - Wiebelsheim : Quelle und Meyer, 2000
  (UTB für Wissenschaft : Uni-Taschenbücher ; 2162)
  ISBN 3-8252-2162-8 (UTB)
  ISBN 3-494-02263-1 (Quelle und Meyer)

© 2000 by Quelle & Meyer Verlag GmbH & Co., Wiebelsheim
  ISBN 3-494-02263-1

Umschlaggestaltung: Atelier Reichert, Stuttgart
Druck und Verarbeitung: Druckhaus Köthen
Printed in Germany/Imprimé en Allemagne

ISBN 3-8252-2162-8 (UTB-Bestellnummer)

Inhaltsverzeichnis

Vorwort

Biodiversität ist der zentrale Begriff einer aktuellen Diskussion. Viele Forschungs-objekte – Ökosysteme z.b. – werden von einem neuen Blickwinkel betrachtet und erscheinen in einem neuen Licht.

Hauptanliegen dieses Buches ist es, einen Überblick über Schlüsselthemen, Fragen und Antworten zum Thema Biodiversität zu geben um letztlich die Erhaltung der biologischen Vielfalt zu unterstützen. Methoden und Erkenntnisse der Genetik, der Evolutionsforschung, der Evolutionsökologie, der theoretischen Ökologie und Ökosystemforschung finden ebenso Berücksichtigung wie angewandte Aspekte. Insbesondere der Bezug zum Konzept des Sustainable Development und des prakti-schen Naturschutzes auf globaler Ebene werden herausgestellt. Inzwischen gibt es einen großen überregionalen Konsens in der Wertschätzung der Artenvielfalt und der Erhaltung von Großlandschaften. Diesen beiden Ebenen wird daher ein großer Stellenwert eingeräumt.

Die Freude an Naturbeobachtungen ist weit verbreitet. Sie stellt das Fundament der hier vorgelegten Betrachtungen dar. In einigen Bereichen, vor allem dort, wo es um Messen von Biodiversität und um Berechnen von Indizes geht und im theoreti-schen Teil, ist eine gewisse Abstraktionsleistung Voraussetzung zum Verständnis. Um den Umfang dieses Buches nicht zu sprengen werden mathematische Grund-kenntnisse vorausgesetzt.

Auch eine wissenschaftlicher Objektivität verpflichtete Arbeit erhält über die Auswahl von Inhalten ihre ganz unverwechselbaren Konturen. Diese Auswahl ist zwangsläufig durch persönliche Vorlieben des Autors – z.B. verschiedene Forschungsreisen – beeinflusst. Aufmerksamen Leserinnen und Lesern wird aller-dings sofort klar sein, an welcher Stelle subjektive Faszinationen, weiche Kausalitäten, Interpretationsspielräume bzw. unverrückbare Wahrheiten beschrieben sind.

Wenn im Text von „Interessenten" die Rede ist, wenn auch das Wort „man" gebraucht wird, so sind sowohl Frauen wie Männer gemeint. Konstruktionen wie InsassInnen werden aus ästhetischen Gründen nicht verwendet. Dies soll weder eine Abwertung des weiblichen noch eine Aufwertung des männlichen Geschlechts dar-stellen.

Das Buch richtet sich vor allem an Wissenschaftler und Studierende der Biologie, Geographie, Geoökologie, Landespflege, Umweltwissenschaften und verwandter Disziplinen und an Schülerinnen und Schüler der Sekundarstufe II in den Bereichen des Biologieunterrichtes, in denen die Biodiversität als zentrales Element themati-siert wird. Dies wird üblicherweise in der Ökologie und Evolutionskunde der Fall sein.

Das Manuskript zu dieser Veröffentlichung entstand in mehreren Schritten paral-lel zu entsprechenden, z.T. gleichnamigen Veranstaltungen in den Umweltwissen-schaften der Universität Lüneburg. Die positive und kritische Grundhaltung, der

Wissensdurst vieler Studentinnen und Studenten als musikalische Begleitung eines Entstehungsprozesses sind dabei ausdrücklich zu würdigen. Bedanken möchte ich mich auch bei meiner Familie, meinen Arbeitskollegen an der Universität Lüneburg und dem Lektorat des Verlages, vor allem Herrn Dr. Kohl, Wiebelsheim, für euryökes Wohlwollen und die stets positive Grundhaltung. Der Grundstein dieser Arbeit wurde bereits sehr früh gelegt. Ich möchte mich in diesem Zusammenhang ganz herzlich bei meinen Lehrerinnen und Lehrern der Ökologie, bei Frau Prof. Dr. Wilmanns, Hinterzarten, bei Frau Ernst, Ahrensburg, bei Herrn Prof. Dr. Pott, Hannover und bei Herrn Prof. Dr. Westhoff, Groesbeek, besonders für die von ihnen geführten Exkursionen und die damit verbundene Faszination bedanken.

Die Herren Dengler, Meyer, Redecker und Frau Kraft, Universität Lüneburg, versahen das Manuskript mit fruchtbaren und kritischen Anmerkungen, die ich in höchstem Maße als hilfreich empfand, und halfen, wenn der Computer wieder einmal hartnäckig Dinge tat, die angeblich theoretisch gar nicht passieren können. Die Herren Prof. Dr. Thannheiser, Hamburg, und Prof. Dr. Daniels, Münster, gaben mir wertvolle Literaturtipps.

Einleitung

Was ist Biodiversität? Welche biologischen Fragestellungen wären denn nicht unter dem „umbrella-term" (Haila & Kouki 1994: 6 ff.) der Biodiversität zu behandeln?

Wie kann man Biodiversität erkennen, messen, gegebenenfalls berechnen und vergleichen?

Warum sind die Moleküle in den Geweben, die Gewebe in den Lebewesen, die Individuen innerhalb einer Population, die Arten auf der Erde nicht nach dem Zufallsprinzip oder gleichmäßig verteilt? Wo sind sie es vielleicht doch? Was sind **Biodiversity-hotspots**? Wo und warum gibt es sie?

Welche Vielfalt ist notwendig, um das Funktionieren der Ökosysteme zu gewährleisten? Oder: Welche **Ökosystemfunktionen** sind notwendige Voraussetzung zur Erhaltung der Biodiversität?

Was bedeutet **Schutz der biologischen Vielfalt**? Und wie ist der Schutz der Artenvielfalt und der Großlandschaften zu erreichen?

Die Beantwortung dieser Fragen und die damit verbundene notwendige Klärung und Präzisierung einiger Fachtermini markieren wichtige Stationen dieser Veröffentlichung. Einige der Fragen lassen sich derzeit allerdings noch nicht plausibel beantworten. Verschiedene Phänomene laden bisweilen zum Staunen ein, so dass sich die Wissenschaft aufgefordert sieht, ihr eigenes – zumindest partielles – Unverständnis freimütig zu bekennen. Es soll im Folgenden also auch darum gehen, offene Fragen und mögliche Forschungsdefizite klar zu umreißen.

1 Biodiversität – Entstehung und Bedeutungswandel eines Begriffes

Dinge sind ähnlich, wenn sie in bestimmten Merkmalen übereinstimmen, sich in anderen aber unterscheiden. Die Frage nach der **Einheit der Natur**, die intensiv auch von philosophischer Seite immer wieder thematisiert wurde (vgl. BATSON 1982, WEIZSÄCKER 1983), konzentriert sich dabei auf das Verbindende, das Eine, auf Elementares, den Ursprung allen Seins auch. Doch wo immer gesucht wurde, auf der intergalaktischen, globalen, molekularen Ebene oder auf der der Elementarteilchen, wurden auch verschiedenartige, konträre, vielschichtige und wechselseitige Aspekte der Natur aufgespürt. Kurzum: Die Einheit der Natur wurde (noch?) nicht wirklich gefunden.

Besonders von ökologischer Seite, inzwischen aber auch in ganz anderen Bereichen, konzentrierte man sich nun vermehrt auf das Andere, das Unterscheidende, auf Vielfältiges und bekannte sich zum Pluralismus. Wenngleich zunächst weder neue Methoden entwickelt wurden, noch generell Neues zu erwarten war, so entwickelte sich doch eine neue Sicht der Dinge. Und tatsächlich kann im bescheidenen Umfang inzwischen durchaus von neuen wissenschaftlichen Erkenntnissen im Zusammenhang mit der Erforschung der Biodiversität gesprochen werden. Was aber ist „Biodiversität"?

„Nach dem Oxford Universal Dictionary ist **Diversität** der Zustand, verschieden, d.h. different, ungleich zu sein. . . Diversität ist eine wesentliche Eigenschaft jedes biologischen Systems. . . Biodiversität ist eine Funktion von Zeit und Raum" (SOLBRIG 1994: 17). Diese und ähnliche Begriffsbestimmungen tragen häufig – unabhängig von der Frage nach richtig oder falsch – dazu bei, ein wissenschaftlich möglicherweise brisantes, in weiten Bereichen unerforschtes Thema in z.T. populärer Weise seiner Konturen zu berauben.

Der Begriff der Diversität wird derzeit sehr weit gefasst, weiter, als dies noch vor wenigen Jahren und Jahrzehnten der Fall war. In einigen Fachpublikationen der 1960er oder 1970er Jahre wird der Begriff nicht definiert, und zwar deshalb nicht, weil die Autoren keine Angst haben mussten missverstanden zu werden. Sie verwendeten den Ausdruck zumeist synonym zu **Artenvielfalt**. Nach STEUBING & al. (1995: 30) ist Diversität die „Artenmannigfaltigkeit eines Ökosystems". Diese Begriffsbestimmung betrifft einen der ganz wichtigen Inhalte, aber bei weitem nicht mehr das gesamte Spektrum aller Teilaspekte.

Auf der Suche nach dem Geburtsort und Geburtsjahr des Begriffes Diversität in biologischem Zusammenhang bzw. Biodiversität wird man kaum denselben Erfolg verbuchen können, wie dies bei den Begriffen Biotop (DAHL 1908: 351) oder Ökologie (HAECKEL 1866: 286 ff.) der Fall war. Bios ist das Leben (griechisch), **diversitas** die Vielfalt bzw. Verschiedenheit (lateinisch). Biodiversität ist damit ganz allgemein die Vielfalt des Lebens. Man darf sich deshalb nicht wundern, wenn möglicherweise ein Naturforscher oder Weltreisender bereits vor hunderten von Jahren in biologischem Zusammenhang von Vielfalt oder Diversität berichtet haben mag. Eine entsprechende Notiz als Grundsteinlegung einer neuen Forschungsrichtung oder als Impuls für eine neue Sicht der Welt zu betrachten, wäre aber sicherlich eine etwas zu weit gehende Interpretation.

Zur Zeit setzt sich allerdings die Meinung durch, dass zumindest der Zeitpunkt der Entstehung des Ausdruckes **„Biodiversity"** feststeht (BARTHLOTT & al. 1999: 3). Danach wurde dieser im Jahre 1986 im Rahmen eines Symposiums in den USA geboren. Die National Academy of Sciences veranstaltete im September diesen Jahres in Washington ein „National Forum on BioDiversity".

Eine rege Diskussion zum Begriff der Diversität entwickelte sich aber schon vorher, nämlich vor allem in den 70er Jahren des 20. Jahrhunderts, möglicherweise in Folge eines Kongresses im Jahre 1969 in Brookhaven, der „Diversity and Stability in Ecological Systems" zum Thema hatte.

Im Jahre 1972 veröffentlichte WHITTAKER sein Konzept zur Unterscheidung von α-, β-, γ-, δ- und ϵ-Diversität. Diese Differenzierung hat zur Klärung des Begriffsfeldes allerdings kaum beigetragen. Zum Teil beziehen sich diese auf die Vielfalt selbst (α-, γ-, ϵ-Diversität), z.t. auf Unterschiede in der Vielfalt (β-, δ-Diversität), z.T. wird der Bezug zur Umgebung mit in die Definition eingearbeitet (β-, δ-Diversität), z.T. nicht (die übrigen). WILMANNS (1993: 22; vgl. auch WILMANNS 1998: 22) führt von diesen fünf noch zwei (α-, β-Diversität) in leicht abgewandelter Form – allerdings auch wesentlich klarer als bei WHITTAKER – an. Von diesen wiederum hat sich als einzige die α-Diversität – heutzutage häufig synonym zum Begriff der Artendiversität gebraucht – so etablieren können, dass dieser Teilaspekt der Biodiversität regelmäßig in wissenschaftlichem Zusammenhang genannt wird. Aber auch dieser Term wird nicht durchgehend in derselben Bedeutung benutzt. Unterschiede ergeben sich insbesondere durch die Methode der Bestandserfassung.

1975 veröffentlichte MALYSHEV eine erste kartographische Darstellung der globalen Diversität von Gefäßpflanzenarten. Eine sehr kritische Auseinandersetzung mit dem Begriff der Diversität leistete HAEUPLER dann 1982 (1 ff., 4 ff., 32 ff., 37 ff., 79 ff., 227 ff.).

Im Folgenden wird der Begriff der Biodiversität – der aktuellen Diskussion entsprechend – weit gefasst. Damit es aber nicht zu Verwechselungen oder Missverständnissen kommt, werden je nach Zusammenhang weitere Termini – z. B. Trophodiversität, Artendichte, Evenness – zur Konkretisierung herangezogen.

Der Begriff der Biodiversität boomt, gemessen an der Zahl von Publikationen, in deren Titel er geführt wird, seit den späten 1980er und frühen 1990er Jahren. Mit einer gewissen Zeitverzögerung taucht er dann später im Register wissenschaftlicher Lehrbücher, noch später in Schulbüchern auf. Ein Ausflug in eine Universitätsbibliothek zeigt, dass dieser Prozess gerade voll im Gange ist.

Die Erforschung der Ungleichverteilung von Pflanzen- und Tierarten in Zeit und Raum gilt als einer der zentralen Aspekte sowohl in der Evolutionskunde als auch in der Ökologie und in der Biogeographie (vgl. u.a. WALTER 1986: 9 f.). Sehr viele Fragen sind allerdings trotz intensiver Forschung noch unbeantwortet geblieben. So gibt es beispielsweise bislang kaum eine Erklärung für die Tatsache, dass in bestimmten Ökosystemen oder Teilökosystemen innerhalb einer Region oder einer Landschaft sehr viele Arten koexistieren, in anderen nur sehr wenige. Um das komplexe Bild der Diversität erklären zu können, sind weitere Fragen, die die Möglichkeit, Wahrscheinlichkeit, Häufigkeit der Artbildung und wanderungsgeschichtliche Aspekte betreffen, zu beantworten (HOBOHM 1992: 28).

Eine immer größere Zahl von zum Teil sehr engen Konzepten, Hypothesen, Theorien und Modellen ist die Konsequenz. Dem steht das Bedürfnis nach einem umfassenden Verständnis zur Erklärung von Unterschieden in der Diversität gegenüber. Eine umfassende Theorie sollte räumlich und zeitlich nicht eingeschränkt sein. Sie sollte sich auf die Artenvielfalt tropischer Regenwälder ebenso beziehen wie auf weniger artenreiche Kulturformationen der gemäßigten Breiten bzw. artenarme Vegetationseinheiten des boreal-arktischen Raumes. Die Bedeutung ökologischer

---

„Biological diversity",
„biodiversity",
„Diversität",
„Biodiversität"

„Biodiversity is the total variety of live on earth. It includes all genes, species and ecosystems and the ecological processes of which they are part." (ICBP 1992, zit. in GASTON 1996: 2)

„Biodiversity . . . has several historical origins from ecology, genetics and evolutionary biology. The term `**biodiversity**` refers to the fact that heterogeneity at different ecological levels is a fundamental property of natural systems. The term itself is abstract and descriptivly complex, i.e., several alternative criteria can be used to operationalize the term." (HAILA & KOUKI 1994: 5)

„Der **Diversitätsbegriff** ist besonders theoriebeladen und mißverständlich . . . Besonders bei ökosystemaren Betrachtungen spielt er eine große Rolle, oft in Bezug zur Stabilität." (DIERSCHKE 1994: 144)

„Biological diversity is more than a scientific or economic issue. **Biological diversity**, in all of its manifestations, is an essential component of the quality of human existence, summarized in the ancient aphorism: `variety in the spice of live`." (HUSTON 1995: 1)

„Mit dem politisch aktuellen, oft vage benutzten und doch entscheidend wichtigen Begriff **Biodiversität** sollte man nicht so sehr auf bloße Artenzahlen abheben; man muß vielmehr auch alle Beziehungen zwischen diesen, also die gesamten Funktionen im Gefüge eines biotischen Systems, einschließen." (WILMANNS 1998: 22)

Box – Nr. 1: Ausgewählte Zitate mit dem Biodiversitäts-Begriff; diese Textstellen bezeugen vor allem die Vielschichtigkeit des Begriffes; daneben ist bisweilen eine gewisse Skepsis bzw. Euphorie, die im Umgang mit dem Begriff der Biodiversität verbunden sein kann, zu erahnen.

Faktoren wie Nährstoffangebot, Licht- und Wasserverfügbarkeit kann je nach Lebensraum und Pflanzengesellschaft einen völlig anderen Stellenwert einnehmen. Daher ist es wichtig, einen überregionalen Vergleich anzustrengen und die Gründe für diese Unterschiede zu suchen. Das Ziel einer umfassenden Theorie könnte darin bestehen, die zum Teil unglaubliche Artenvielfalt kleiner Räume ebenso zu erklären wie die Artenarmut vieler Grenzlebensräume. Saisonale Einflüsse wie alljährliche Nutzung oder Jahreszeiten sollten ebenso Berücksichtigung finden wie unregelmäßige Störungen und Zerstörungen.

Dass durch drastische Maßnahmen Vielfalt leicht vernichtet werden kann, darf als bekannt vorausgesetzt werden. Dagegen ist die Erhaltung seltener Arten auch in bereits geschützten Gebieten noch immer mit vielen Fragen verbunden und keineswegs garantiert. Zum Teil nimmt der Pflegeaufwand gärtnerische Formen an, und die Erhaltungsbemühungen können einem ganzheitlichen, auf die Erhaltung der

---

Arten-Diversität (species diversity): Artenzahl (S), hfg. als **Artenvielfalt** bezeichnet.

Artendichte (species density): Artenzahl pro Fläche (S/A), auch als **Artenvielfalt** bezeichnet.

Endemitenanteil: Prozentualer Anteil von endemischen Arten an der Gesamtartenzahl einer Region.

Evenness (PIELOU 1975, HAEUPLER 1982: 229): „Grad der Gleichverteilung"; der maximale Wert ist erreicht, wenn alle auf einer Fläche vorkommenden Arten gleich viele Individuen (bzw. gleich hohe Deckungen) haben.

α-Diversität (WHITTAKER 1972: 221): **Artenreichtum** eines Bestandes oder einer Gesellschaft („richness of the community in numbers of species").

β-Diversität (WHITTAKER 1972: 230): Wechsel von Artenzusammensetzungen entlang ökologischer Gradienten („extent of species replacement or biotic change along environmental gradients").

γ-Diversität (WHITTAKER 1972: 231): **Artenvielfalt** eines Vegetationskomplexes oder einer Landschaft („richness in species of a range of habitats (a landscape, a geographic area, an island)").

Genetische Vielfalt: Vielfalt von Allelen an einem Genort innerhalb einer Population bzw. von Unterarten oder Varietäten innerhalb einer Art; im Zusammenhang mit der Gentechnik und der Erhaltung alter Kulturpflanzen und Haustierrassen heftig diskutiertes Problemfeld.

Habitat-Diversität: Standörtliche Komplexität, geomorphologische, hydrologische, klimatische Heterogenität etc.; Vegetations- und Landschaftsökologen meinen i.d.R. die räumliche Vielfalt abiotischer Faktoren, einige Zoologen rechnen auch die durch die Vegetation bedingte Strukturvielfalt dazu.

Struktur-Diversität: strukturelle Vielfalt; Wuchshöhe, Schichtenbau, Biomasse etc.

Tropho-Diversität (YODZIS 1993: 26 ff.): Zahl der trophischen Ebenen, Komplexität der Nahrungsbeziehungen.

Box – Nr. 2: Im Zusammenhang mit der Biodiversität häufig verwendete Begriffe. Auch diese bedürfen z.T. einer weiteren Konkretisierung; so ist beispielsweise nicht immer ganz klar, was mit „Artenvielfalt" gemeint ist.

Lebensgemeinschaft mit all ihren Mitgliedern abzielenden Schutz nicht gerecht werden. Ein umfassendes Verständnis der Diversität könnte daher eine wichtige Grundlage für praktische Bemühungen sein.

Mit einem allenthalben zu beklagenden – objektiv feststellbaren – Verlust an Vielfalt verbinden sich – subjektiv – diffuse Ängste und sehr konkrete Befürchtungen. Zu diesen gehören u.a.:

- die Sorge, dass der Verlust der genetischen Vielfalt unter den Kulturpflanzen und Haustierrassen zu einer Monotonisierung der Landschaft und zu einem Qualitätsverlust bei den Nahrungsmitteln führen kann,
- die Befürchtung, dass der beschleunigte Rückgang der Artenvielfalt die Stabilität und Funktionsfähigkeit von Ökosystemen herabsetzen wird,
- die Angst, dass als Konsequenz und direkte Bedrohung von Menschen Katastrophen und Krankheiten resultieren werden, die noch Niemand ahnen konnte,
- die schmerzliche Vorstellung, dass mit der Reduktion der biologischen Vielfalt ein unwiderruflicher Verlust von (Eigen-) Werten verbunden ist.

2 Methoden zur Erforschung der Biodiversität

Die Methoden zur Erforschung der Biodiversität lassen sich grob in Feld- und Labormethoden einteilen. Einige der Methoden nutzen die Erkenntnisse der Mathematik und elektronischen Datenverarbeitung, andere kommen ohne sie aus. Aufgrund der Fülle von Methoden zur Erkundung der Biodiversität kann es im Folgenden nur darum gehen, einen Überblick zu geben. Einige Methoden, die sich auf die Analyse der Landschaft bzw. Landschaften beziehen, werden etwas ausführlicher behandelt.

2.1 Beobachten, Messen, Berechnen und Erkennen von Biodiversität

Am Anfang der naturwissenschaftlichen Forschung steht die Beobachtung. Biodiversität ist leicht und auf allen Ebenen – von den organischen Molekülen über die Zellen, Gewebe, Organe bis hin zu den Biotopen, Ökosystemen, Landschaften – zu beobachten. Ein Blick durch das Mikroskop, jeder Waldspaziergang, der Besuch eines Zoos offenbart vielfältiges Leben. Und selbst ein kurzgeschorener Stadtrasen, der im Wesentlichen durch einheitliches Fußmattengrün besticht, ist auf den zweiten Blick gelegentlich gar nicht mehr so eintönig.

Die Verdichtung von einzelnen Daten zu **Gesetzmäßigkeiten** wird als **Induktion** bezeichnet. Von der einzelnen Beobachtung bis zur „unanfechtbaren" bzw. kaum noch anzuzweifelnden Gesetzmäßigkeit ist es jedoch vor allem in der Biodiversitätsforschung ein weiter Weg.

Der Weg von der Beobachtung bis zur Gesetzmäßigkeit entspricht verschiedenen wissenschaftlichen Methoden, die alle das Ziel haben, die Natur möglichst naturgetreu zu erfassen und abzubilden. Zu dem Procedere in toto gehört ein erstes Beobachten **(Voruntersuchungen)**, die Konzentration auf vermeintlich Wesentliches (Reduzieren, Filtern), das Messen (inklusive der Eingrenzung und Abschätzung von Fehlern), **Experimentieren** (Beeinflussen), und **Typisieren** (Abstrahieren). Phantasiearbeit ist besonders für die Formulierung von **Hypothesen** notwendige und wünschenswerte Voraussetzung. Dass sie nicht selten in der Wissenschaft auch zu Überhöhungen führt, zu sogenannten „Erkenntnissen" bzw. Gesetzmäßigkeiten, die eher die Phantasie widerspiegeln, aber nicht die Natur abbilden, sei der Ehrlichkeit halber am Rande erwähnt. Einige von diesen „Regeln", „Gesetzen" und „Theorien" werden in den folgenden Kapiteln eingehend diskutiert.

Viele Phänomene sind „offen - sichtlich" und gleichzeitig leicht zu erklären; der entsprechende Zusammenhang ist durch Messungen und/oder statistische Berechnungen abzusichern. Dies ist der uninteressantere Fall. Es gibt aber auch einige Phänomene, die offensichtlich, jedoch kaum zu quantifizieren, andere, die erst über komplizierte Methoden in Augenschein zu nehmen sind. Es gibt Erscheinungen, die leicht zu definieren, aber nur sehr schwer zu messen sind. In diesem Fall wäre es vielleicht angebracht, sie doch besser anders zu definieren, damit sie auch gut messbar sind? Einige Phänomene lassen sich sehr leicht messen, aber man kann die Messdaten nicht direkt vergleichen. Und noch andere scheinen völlig klar zu sein, sind aber bei näherem Hinsehen sehr komplex und alles andere als leicht zu verstehen.

Dies gilt auch für verschiedene Messergebnisse, Kenngrößen und Indizes. Zur Berechnung bzw. Charakterisierung der Biodiversität sind inzwischen sehr viele Verfahren publiziert worden. Diejenigen, die im Folgenden vorgestellt und diskutiert werden, repräsentieren eine kleine Auswahl von vor allem häufig angewendeten Methoden. Weitere Formeln und Rechengrößen finden sich u.a. in HAEUPLER (1982: 37 ff.), GASTON (1996: 14 ff., 77 ff.).

2.2 Habitatdiversität

Dass die Biodiversität von der **Habitatdiversität** abhängt, wird beispielsweise all jenen bewusst sein, die schon einmal im Flachland *und* im Gebirge gewandert sind. Aber wie groß ist denn die Bedeutung der Habitatvielfalt für die Vielfalt des Lebens? Was ist Habitatvielfalt ganz genau? Gilt der Zusammenhang von Habitatvielfalt und Vielfalt der Sippen in Bezug auf die Blütenpflanzenarten, Insekten- und Vogelarten gleichermaßen? Vielleicht gibt es eine Artengruppe oder eine Gruppe von Sippen, Limikolen z.B., die im Flachland trotz oder wegen der geringeren Habitatvielfalt reichhaltiger vertreten ist als im Gebirge?

Der Begriff **Habitat** geht nach SCHAEFER (1992: 127) auf LINNÉ zurück und bezeichnete ursprünglich den charakteristischen Wohn- oder Standort einer Art. Nach dieser alten Definition gäbe es so viele Habitate wie Arten und man müsste bei der Frage nach der Habitatvielfalt nur die Arten zählen. SCHAEFER (a.a.O.) betont aber auch den Bedeutungswandel, der inzwischen stattgefunden hat.

Habitat diversity ist im anglo-amerikanischen Schrifttum zur Ökologie inzwischen ein viel benutzter Begriff, der sich auf die geologische, geomorphologische, hydrologische, klimatische Vielfalt etc. bezieht. Man wird auf der Basis dieser Definition beispielsweise bei einem Acker mit nur einer Pflanzenart, nämlich der kultivierten, aber verschiedenen Feuchtestufen zu dem Ergebnis kommen, dass verschiedene Habitate vorhanden sind. Man wird vielleicht umgekehrt bei einem kleinen Halbtrockenrasen von nur einem einzigen Habitat sprechen können. Und genau in diesem Sinne benötigen wir den Begriff, um nämlich feststellen zu können, in wiefern **Habitatbindungen** vorliegen, in welcher Weise die Biodiversität von der Habitatdiversität abhängig ist.

Bei gleichbleibendem Temperaturpräferendum kann (nach MÜLLER 1991: 164) die tageszeitliche Änderung der mikroklimatischen Verhältnisse bei ein und derselben Art zu einem **Habitatwechsel** führen. Als Beispiel wird das Grüne Heupferd

(*Tettigonia viridissima*) genannt, das in Wäldern je nach Temperatur Wanderungen von der Krautschicht in die Kronenschicht und umgekehrt vollführt. Auch dieses Beispiel zeigt, dass der Begriff Habitat inzischen von der Art unabhängig verwendet wird. Wie aber kann Habitatvielfalt gemessen werden? Um wieviel mal größer ist beispielsweise die Habitatdiversität der Alpen als die der Lüneburger Heide?

Die Alpen sind natürlich viel größer, geomorphologisch reich gegliedert, es gibt saure und basische Fest- und Lockergesteine, die Höhenstufen der Alpen entsprechen ganz unterschiedlichen Klimazonen usw. usf. Und natürlich gibt es auch viel mehr Arten in den Alpen – vermutlich in fast allen systematischen Gruppen, die dort vertreten sind.

Um alle Habitate zu zählen, müsste man sie vorher genau definieren, vor allem aber die Frage beantworten, wo die Grenzen sind. Man könnte die Habitatdiversität aber auch nach der Spanne der Kontinentalitäts-, Feuchte-, Temperatur-, Nährstoffgradienten etc., die vorhanden sind, bemessen; bei dieser Bemessung kann man sich inhaltlich sicherlich hervorragend an ökologischen **Zeigerzahlen** (vgl. u.a. ELLENBERG & al. 1991: 67 ff.) orientieren: je mehr Zeigerzahlen vertreten sind, umso größer die Habitatvielfalt.

Es gibt für die Habitatvielfalt aber auch einen recht guten Indikator, der bestechend einfach zu ermitteln ist: die Höhenerstreckung eines Gebietes in Metern zum Quadrat (h^2). Vergleicht man also z.b. einen Berg, der 1000 m hoch ist, mit einem 100 m hohen Berg, so unterscheiden sich die entsprechenden Indikator-Werte für die Habitatvielfalt um den Faktor 100. Die Analysen zu diesem Indikator sind noch nicht abgeschlossen. Er darf hier aber bereits zur Diskussion gestellt werden, da sich abzeichnet, dass dieser Wert sehr aussagekräftig ist und recht gut mit der räumlichen Vielfalt an Umweltbedingungen korreliert.

2.3 Dispersionstypen

Es gibt **Zufallsverteilungen**, regelmäßige Formen, auch merkwürdige Figuren und Fleckenbildungen in der Natur. In einer einzelnen Blüte findet man bisweilen faszinierende Ornamente. An Seeufern lassen sich aus der Vogelperspektive (z.B. an Hand von Luftbildern) Zonierungen ausmachen, von denen anzunehmen ist, dass sie nicht zufällig entstehen.

Dispersion bedeutet Verteilung, Streuung, Häufungsweise von Elementen im Raum. In ökologischem Zusammenhang sind meistens Verteilungen von Individuen oder von Arten und Individuen gemeint.

Eine leicht zu ermittelnde Kenngröße, die in der Pflanzensoziologie üblicherweise für jede Art innerhalb einer Probefläche notiert wird, ist die **Deckung**. Diese Größe gibt an, welchen (senkrecht projizierten) Teil einer Probefläche – an Individuen, in Prozent oder als **Deckungsgradklasse** – eine Art einnimmt. Betrachtet man die gesamte Artenzusammensetzung, so lässt die Angabe der Deckungen Rückschlüsse auf die herrschenden Dominanzverhältnisse zu. Da die Deckungen zwar üblicherweise notiert, aber häufig für weitergehende pflanzensoziologische Betrachtungen unberücksichtigt bleiben, wartet hier noch ein nahezu unerschöpflicher Datensatz auf seine Auswertung.

Sind die Individuen einer Art auf einer Fläche sehr regelmäßig verteilt, so dass die Abstände zwischen benachbarten Individuen etwa gleich groß sind, so liegt eine uniforme Verteilung vor. Einigermaßen **uniforme Verteilungen** sind beispielsweise gelegentlich in Viehherden, Vogelschwärmen, Pinguin-Kolonien oder bei Wüstenpflanzen-Beständen zu beobachten, in denen die einzelnen Individuen in Wurzelkonkurrenz zueinander stehen.

Wenn alle Arten auf einer Fläche gleich viele Individuen haben oder gleich hohe Deckungsprozente einnehmen, so wird die entsprechende Verteilung als **Gleichverteilung** oder maximale **Evenness** bezeichnet. Eine ideale Gleichverteilung kommt in der Natur praktisch nicht vor. Der Evenness-Wert gibt an, wie groß die Abweichung von der Gleichverteilung ist. Evenness-Werte liegen zwischen 0 (extre-

---

Deckung (einer Art): Kenngröße, die unter Berücksichtigung aller auf einer Fläche beteiligten Arten Rückschlüsse über die Dominanzverhältnisse erlaubt; Angabe z.B. in Prozent der Probefläche, die von einer Pflanzenart bedeckt ist.

Individuen-Abundanz (**Individuen-Dichte**): Zahl der Individuen pro Fläche.

Zufällige Verteilung (von Individuen einer Art): mit ungleichen Abständen zwischen den Individuen; Häufungen von Individuen nach Zufallsparametern.

Uniforme Verteilung (von Individuen einer Art): mit etwa gleichen Abständen zwischen den Individuen.

Gleichmäßig gehäufte Verteilung (von Individuen einer Art): Individuen in Gruppen; Ansammlungen etwa gleich groß.

Ungleichmäßig gehäufte Verteilung (von Individuen einer Art): Individuen in Gruppen, Polstern, Flecken, Teppichen oder Herden; Ansammlungen unterschiedlich groß.

Gleichverteilung: Alle Arten (auf der Untersuchungsfläche) haben gleich viele Individuen (Achtung: nicht zu verwechseln mit uniformer Verteilung!).

Dominanz: Vorherrschaft einer oder weniger Arten; diese sind dominant, d.h. mit hohen Deckungsanteilen bzw. vielen Individuen vertreten. Die übrigen Arten sind nur mit geringer Deckung bzw. wenigen Individuen – zumeist als Lückenbüßer – vorhanden.

Struktur-Diversität/Schichtenbau: als Antwort auf die Frage, ob eine Biocoenose reich gegliedert, reich strukturiert ist; Angabe z. B. als dimensionslose Zahl, die die Summe der Stockwerke, Schichten oder Synusien angibt (Achtung: zuvor genau definieren!). Beispiel: Wald mit Baumschicht I, Baumschicht II, Strauchschicht, Krautschicht, Moosschicht am Boden, einer epiphytischen Flechten-Synusie: 6.

Box – Nr. 3: Im Zusammenhang mit der Verteilung von Arten und Individuen häufig verwendete Begriffe (vgl. u.a. WILMANNS 1998: 33 f., MÜLLER 1991: 83 ff.).

me Ungleichverteilung) und 1. Man bedenke aber, dass ein maximaler Evenness-Wert bereits erreicht ist, wenn auf einer Fläche nur zwei Arten mit je einem Individuum vorkommen. Dies ist der denkbar einfachste Fall zur Berechnung eines Evenness-Wertes; ist nur eine Art auf der Untersuchungsfläche vorhanden, so ist die Evenness nicht definiert. Sehr hohe Evenness-Werte von über 0,9 wurden einerseits in sehr artenarmen Unkrautfluren, andererseits beispielsweise in sehr artenreichen Regenwäldern gefunden und die Ausführungen von HAEUPLER (1982) zeigen, dass die ökologische Interpretation entsprechender Zahlen nicht immer ganz einfach ist.

2.4 Ähnlichkeit und Verwandtschaft

Die Frage nach der Ähnlichkeit bzw. Verwandtschaft kann auf allen räumlichen Ebenen der Biologie und Biogeographie erörtert werden: von der molekulargenetischen über die der Strukturen, Gesellschaften und Ökosysteme bis hin zu denen der Regionen und biogeographischen Reiche. **Ähnlichkeit** bedeutet Gleichheit in Bezug auf ein Merkmal oder eine Merkmalskombination. Hinsichtlich der übrigen Merkmale können sich ähnliche Objekte dagegen deutlich unterscheiden.

Es gibt inzwischen eine Reihe von mehr oder weniger aufwendigen Labormethoden, um die **genetische Verwandtschaft** zwischen Individuen derselben Art oder zwischen Vertretern ganz unterschiedlicher Taxa festzustellen. Auf der Grundlage der Analyse genetischer Daten ist es inzwischen möglich geworden, die verwandtschaftlichen Verhältnisse verschiedener **Populationen** – z.B. von Menschen und anderen Säugetieren – in kurzer Zeit miteinander vergleichen zu können (vgl. OMOTO 2000: 290, 293). Gelegentlich möchte man wissen, zu welcher Art ein bestimmtes Individuum gehört, und nutzt zur Klärung Methoden, mit denen bestimmte zelluläre Eigenschaften analysiert werden oder das Vorhandensein bestimmter Inhaltsstoffe festgestellt werden kann. Abgesehen von der direkten Analyse des genetischen Materials durch **DNA-Fingerprinting** (vgl. u.a. MÖRSCH & LEIBENGUTH 1994: 25 ff., CHEN & LEIBENGUTH 1995a und b) werden in Abhängigkeit von der zu untersuchenden Organismen-Gruppe ganz unterschiedliche Eigenschaften und Inhaltsstoffe zur Analyse der Verwandtschaftsverhältnisse genutzt. So wird in der Gerichtsmedizin beispielsweise die Eigenschaft des Blutes, Antikörper gegen artfremde Proteine zu bilden und Fremdeiweiße auf diese Weise zu eliminieren, genutzt, um Menschen- und Tierblut zu unterscheiden. Bei höheren Pflanzen wird das Vorhandensein bzw. die Mischung von Flavonoiden (Derivaten eines Stoffes namens Flavan) genutzt, um verwandtschaftliche Beziehungen zu klären. Flechten reagieren unterschiedlich auf verschiedene Färbereagenzien etc. Bei Organismen, die zur sexuellen Fortpflanzung fähig sind, werden **Kreuzungsexperimente** unternommen, um festzustellen, ob es sich um Vertreter einer Art handelt oder nicht.

Die pflanzensoziologische Methode der **Braun-Blanquet-Schule** (vgl. u.a. WILMANNS 1993, 1998, DIERSSEN 1990, DIERSCHKE 1994 u.v.a.m.), die inzwischen weltweit angewandt wird, zeichnet sich dadurch aus, dass sie in relativ kurzer Zeit tiefe Einblicke in das Nebeneinander, Miteinander und Gegeneinander von verge-sellschafteten Pflanzen ermöglicht. Das zentrale Element dieser Methode ist die pflanzensoziologische Aufnahme: häufig nicht mehr als ein Stück Papier oder ein Abschnitt in einem Feldbuch mit den Angaben zu einer **Probefläche** mit den dazu-gehörigen Pflanzenarten. Die Probefläche wird in Abhängigkeit von der Wuchshöhe üblicherweise einige Quadratdezimeter bis zu 100 Quadratmetern groß gewählt und es werden alle Pflanzenarten, die auf dieser Fläche wachsen, mit den jeweiligen Deckungsanteilen notiert. Unter Beachtung gewisser Vorgaben und Standards ist es möglich, pflanzensoziologische Aufnahmen zu Kollektiven zusammenzustellen und aus pflanzensoziologischen Tabellen weitergehende Schlüsse zu ziehen, die auch geeignet sind, Fragen der **Artenvielfalt**, der **Strukturvielfalt**, der dreidimensionalen Anordnung von **Synusien** (syn. Gilden, Vereine; gemeint sind Schichten oder Vergesellschaftungen ökologisch und strukturell ähnlicher Individuen), besonders aber Fragen der Ähnlichkeit und Verwandtschaft von einzelnen Probeflächen, von Gesellschaften oder Landschaftsausschnitten zu klären (vgl. u.a. BRUELHEIDE 1995, BURKART 1998, HOBOHM 1998a).

Verschiedene Kenngrößen zur Ermittlung der floristischen oder faunistischen Ähn-lichkeit unterschiedlicher Gebiete (**Similaritätsindizes**) sind – als Maß für die **phy-logenetische Verwandtschaft** – beschrieben worden. JACCARD-Index und SÖRENSEN-Koeffizient sind wahrscheinlich die bekanntesten. Beide sind sehr leicht zu berechnen. Der SÖRENSEN-Koeffizient berücksichtigt die Gemeinsamkeiten – gemeinsame Arten z.B. – stärker als der JACCARD-Index. Wenn zwei Bergmassive

---

JACCARD-Index

$$J = C /(A + B) = C \times 100/ A \times B \%$$

SÖRENSEN-Koeffizient

$$Sö = 2 \times C/(2 \times C + A + B)$$

mit : A = Zahl der Arten, die in einem Gebiet a vorkommen, nicht aber in Gebiet b.

B = Zahl der Arten, die in einem Gebiet b vorkommen, nicht aber in Gebiet a.

C = Zahl der Arten, die sowohl in Gebiet a als auch in Gebiet b vorkommen.

J bzw. Sö = Kenngrößen, die Auskunft erteilen über die Floren- oder Faunen-Verwandtschaft von zwei Gebieten a und b.

Box – Nr. 4: Formeln zur Berechnung von Jaccard-Index und Sörensen-Koeffizient. Diversitas heißt nicht nur Vielfalt, sondern auch Verschiedenheit. Beide Werte werden häufig verwendet um den Verwandtschaftsgrad, d.h. Gemeinsamkeiten und Unterschiede von Floren bzw. Faunen zu berechnen.

oder zwei Inseln von ganz unterschiedlicher Größe miteinander verglichen werden sollen, so kommen große Unterschiede in den Artenlisten bereits dadurch zustande, dass eine der beiden Listen viel länger als die andere ist. Im Extremfall kommen alle Arten des kleineren Gebietes auch im größeren Gebiet vor. Beide Gebiete gehören damit eindeutig zur selben Floren- bzw. Faunenregion. Und dennoch kann es passieren, dass größere Unterschiede als Gemeinsamkeiten (JACCARD-Index < 0,5) errechnet werden. Für genau diesen Fall wird empfohlen, den SÖRENSEN-Koeffizienten zu verwenden, in der Formel die Zahl 2 gegebenenfalls sogar durch eine höhere Zahl zu ersetzen, um die Gemeinsamkeiten noch stärker zu berücksichtigen. Ansonsten – betrachtet man nicht die absoluten Werte, sondern Tendenzen, die sich aus den Differenzen ablesen lassen – führen beide Indizes in aller Regel zu ganz ähnlichen Erkenntnissen.

Beide Indizes werden – z.t. in etwas abgewandelter Form – in der Pflanzensoziologie und auch außerhalb der Ökologie bzw. Biogeographie angewandt, um Ähnlichkeiten festzustellen. Generell lassen sie sich auf alle Mengen von Elementen anwenden, die hinsichtlich ihrer Ähnlichkeit verglichen werden sollen, auf genetische Merkmale, auf äußere morphologische Merkmale innerhalb einer Population etc. etc.

2.5   Genetische Vielfalt und Artendiversität

In aller Regel ist die Formenvielfalt in der Natur ein brauchbarer Maßstab für die genetische Vielfalt (vgl. RIEDE 1988: 10 ff.). Wie bei jeder Regel gibt es aber Ausnahmen. So kommen beispielsweise ganz unterschiedliche Formen innerhalb einer Population oder Art – unabhängig von genetischen Unterschieden – als Reaktion auf bestimmte Umwelteinflüsse zustande; solche nicht-erblichen Varianten heißen **Modifikationen**. Blätter von bestimmten Bäumen können, z.t. am selben Baum, in Abhängigkeit von der eingestrahlten Lichtenergie ganz unterschiedlich groß werden. Und umgekehrt gibt es verwirrend ähnliche Formen, die ganz unterschiedlichen Taxa angehören können. Dieser Fall ist meistens das Ergebnis einer langen **konvergenten Entwicklung**.

Auf die Frage, wie mit gentechnischen Methoden die **Chromosomen** als Träger der Gene analysiert werden können und damit die genetische Vielfalt direkt gemessen werden kann, soll im Folgenden nicht näher eingegangen werden. Immerhin haben entsprechende Analysen im Jahre 1999 dazu geführt, dass erstmalig ein menschliches Chromsom komplett entziffert werden konnte.

Hier sollen vor allem Standardverfahren, mit denen auf einfache Weise die Formenvielfalt einer Lokalität oder Region bestimmt werden kann, vorgestellt werden.

Die **Artenzahl S** und der **SHANNON-Index** (vgl. SHANNON & WEAVER 1976: 132 f.) sind wohl mit Abstand die am häufigsten ermittelten Werte zur Beurteilung der

Biodiversität in ökologischen Zusammenhängen. Der SHANNON-Index wird zur Einschätzung der Ungleichverteilung ebenso herangezogen wie zur Ermittlung der Artenvielfalt. Wie aus der Formel leicht zu ersehen ist, fließen beide Parameter in diesen Index mit ein. Er stellt in gewisser Weise einen „Mischindikator" für die Artenvielfalt und die Verteilung der Individuenzahlen dar. Wie jede „Mischprobe" ist ein solcher „Mischindikator" aber auch mit sehr großen Interpretations-schwierigkeiten behaftet. Denn eine sichere Auskunft über die Artenvielfalt erhält

---

SHANNON-Index

$$H = -\sum_{i=1}^{S} (p_i \times \log p_i) \; ;$$

Evenness

$$E = H/\log S$$

mit: E = Evenness; als Maß für die Gleichverteilung der Arten innerhalb der Untersuchungsfläche, gemessen an den Individuenzahlen pro Art.

H = Shannon-Index; als „Mischindikator" für Gleichverteilung der Arten innerhalb einer Untersuchungsfläche und Artenvielfalt.

i = Laufvariable für die Arten von 1 bis S.

Nges = Summe aller Individuen in einer Untersuchungsfläche.

Ni = Individuenzahl der Art i.

pi = Ni/Nges.

S = Gesamtartenzahl innerhalb einer Untersuchungsfläche.

Einfaches **Rechenbeispiel** für eine Fläche mit 2 Arten a und b, jede Art mit nur einem Individuum vertreten:

S = 2, Nges = 2
pa = pb = 0,5 (auf jede Art entfallen 50 % aller Individuen)
<=> logpa = logpb = - 0,30103
=> pa x logpa = pb x logpb = − 0,150515
H = − (pa x logpa + pb x logpb) = 0,30103

Box – Nr. 5: Formeln zur Berechnung des SHANNON-Index und der Evenness mit einem einfachen Rechenbeispiel.

man nur, wenn die Verteilungen der zu vergleichenden Gebiete gleich oder zumindest sehr ähnlich sind. Diese Voraussetzung wird üblicherweise aber nicht geprüft. Man beachte aber auch, dass die Artenzahl S sehr häufig mit der Flächengröße ansteigt und dass die Flächengröße bei diesem Index nicht berücksichtigt wird. Wenn man für ein größeres Gebiet also einen größeren SHANNON-Index erhält, so ist man möglicherweise nur auf diesen sehr trivialen Zusammenhang gestoßen. Eine sichere Auskunft über die Verteilung erhält man ebenfalls nur, wenn die zweite zu indizierende Komponente konstant bleibt, nämlich die Artenzahl. Den SHANNON-Index plausibel zu interpretieren ist schwierig genug. Um dieses Problemfeld nicht unnötig zu verkomplizieren, sollte man deshalb – wenn möglich – mit **Einheitsprobeflächen** arbeiten.

Für Flächengrößen, wie sie in der Pflanzensoziologie untersucht werden, konnte gezeigt werden (HAEUPLER 1982: 40 ff., HOBOHM & PETERSEN 1999: 316), dass der SHANNON-Index sehr stark mit der Evenness korreliert. Dagegen konnte für Pflanzenarten auf Flächen von 1 m² kein Zusammenhang mit der Artenvielfalt festgestellt werden.

Wenn über den SHANNON-Index immer wieder doch recht interessante und ökologisch plausible Ergebnisse publiziert werden, die sich auf größere Räume – Berge etwa, Flussmündungen oder Kulturlandschaften – beziehen und recht deutlich auf Unterschiede in der Artenvielfalt hinweisen, so bedeutet dies eigentlich nur, dass sie hinsichtlich ihrer Verteilungsmuster keine großen Unterschiede aufweisen und insofern gut vergleichbar sind.

Auch in einen weiteren Diversitätsindex (**FISHERS** α; mit: $S = \alpha \ln (1 + N/\alpha)$; S = Artenzahl, N = Individuenzahl gesamt), der gelegentlich in ökologischen

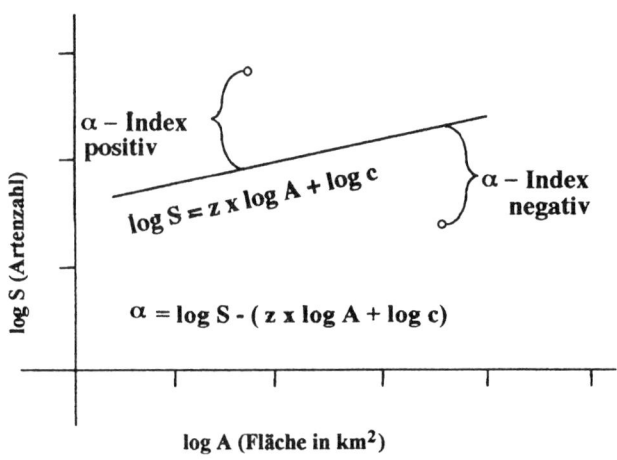

Abb. – Nr. 6: c, z und α im Artenzahl-Fläche-Diagramm (doppeltlogarithmische Darstellung). Der α-Index gibt den senkrechten Abstand eines Punktes zur Regressionsgeraden an und ermöglicht auf diese Weise einen Vergleich der Artendichte von Probeflächen unterschiedlicher Größe.

Zusammenhängen berechnet wird, fließen sowohl die Artenzahl als auch die Individuenzahl mit ein (vgl. u.a. KOHYAMA & al. 2000: 181). Die damit verbundene Problematik ist eine ähnliche wie beim SHANNON-Index.

In vielen Lehrbüchern der Ökologie steht, dass die Artenvielfalt am besten über das Verhältnis von Artenzahl S und Größe A der Untersuchungsfläche zum Ausdruck zu bringen ist (S/A). Was kann man aber mit diesem Wert anfangen?

Ein Beispiel mag das Problem, welches mit dem Verhältnis von Artenzahl und Fläche verbunden ist, zum Ausdruck bringen:

Nehmen wir an, dass in einem Gebiet a, das 10 km^2 groß ist, 37 Brutvogelarten vorkommen, in einem Gebiet b, 50 km^2 groß, dagegen 45 Arten. Im größeren Gebiet sind absolut mehr Brutvogelarten zu finden als im kleineren. Das ist sehr häufig so – der Zusammenhang von Artenzahl und Fläche wurde von ARRHENIUS bereits 1921

Artendichte

$D = S/A$

ARRHENIUS-Gleichung (Powerfunction)

$c = S/A^z$
<=>
$\log S = z \times \log A + \log c$

$\alpha-$Index

$\alpha = \log S - (z \times \log A + \log c)$

mit: S =   Gesamtartenzahl innerhalb einer Untersuchungsfläche.
       α =   Maß für die Artendichte; dieser Wert ermöglicht es, verschiedene D-Werte zu vergleichen.
       D =   Artendichte; Achtung: Unterschiedliche Werte der Artendichte dürfen nicht geradlinig auf eine Einheitsprobefläche umgerechnet werden, da Artenzahl und Fläche so gut wie nie linear miteinander in Beziehung stehen!
       z =   Anstieg der Regressionsgeraden der Artenzahl-Areal-Beziehung im doppeltlogarithmischen Raum.
       A =   Größe der Untersuchungsfläche.
   $\log c$ =   Schnittpunkt der Regressionsgeraden mit der y-Achse (logS bei logA = 0).

Box – Nr. 7: Formeln zur Berechnung der Artendichte und der Kenngrößen c, z und a; es wird lediglich ein möglichst umfangreicher Datensatz von Artenzahl-Fläche-Wertepaaren unterschiedlicher Probeflächengrößen benötigt.

mathematisch einwandfrei beschrieben – und für diese Erkenntnis benötigen wir das Verhältnis von Artenzahl zu Fläche (S/A) überhaupt nicht. Aber nicht immer möchte man wissen, in welchem Gebiet absolut mehr Arten vorkommen, sondern welches Gebiet die *relativ* größere Artenvielfalt aufweist, in welchem Gebiet die Artendichte höher ist und ob der Mensch wieder einmal Schuld daran ist, dass in einem Gebiet vergleichsweise wenige Arten vorkommen. Der nächste Schritt, zu dem es uns vielleicht intuitiv drängt, besteht darin, einen der beiden oder beide Werte geradlinig so umzurechnen, dass sie sich auf denselben Flächeninhalt beziehen. Doch genau dies dürfen wir nicht tun, da sich Artenzahl und Fläche in aller Regel nicht proportional zueinander verhalten. Um es inhaltlich deutlich zu machen: Jeder Ornithologe weiß, dass in einem Gebiet von 50 km^2 mit insgesamt 45 Brutvogelarten auf jeder Teilfläche von 10 km^2 in aller Regel mehr als 9 Brutvogelarten zu finden sind.

Die Untersuchung von Einheitsprobeflächen kann in manchen Fällen zu einer Lösung dieses Problems beitragen. Diese können je nach Fragestellung ganz unterschiedlich groß sein: z.B. 0,01 m^2, 1 km^2 , so groß wie ein Messtischblatt oder 10.000 km^2.

Möchte man aber beispielsweise wissen, welche von mehreren ganz unterschiedlich großen Inseln am dichtesten besiedelt ist und woran dies liegen mag, so wird die Untersuchung von Einheitsprobeflächen eine Menge von Problemen mit sich führen: Wie groß sollen die Untersuchungsflächen denn sein? Werden kleine Flächen dasselbe Ergebnis bringen wie große? Wieviele Flächen müssen untersucht werden? Wie ist zu erreichen, dass sie tatsächlich repräsentativ für die Insel sind?

Zur Lösung dieser oder ähnlicher Fragestellungen gibt es eine Methode, die die Untersuchung von Einheitsprobeflächen umgeht. Dazu ist es notwendig, die drei Kenngrößen c, z und α zu ermitteln. Der α-**Index** ermöglicht einen direkten Vergleich der Artendichte von unterschiedlich großen Flächen (vgl. HOBOHM 1998a: 70 ff., 1998b: 295 ff., HOBOHM & HÄRDTLE 1997: 21 ff.). Dieser Wert ist ein Maß für die Artenzahl pro Fläche; er ist positiv, wenn viele Arten auf engem Raum leben, negativ, wenn wenige Arten zusammen viel Platz haben. Für die Berechnung dieses Wertes werden die Artenzahl und Fläche eines Gebietes und eine geeignete Regressionsgerade benötigt. Mathematisch ist der α-Index nichts anderes als der Abstand eines Punktes in einer Punktwolke bis zur Regression (senkrechte Projektion). Dieser Index wurde zur Ermittlung der Artenvielfalt innerhalb von Pflanzengesellschaften – α-**Diversität** sensu WHITTAKER – entwickelt; daher der Name. Er lässt sich aber vollkommen problemlos auch auf andere Aspekte der Artenvielfalt übertragen.

Zur Berechnung der Regression werden wiederum Artenzahlen und Flächen von einer möglichst großen Zahl von Lokalitäten oder Regionen zu Grunde gelegt. Die Frage, ob ein Wertepaar auf eine Regression zu beziehen ist, lässt sich aber nur inhaltlich beantworten – nicht mathematisch. Um α zu ermitteln, ist es notwendig, zuvor c und z zu berechnen.

Der c-**Wert** gibt den Schnittpunkt der Regressionsgeraden mit der y-Achse bei einer Fläche von 1 an, also z.B. von 1 m^2 oder 1 km^2. Gibt man die Flächen der Artenzahl-Areal-Beziehung z.B. in km^2 an, so kann dieser Wert als Indikator für den Grundstock an Arten auf einer Fläche von 1 km^2 angesehen werden. Da dieser Wert skalenabhängig ist, sollte immer angegeben werden, auf welche Fläche er sich bezieht.

Der **z-Wert** ist ein Maß für den Anstieg der Regressionsgeraden der Artenzahl-Areal-Beziehung im doppeltlogarithmischen Maßstab. WILLIAMS (1943, 1964 in MALYSHEV 1991: 17) berechnete die z-Werte für Floren kontinentaler Gebiete und für Inseln. Für die gesamte Erde wurde ein Wert von 0,26 berechnet. HOBOHM (1998a: 127) errechnete denselben Wert für die Nationen der Festlandsregionen. Neuere eigene Berechnungen ergaben den Wert 0,28. Nach MALYSHEV (1991: 17 ff.) haben boreal-arktische Regionen und tropisch-aride Wüstenregionen wie die Sahara sehr kleine Werte (< 0,1). Die feuchten Tropen zeichen sich durch höhere z-Werte aus (bis 0,26). Im Gegensatz dazu liegen Werte, die sich auf einzelne Inseln oder einzelne Archipele beziehen, zumeist zwischen 0,3 und 0,7 und damit deutlich höher als jene, die sich auf Festlandsareale beziehen. HOBOHM (1998a: 126 ff.) konnte zeigen, dass sich bezüglich des z-Wertes einige Inseln wie typische Festlandsareale verhalten und umgekehrt.

Wenngleich inzwischen einige allgemeine den z-Wert betreffende Tendenzen festgestellt werden konnten, so ist noch kaum auszumachen, wie diese zu erklären sind. Was bedeutet der z-Wert hinsichtlich Habitatdiversität, Geschichte, Artenvielfalt?

Eine insbesondere für großräumige Betrachtungen sehr interessante Rechengröße ist der **Index of Endemicity** von BYKOV (vgl. BYKOV 1979, MAJOR 1994: 120 ff.). Dieser gibt Auskunft darüber, ob ein Endemitenanteil (in % der Gesamtartenzahl) als durchschnittlich, als ungewöhnlich hoch oder niedrig einzuschätzen ist. BYKOV geht von der einfachen Beobachtung aus, dass der Endemitenanteil global mit der Fläche ansteigt. Auf kleinen Flächen, beispielsweise einzelnen Bergen, sind zumeist keine oder nur sehr wenige Arten zu finden, die tatsächlich auf diese kleinen Flächen beschränkt sind. Je größer ein Gebiet ist, umso größer kann auch das Areal einer für dieses Gebiet endemischen Art sein. Global betrachtet sind 100 % der Arten endemisch. Zur Berechnung dieses Wertes werden lediglich der **Endemitenanteil** und die Fläche eines Gebietes benötigt. Bei den Zahlen in der Formel handelt es sich um Konstanten, die empirisch ermittelt wurden.

Die Bezugsgröße des Endemitenanteils ist die Gesamtartenzahl. Ein ungewöhnlich hoher Wert z.B. kann daher auf zwei unterschiedliche Weisen zustandekommen: entweder durch eine sehr hohe Zahl endemischer Arten oder aber durch eine sehr niedrige Gesamtartenzahl. Um diese Frage zu klären, ist es notwendig, zuvor die Artdichten zu betrachten.

Eine weitere Methode, bei der die Artenvielfalt von Baumflechten Berücksichtigung findet, wurde zur Bioindikation von Luftbelastungen entwickelt. Bei diesem Verfahren geht es nicht primär darum, die Artenvielfalt zu ermitteln, sondern unter Berücksichtigung der Artenvielfalt Aussagen zur Luftgüte leisten zu können. Da es überhaupt keinen Grund gibt, diese Methode nicht auch auf andere Fragestellungen und Organismengruppen auszudehnen, könnte sie möglicherweise auch für die Beantwortung weiterer Fragestellungen interessant werden. Diese **„IAP-Methode"** (index of atmospheric purity) wird inzwischen, häufig allerdings unter geringfügigen

---

BYKOV`S Index of Endemicity

$B = e_f / e_n$, wenn $e_f > e_n$

$B = - e_n / e_f$, wenn $e_f < e_n$

mit : B = BYKOV`S Index of Endemicity.

e_f = tatsächlicher Endemitenanteil in Prozent der Gesamtartenzahl.

e_n = erwarteter Endemitenanteil in Prozent, zu berechnen durch:

$\log e^n = 0{,}373 \times \log A - 1{,}043$

A = Fläche in km^2

Zur Berechnung dieses Wertes werden also lediglich Endemitenanteil und Fläche eines Gebietes benötigt.

Box – Nr. 8: Formel zur Berechnung von Bykov`s Index of Endemicity. Dieser Berechnung liegt die einfache Beobachtung zugrunde, dass der Endemitenanteil mit der Probefläche steigt; global sind 100 % der Arten – hier stößt der Begriff an seine Grenze – „endemisch". Die in der Formel angegebenen Konstanten wurden empirisch ermittelt. Mit diesem Wert lässt sich feststellen, ob ein Endemitenanteil ungewöhnlich hoch oder niedrig liegt; ob dies dann an einer ungewöhnlichen Gesamtartendichte oder an einer ungewöhnlichen Endemitendichte liegt, kann erst nach weiteren Untersuchungen geklärt werden.

individuellen Abwandlungen, standardisiert durchgeführt (vgl. LEBLANC & DESLOVER 1970: 1487 ff., RABE in KREEB 1990: 284 f., JACOBSEN 1992: 25 ff., HOBOHM 1998: 78 ff.).

Der Ablauf dieses Verfahrens zur Bioindikation ist mit den folgenden Arbeitsschritten verbunden:

*   Kartierung von „Normbaumstationen" (vgl. KIRSCHBAUM & WIRTH 1995: 14 ff. bzw. Glossar im Anhang); Normbäume sind Bäume mit bestimmten, standardisierten Eigenschaften, Normbaumstationen sind Gruppen von Normbäumen.
*   Aufnahme der Flechtenvegetation des Baumstammes mit einem standardisierten Zählgitter (20×50 cm^2) 1 bis 1,5 m über dem Boden.
*   Berechnung des IAP-Wertes als Maß für die Luftbelastung an jeder Station.
*   Zuordnung nach Zahlen gleicher Größenordnung und kartographische Darstellung.

Das auch auf andere Problemfelder übertragbare Agens dieses Verfahrens ist der **Q-Wert**, der auch als Diversitätsindex einer Art bezeichnet wird. Dieser Wert ist ein Maß dafür, ob eine Art üblicherweise in artenreichen Vergesellschaftungen oder in artenarmen Gesellschaften zu finden ist. Der Queller (*Salicornia stricta*) ist z.B. in aller Regel in sehr artenarmen Salzrasen zu finden, wenn er nicht gar einartige

Bestände im Watt bildet; der Q-Wert des Quellers wird entsprechend niedrig sein. Eine Art mit vermutlich hohem Q-Wert, die in Mitteleuropa bevorzugt in artenreichen Halbtrockenrasen vorkommt, ist z.B. die Orchidee *Orchis simia*. Um den Q-Wert einer Art zu ermitteln, ist es notwendig, die Probefläche zu standardisieren. Hat man diesen Schritt einmal vollzogen, steht der Übertragbarkeit des IAP-Verfahrens auf andere ökologische Bereiche, möglicherweise andere Problemfelder der Bioindikation, nichts mehr im Wege. Nach eigenen Erfahrungen ist eine geeignete Probeflächengröße 1 m^2, jedenfalls wenn Moose und Flechten mit berücksichtigt werden sollen. Der IAP-Wert ist die Summe der Q-Werte von allen Arten innerhalb einer Probefläche. Überträgt man diesen auf die Vegetation höherer Pflanzen, müsste dieser Index natürlich einen anderen Namen bzw. ein neues Kürzel (Q-Summenwert?) bekommen.

IAP-Wert

$$IAPj = \sum Qi \quad \text{und} \quad Qi = ni/m$$

mit: $IAPj$ = index of atmospheric purity; Kenngröße für die Luftgüte an einer Station j; eine Station umfasst eine definierte Anzahl von Bäumen (meist 3 oder 6) mit bestimmten Eigenschaften (freistehend, gerader Stamm, kein Wundfluss etc.).

j = Laufvariable über die Stationen.

Qi = Diversitätsindex der Art i (durchschnittliche Artenzahl innerhalb der normierten Untersuchungsflächen an den Stationen, an denen die Art i vorkommt).

i = Laufvariable über die Flechtenarten.

ni = Summe über alle Flechtenarten an allen Stationen, an denen die Art i vorkommt.

m = Anzahl der Stationen, an denen die Art i vorkommt.

Box − Nr. 9: Formel zur Berechnung des IAP-Wertes. Dieser Wert ist ein auf der Basis der Flechtenarten-Vielfalt ermitteltes Maß für die Luftgüte eines Gebietes oder einer Region − ein Beispiel aus der angewandten Forschung.

3 Räumliche Dimensionen der Biodiversität

Vielfalt existiert auf allen räumlichen Ebenen der biologischen Organisation: von der molekularen über die der Gewebe, Organe, Individuen, Populationen, Arten, Ökosysteme bis hin zu der der Landschaften und biogeographischen Regionen.

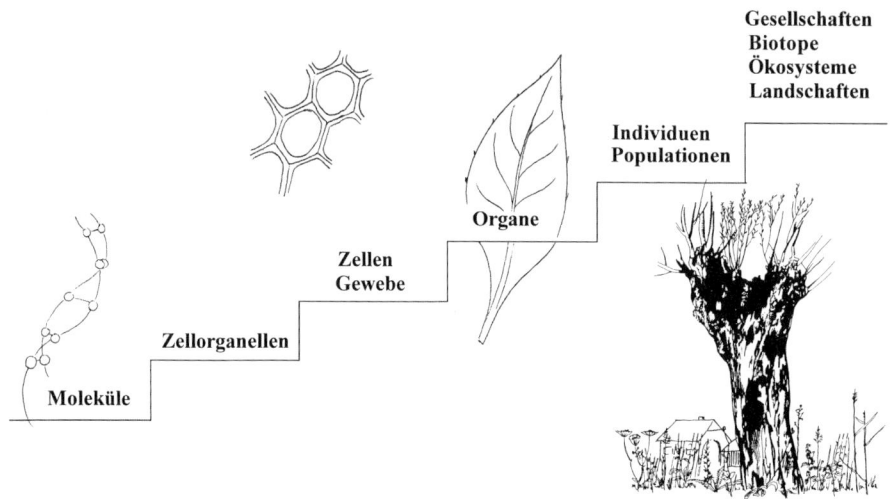

Abb. – Nr. 10: Räumliche Dimensionen der Biodiversität (nach KÖRNER 1994: 118; verändert); die Skalierung reicht von der molekularen über die mikroskopische bis zur globalen Betrachtungsebene.

3.1 Organische Vielfalt

Von den über 100 chemischen Elementen, die es gibt, sind in Pflanzen und Tieren etwa 40–50 nachweisbar. Von diesen wiederum sind lediglich 16 unentbehrliche Nährelemente. Alle anderen sind für das Leben entbehrlich, da sie keine lebenswichtigen Funktionen ausüben, z.t. sind sie jedoch nützlich, indem sie bestimmte Vorgänge unterstützen. 9 Elemente werden als **Hauptnährelemente** bezeichnet, da sie von Lebewesen in größerer Menge aufgenommen werden müssen. Zu diesen gehören Kohlenstoff (C), Wasserstoff (H), Sauerstoff (O), Stickstoff (N), Schwefel (S), Phosphor (P), Kalium (K), Calcium (Ca) und Magnesium (Mg). Die übrigen Nährelemente werden nur in Spuren benötigt (**Spurenelemente**).

Wenngleich außerordentlich bedeutsam und wichtiger Lieferant für zwei Hauptnährelemente, so wird Wasser interessanterweise doch kaum jemals als Nährstoff aufgefasst.

Wasser ist nicht nur eine Bedingung des Lebens, die mengenmäßig bedeutendste Verbindung lebendiger Organismen und existenzielle Grundlage der Biodiversität. Wasser ist in all seinen Erscheinungsformen – als Bodenlösung, Eisgang, Kammeis, Nebel, Schneedecke, Starkregen, Strömung, Wellenschlag etc. – zumindest in bestimmten Konzentrationsbereichen auch in der Lage, die biologische Vielfalt zu begrenzen: indem es benetzt, brandet, fließt, gluckert, gurgelt, hagelt, sich kräuselt, murmelt, peitscht, rauscht, rieselt, rollt, schleift, schneit, sickert, spiegelt, spritzt, sprüht, stürzt, tröpfelt, wirbelt, zischt.

Die äußeren Schalen und Hüllen der Lebewesen werden sehr oft aus den häufigsten Rohstoffen der Erdkruste aufgebaut. Die Kieselalgen der Flachmeere und der Binnengewässer bauen ihre Außenpanzer insbesondere aus **Silicium-Verbindungen** auf. **Kalk** wird von Tausenden von Schneckenarten und Muscheln, von Kalkschwämmen und Korallen zum Aufbau ihrer Schalen verwendet. Dieser Rohstoff ist aber auch Ausgangsprodukt für eine ganze Reihe weiterer Stützelemente. So wird er z.B. in den Knochen der Wirbeltiere oder in den Brennhaaren von Brennnesseln (*Urtica dioica*) eingelagert.

Allein auf der Grundlage weit verbreiteter niedermolekularer Verbindungen ist noch keine große Vielfalt zu begründen. Es bedarf eines weiteren Schrittes. Erst mit der Entstehung von hochpolymeren organischen Molekülen, vor allem der **Eiweiße** (**Proteine**) ist der Grundbaustein der Vielfalt gelegt. Und erst mit der „Erfindung" genetischen Materials – auch **Chromosomen** als Träger von Erbinformationen bestehen aus Makromolekülen – ist es möglich geworden, die Biosynthese großer organischer Molekülkomplexe zu tradieren, die Information von Bauplänen von einer Generation zur nächsten weiterzugeben.

Das Prinzip ist sehr einfach: Aus wenigen verschiedenen Bausteinen werden in große, ihrer Kombination einmalige Gebilde erstellt. Diese Makromoleküle, vor allem Kohlenhydrate, Fette und Eiweiße, werden auf höherer Ebene als Bausteine von Zellorganellen und Wandstrukturen verarbeitet. Aus unterschiedlichen Zelltypen werden unterschiedliche Gewebe, aus unterschiedlichen Geweben die Organe erstellt, die letztlich zu ganz verschiedenen Formen und Farben des Lebens führen.

Von den selbstsynthetisierten Naturstoffen, die für den Aufbau von organischer Materie wichtig sind, haben sich die mengenmäßig bedeutsamen, auf Kohlenhydratbasis aufgebauten **Zellulosen** und **Lignine** bei den Pflanzen und die **Chitine** bei den Tieren und Pilzen, zu denen auch die Hornmaterialien (**Keratine**) der Reptilienschuppen, der Vogelfedern und Säugetierhaare gehören, bewährt (vgl. MÜLLER-KARCH & HEYDEMANN 1989: 25).

Auf diese Weise entstehen nahezu unendlich viele Formen und Farben in der Natur, die allerdings nicht nach Zufallsparametern verteilt sind. MÜLLER-KARCH & HEYDEMANN (1989: 14 f.) haben einige Prinzipien formuliert, nach denen zumindest solche Farben und Muster, deren Signalgebung in irgendeiner Weise mit der Wahrnehmung durch Tiere in Wechselwirkung steht – und das sind durchaus sehr viele – räumlich angeordnet sind. Einige dieser Prinzipien werden im folgenden vorgestellt, z.T. aber etwas abgewandelt formuliert. Danach:

- müssen sich Farben und Muster mit Signalwirkung gegen andere Signale der Umwelt durchsetzen können (**Prinzip der Konkurrenzfähigkeit**),
- müssen Farben und Muster so vielseitig aufgebaut sein, dass sie im Verwendungsgebiet möglichst nicht verwechselt werden (**Prinzip der Originalität**),
- müssen Farben und Muster so originell und einprägsam sein, dass sie von dem Empfänger der Signale mit hoher Wahrscheinlichkeit wiedererkannt werden (**Prinzip der Einprägsamkeit**). Wird dieser Effekt durch Einfachheit erreicht, so kann er mit dem Prinzip der Originalität in Konflikt geraten,
- dürfen Farben und Muster nicht verblassen oder verwaschen, müssen haltbar sein (**Prinzip der Stabilität der Information**),
- muss der Einsatz zu starker Farben, zu plakativer Muster vermieden werden, damit keine Immunisierungseffekte beim Betrachter entstehen (**Prinzip der Vermeidung von Immunisierungseffekten**).

3.2 Biogeographie und taxonomisch-systematische Diversität

Von den Arten der Erde zählen in guter Näherung 50 bis 60 % zu den Insekten, 15 bis 17 % zu den Blütenpflanzen, 8 bis 9 % zu den Weichtieren und 3 bis 4 % zu den Spinnentieren. Mehr als 3/4 aller Arten gehören damit zu nur 3 von ca. 40 Stämmen (zu den Arthropoda, den Mollusca und Spermatophyta). Zu dieser systematischen Ungleichverteilung der Arten kommt eine weitere, die sich auf die Verbreitung der Arten im Raum bezieht. Arten und Artenzahlen sind in den verschiedenen geographischen Regionen der Erde ungleichmäßig verteilt.

Von den meisten Stämmen gibt es Vertreter *auch* im marinen Bereich. Die Vertreter von 14 Stämmen kommen ausschließlich im Meer vor. 2 Stämme existieren ausschließlich im terrestrischen Bereich (nach Angaben in TARDENT 1993: 30 f., 34 ff.).

Warum sind die Arten in den verschiedenen systematischen Gruppen bzw. auf der Erde nicht nach dem **Zufallsprinzip** oder gleichmäßig verteilt? Einige Gattungen sind extrem artenreich, andere einartig. Einige Arten wie die westafrikanische Wüstenpflanze *Welwitschia mirabilis* stehen verwandtschaftlich vollkommen isoliert da.

Das Wohn- oder Verbreitungsgebiet eines **Taxon** (Art, Gattung, Familie o.ä.) wird als **Areal** bezeichnet. Die **Chorologie** oder Arealkunde befasst sich mit der Anordnung von Arealen in Zeit und Raum.

Mehrere voneinander getrennte Verbreitungsgebiete eines Taxon werden als **disjunkte Areale** bezeichnet. Kommt ein Taxon weltweit in fast allen Erdteilen vor, so

Tab. – Nr. 11: Stämme und geschätzte Artenzahlen rezent lebender Pflanzen, Pilze, Protozoen und Metazoen (nach Angaben in TARDENT 1993: 30 f., 34 ff., BUNDESAMT FÜR NATURSCHUTZ 1996: 10 ff., KALUSCHE 1996: 365; Zahlen z.T gerundet). Nach diesen Schätzungen gibt es etwa 1,3–1,7 Millionen Arten, im marinen Milieu kommen 38 Stämme vor, davon 14 ausschließlich hier, 20 leben im Süßwasser – keiner davon ausschließlich im Süßwasser, im terrestrischen Bereich leben Vertreter von 19 Stämmen, 2 davon gibt es nur hier.

Stämme	Artenzahlen	Lebensraum
Gliederfüßer (Arthropoda)	750.000–830.000	> 80 % terrestrisch
Samenpflanzen (Spermatophyta)	239.000–251.000	ganz überwiegend terrestrisch
Weichtiere (Mollusca)	125.000–128.000	ganz überwiegend marin
Chordatiere (Chordata)	44.000–50.000	ca. 50 % marin, v. a. Fische
Echte Pilze (Eumycota)	31.000–>50.000	ganz überwiegend terrestrisch
Einzeller (Protozoa)	27.000–30.000	marin, limnisch, terr., parasit.
Schlauchwürmer (Nemathelminthes)	22.000–23.000	marin, limnisch, terr., parasit.
Moose (Bryophyta)	ca. 20.000	ganz überwiegend terrestrisch
Plattwürmer (Plathelminthes)	16000–22000	überwiegend parasitisch
Flechten (Lichenes)	6.000–18.000	ganz überwiegend terrestrisch
Chromophyta	14.000–23.000	ganz überwiegend marin
Farne (Pteridophyta)	9.700–12.000	alle terrestrisch
Grünalgen (Chlorophyta)	8.000–10.000	ganz überwiegend limnisch
Nesseltiere (Cnidaria)	7.600–9.500	zumeist marin, einige terr.
Ringelwürmer (Annelida)	7.200–8.900	> 50 % marin
Stachelhäuter (Echinodermata)	ca. 6000	alle marin
Schwämme (Porifera)	ca. 5.000	zumeist marin
Rotalgen (Rhodophyta)	4.000–6.000	ganz überwiegend marin
Kranzfühler (Tentaculata)	3.400–4.300	ganz überwiegend marin
Augenflagellaten (Euglenophyta)	3.000–10.000	ca. 80 % limnisch, Rest marin
Archaebacteria, Eubacteria, Cyanophyta und Prochlorophyta	>> 2.000	> 50 % limnisch
Dinophyta	ca. 1.000	überw. marin, Rest limnisch
Nemertini, Sipunculida, Echiurida, Camptozoa, Gnathostomulida, Cteno-phora, Hemichordata, Chaetognatha, Lorizifera, Pogonophora, Mesozoa, Priapulida, Placozoa	1.800–2.000	alle marin
Myxomycota, Cryptophyta	700–1.300	marin, limnisch, terrestrisch
Bärentierchen (Tartigrada)	ca. 180	> 90 % limnisch
Stummelfüßler (Onychophora)	70	alle terrestrisch
Zungenwürmer (Pentastomida)	60	alle parasitisch

wird es als **Kosmopolit** bezeichnet. Asteraceen (Korbblütengewächse), Orchidaceen (Orchideen) und Poaceen (Süßgräser) sowie Protozoen, Rotatorien und andere Kleintiere mit Dauerstadien, die leicht ausgebreitet werden oder auch Kulturfolger und Parasiten der Menschen und ihrer Haustiere sind Beispiele für kosmopolitisch verbreitete Taxa. Tiere, Pflanzen oder Pilze mit einem nur kleinen Areal sind für das

Gebiet, in dem sie vorkommen, **endemisch**. *Oenanthe conioides* (Tide-Fenchel) ist ein Beispiel für eine in Mitteleuropa beheimatete Art mit einem sehr engen Verbreitungsgebiet; diese Art kommt nur an der von Ebbe und Flut, aber nicht von Salzwasser beeinflussten Elbe vor. Gattungsareale sind im Allgemeinen größer als die Areale der zu diesen Gattungen gehörenden Arten, die Areale der entsprechenden Familien sind i.d.R. noch größer. Deshalb gibt es in einer Region zumeist mehr endemische Arten als Gattungen, mehr endemische Gattungen als Familien usw.

Artenreiche Gattungen zeigen häufig ausgeprägte Ungleichverteilungen ihrer Arten im Raum: mit zumeist einem, manchmal aber auch mehreren **Sippenzentren** (Mannigfaltigkeitszentren). Dies sind Gebiete hoher Konzentrationen von Arten derselben Gattung. Nicht immer entsprechen die Sippenzentren den **Entstehungszentren**, d.h. dem Schwerpunktbereich der **adaptiven Radiation**, der genetischen Aufspaltung.

Bereits im 19. Jahrhundert wurde von verschiedenen Autoren der Versuch unternommen, die Biosphäre in Reiche zu unterteilen (vgl. MÜLLER 1981: 43 ff.). ENGLER (1879, nach MÜLLER a.a.O.) unterschied beispielsweise ein Boreales, ein Palaeotropisches, ein Australisches und ein Neotropisches Reich. In einem Kapitel zur Übersicht der Florenreiche schreibt DIELS (1918: 128):

„Die drei Formen der Pflanzengeographie, die rein vergleichende, die physiologisch begründete, die genetisch forschende, vereinigen sich in dem Versuch, die Pflanzenwelt der Erde naturgemäß einzuteilen. Keine einzige der drei ist selbstherrlich dazu imstande. Doch dürfen die floristischen und die genetischen Tatsachen zuerst auf Rücksicht Anspruch machen. Sie zeigen uns die Verteilung des Stoffes, der von den äußeren Bedingungen erst zu jenen vielseitigen Gestalten geformt ist, die wir an der Szenerie der Landschaften bewundern. Aber die Szenerie ist eine ewig sich wandelnde. Sie ändert sich schneller als jener Stoff, der nur in unendlich langsamem Fortschritt sein Wesen umzubilden vermag."

An verschiedenen Stellen, insbesondere in einem Kapitel über „Geogenetik" (DIELS 1918: 107 ff.) wird deutlich, dass DIELS die Florenreiche bereits als Resultat der Erdgeschichte verstand.

Auf der Grundlage von inzwischen recht genauen Kenntnissen zur Pflanzen- und Tiergeographie ist es möglich, die Biosphäre analog zu den von DIELS (a.a.O.) beschriebenen Florenreichen bzw. Faunenreichen, wie sie z.B. in SEDLAG (1995: 202 ff.) bzw. ILLIES (1971: 41 ff.) charakterisiert sind, in Flora und Fauna umfassende „**biogeographische Reiche**" oder kurz „**Bioreiche**" (vgl. MÜLLER 1981: 39 ff.) zu gliedern.

Die biogeographische Eigenständigkeit eines solchen Reichs lässt sich dabei am besten über die systematisch-verwandtschaftlichen Verhältnisse seiner Bewohner ermitteln. Bei der Analyse von Floren und Faunen finden endemische Taxa und solche, die ein begrenztes oder disjunktes Areal haben, naturgemäß stärkere Berücksichtigung als Kosmopoliten. Die Vorstellung vom Vorhandensein klar abgrenzbarer Bioreiche wird allerdings durch die Vielgestaltigkeit einiger Taxa, die unterschiedliche historische Entwicklung und die innerhalb eines Verwandtschaftskreises z.T. extrem abweichende Ausbreitungsgeschichte einzelner Arten immer wieder in Frage gestellt. Es gibt vor allem viele Ausnahmen, Arten beispielsweise, die weit außerhalb des ansonsten relativ klar umgrenzten Areals der Gattung vorkommen.

Man darf (bei gleichzeitiger Bewahrung einer fruchtbaren Restunsicherheit) annehmen, dass eine **reliktendemische** Art, die verwandtschaftlich inzwischen auf hohem taxonomischen Niveau isoliert ist – wie z.b. der erst 1938 entdeckte, als **lebendes Fossil** geltende Quastenflosser (*Latimeria chalumnae*) – über erdgeschichtlich lange Zeiten in einem kontinuierlichen, wenig veränderlichen Lebensraum überdauern konnte ohne auszusterben oder sich morphologisch, genetisch und ökologisch weiterzuentwickeln. Im umgekehrten Fall, z.b. auf Flächen, deren Leben durch irgendwelche Katastrophen vernichtet worden war, wird man zunächst vor allem ausbreitungsfreudige Pionier-Arten, die üblicherweise weiter verbreitet sind, vorfinden.

Die biogeographische Gliederung, die hier zur Diskussion gestellt wird, wurde unter Berücksichtigung endemischer Taxa höheren systematischen Niveaus erarbeitet. Dabei ergibt sich nahezu zwanglos eine erste Unterteilung in den **marinen Bereich** einerseits und den **terrestrischen Bereich** andererseits durch das ausschließliche Vorkommen von etlichen Tierstämmen in den Meeren und von Farnen (Pteridophyta) und Stummelfüßlern (Onychophora) im terrestrischen Bereich. Im Süßwasser gibt es dagegen weder Vertreter von Stämmen noch von Klassen, die ausschließlich hier vorkommen. Grundwasser, Seen, Teiche, Flüsse und Bäche enthalten eine Vielzahl von systematischen Gruppen, die sie mit dem Meer einerseits, dem terrestrischen Bereich andererseits verbinden. Dass der **limnische Bereich** hier, mit dem terrestrischen verknüpft, dem marinen gegenübergestellt wird, entspricht auch einem Pragmatismus, der sich davor scheut, neue – möglicherweise recht artifizielle – Namen kreieren zu müssen. Geologisch-geographisch ist diese Verknüpfung allemal naheliegender als die Kombination von Salz- und Süßwässern zu biogeographischen Einheiten.

Grenzt man große Räume gegeneinander ab, so wird diese Einteilung immer dort Schwierigkeiten bereiten, wo weite und fließende Übergänge existieren, auch dort, wo ganz eigenständige, isolierte, inselähnliche Situationen dieser Einteilung trotzen. Es bleibt beispielsweise zu diskutieren, zu welchem Reich diverse Inseln oder auch Flussmündungen wie die Unterläufe von Mississippi und Yang-Tse-Kiang zu rechnen sind. Es stellt sich die Frage, ob dem Baikalsee, den großen afrikanischen Seen und der Insel Madagaskar nicht der Rang eigener biogeographischer Reiche gebührt, sind doch diverse Tier- und Pflanzenfamilien und der Großteil der Arten dieser Gebiete endemisch (vgl. SCHÄFER 1997: 127 ff., 151 ff.).

Auf der anderen Seite sollte einmal die Frage leidenschaftslos aufgeworfen werden, ob die Antarktis und die Capensis noch als eigenständige Reiche aufrecht zu erhalten sind – sie beherbergen wohl nur wenige endemische Familien. Die Fauna der Capensis ist nicht wirklich als eigenständige zu bezeichnen. Bei der Paläotropis ist es umgekehrt; man könnte sie problemlos in mehrere Reiche untergliedern, denn viele der größeren Inseln – Madagaskar, Borneo, Sumatra, Neuguinea – , die klassischer Weise zu diesem Reich gerechnet werden, beherbergen eine Fülle von endemischen Taxa auf der Ebene von Gattungen bzw. Familien, z.T. sogar auf noch höhe-

Ozeanisches Reich (marine Lebensräume, keine Inseln)
Nordpolarmeer
Westatlantik
Ostatlantik (mit Nordsee, Ostsee, Mittelmeer)
Indopazifik-Westpazifik
Ostpazifik
Südpolarmeer

Holarktisches Reich
Nearktis (Nordamerikanischer Subkontinent, südlich bis Mexiko, inkl. Grönland)
Paläarktis (Eurasien und Nordafrika bis zur südlichen Hälfte der Sahara und bis zum
    Himalaya, welcher größtenteils dazu gehört)
Baikalsee

Neotropisches Reich
Neotropis (Teile Mexikos, Zentralamerika, Südamerika)
Antarktis (inkl. SW Südamerikas)

Aethiopisch-Madagassisches Reich
Aethiopis (Afrika südlich von etwa 20° nördl. Breite, inkl. Kapverden, ohne
    Capensis)
Viktoriasee, Tanganjikasee, Malawisee
Capensis (äußerster S und SW Afrikas)
Madagassis (Madagaskar, Komoren, Seychellen und Maskarenen)

Indopazifisches Reich
Teile Südostasiens, Inseln des Indopazifik, viele Inseln des westlichen und zentralen
    Pazifik

Australisches Reich
Australien und Tasmanien

Box – Nr. 12: Gliederung der Erde in biogeographische Reiche (Bioreiche); die hier vorgestellte Einteilung wurde auf der Basis der Verwandtschaftsverhältnisse von Floren und Faunen vorgenommen. Sie entspricht weitestgehend der üblichen Einteilung in Floren- bzw. Faunenreiche.
Kleine Abweichungen gegenüber älteren Darstellungen ergeben sich insbesondere durch die Synthese botanischer und zoologischer Erkenntnisse (vgl. MÜLLER 1981: 38 ff.).

rem taxonomischem Niveau. Es wird hier vorgeschlagen, dieses große Gebiet zunächst einmal in zwei Reiche einzuteilen, in ein östliches mit einem großen Teil Afrikas und Madagaskar (Aethiopisch-Madagassisches Reich) und in ein westliches mit einem großen Teil Indiens, den indopazifischen Archipelen und einem großen Teil der pazifischen Archipele inklusive Neuseeland (Indopazifisches Reich).

3.2.1 Ozeanisches Reich

Eine große Anzahl systematischer Gruppen ist auf das Meer beschränkt. Dazu gehören beispielsweise Strahlentierchen (Radiolaria), Kammerlinge (Foraminifera), Stachelhäuter (Echinodermata), viele „Würmer" (Chaetognatha, Pogonophora, Priapulida), Tintenfische (Cephalopoda), Manteltiere (Tunicata), Haie und Rochen (Chondrichthyes), Seekühe (Sirenia) und viele andere mehr.

Die ökologischen Unterschiede zwischen Meer und Land einerseits, zwischen Salz- und Süßwasser andererseits sind groß; ein entsprechender Reichtum an eigenständigen Formen ist daher nicht verwunderlich.

Verschiedentlich wurde vorgeschlagen und versucht, die marinen Lebensräume in mehrere Reiche zu untergliedern, z.B. in ein Litoral-Reich (= Schelfmeer-Reich), ein Pelagial-Reich (= Reich der offenen Ozeane) und ein Abyssal-Reich (= Reich der Tiefsee). GÖTTING & al. (1982: 129 ff.) unterscheiden ein Nördliches Reich des Pelagial, ein Tropisches Reich des Pelagial, ein Südliches Reich des Pelagial, ein Nördliches Reich des litoralen Benthos, ein Tropisches Reich des Litoralen Benthos und ein Südliches Reich des Litoralen Benthos. MÜLLER (1981: 94) weist aber darauf hin, dass vor allem ökologisch begründete Unterteilungen kaum zufriedenstellend sein können. Eine Analyse der Verwandtschaftsverhältnisse zeigt, dass zwischen Litoral und Abyssal oder zwischen Litoral und Pelagial einzelner Meere engere Verwandtschaften bestehen können als beispielsweise zwischen den Litoralbiota verschiedener Ozeane.

Innerhalb der Weltmeere bewirkt die Dynamik des Lebensraumes, dass die Stämme, Klassen und Ordnungen, die im Meer vorkommen, i.d.R. eine weite Verbreitung gefunden haben. Trotz großer Strömungen, die letztendlich alle Weltmeere miteinander verbinden, gibt es aber eine Reihe relativer **Ausbreitungsbarrieren**, die vor allem auf Gattungs- und Artniveau wirksam sind (vgl. MÜLLER 1981: 92 ff.).

So stellen die Kontinentalmassen Nord- und Südamerikas sowie die Landmassen von Eurasien plus Afrika zwei sehr wirksame Sperren für Organismen tropischer Meere dar – sofern sie den Panamakanal bzw. das Rote Meer und den Suezkanal noch nicht als **Ausbreitungsmedium** entdeckt haben und kaltes Wasser scheuen, so dass sie die Kontinente nicht im Norden oder Süden umrunden können.

Die tropischen Meere wiederum stellen eine Barriere für Tier- und Pflanzenarten dar, die in den kalten polaren Meeren leben.

Zwei weitere Sperren sind ebenfalls sehr wirksam, wenngleich sie nicht unbedingt so offensichtlich sind; beide verlaufen von Norden nach Süden durch den Atlantik bzw. Pazifik hindurch: Die Ausbreitung pelagischer Larvenformen von bodenlebenden Tierarten der Flachmeere erreicht in der Weite des Meeres seine Grenze, da die Larven nach einer gewissen Entwicklungsdauer zu Boden sinken und geeignetes Substrat vorfinden müssen, um sich weiterentwickeln zu können. Diese Entwicklungsdauer ist aber in aller Regel zu kurz um den Ozean queren zu können. Es haben sich daher zahlreiche **vikariierende** (d.h. „sich gegenseitig vertretende") Arten an den Ost- und Westseiten von Atlantik und Indopazifik-Pazifik herausgebildet.

Für die Fauna der lichtlosen Tiefe unterhalb von 200–600 m verlieren einige der erwähnten Sperren ihre Wirksamkeit, andere existenzökologische Bedingungen (Temperatur, Druck, Geomorphologie, Bodenbeschaffenheit) treten in den Vordergrund. Daraus lässt sich die allgemeine Schlussfolgerung ableiten: Was für eine Art eine Barriere darstellt, kann für eine andere ein geeignetes Medium der Ausbreitung sein.

3.2.2 Holarktisches Reich

Der eurasiatische Kontinent vom Nordpolarmeer bis zur südlichen Hälfte der Sahara und zum Himalaya **(Paläarktis)** sowie der nordamerikanische Subkontinent bis zur mexikanischen Provinz Sonoria **(Nearktis)** bilden die floristisch und faunistisch einheitliche riesige Landmasse der Holarktis.

Die weitaus meisten Tiere und Pflanzen der Holarktis gehören zu Familien und Ordnungen, die auch außerhalb dieser Region vorkommen. Die Ausweichbewegungen der tertiären **Floren-** und **Faunenelemente** im Quartär haben wesentlich zu diesem Umstand beigetragen.

Die Aufzählung holarktischer Endemiten erfasst daher – im Gegensatz zur Situation in anderen Regionen – keineswegs die für dieses Gebiet besonders typischen Gruppen, sondern eine Auswahl von Taxa, von denen – zufällig (?) – kein einziger Vertreter außerhalb der Holarktis aufgefunden wird. Unter den Säugern sind es die Biber (Castoridae), Maulwürfe (Talpidae) und Gemsen (*Rupicapra* spec.), unter den Vögeln die Seidenschwänze (Bombycillidae) und Finken (Fringillinae), unter den Amphibien z. B. die Salamander (*Salamandra* spec.), unter den Fischen die Hechte (Esocidae).

Es sind vor allem vikariierende und endemische Arten und Gattungen, die eine Zweigliederung der Holarktis in Nearktis und Paläarktis begründen.

3.2.3 Neotropisches Reich

Der Subkontinent Südamerika mit Zentralamerika bis in den Süden Mexikos und die Antillen gehören zu diesem Reich. Hier wird erstmals auch die **Antarktis** (Archinotis sensu MÜLLER 1981: 45, exklusive südwestliches Neuseeland) dazugerechnet, da sie verwandtschaftliche Beziehungen insbesondere zum Süden Südamerikas aufweist.

Flora und Fauna dieser Region sind in vielen charakteristischen Endemitengruppen – z. B: Opossumratten (Caenolestidae), Meerschweinchen (Caviidae), Hasenmäuse (Chinchillidae), etwa 30 Familien der Avifauna, Kapuzinerkressengewächse (Tropaeolaceae), Ananas-Gewächse (Bromeliaceae) u.v.a.m. – vertreten und die Beziehungen zu anderen Regionen sind verhältnismäßig gering.

Über große geologische Zeiträume war dieser Teil der Erde isoliert und konnte sich eigenständig entwickeln. Verwandtschaftliche Beziehungen bestehen vorwiegend mit Afrika und Neuseeland, in Zentralamerika und Mexiko vermischen sich neotropische und holarktische Geoelemente. Die Galapagos-Inseln zeigen verwandtschaftlich enge Beziehungen zur Neotropis. Obwohl sie auf Art- und Gattungsniveau von einer recht eigenständigen und stark reduzierten Tier- und Pflanzenwelt besiedelt sind, dürfte es kaum Probleme bereiten, sie diesem Reich anzugliedern.

3.2.4 Aethiopisch-Madagassisches Reich

Das Gebiet Afrikas südlich der zentralen Sahara, die Kapverden, Madagaskar, die Komoren, Seychellen und Maskarenen bilden zusammen das Aethiopisch-Madagassische Reich. Das Gebiet kann in mehrere unterschiedlich große Regionen, jede mit vielen Endemiten – z.T. auf höherem taxonomischen Niveau eingeteilt werden: in die **Aethiopis (Afrotropis)** mit den großen Seen (Viktoriasee, Tanganjikasee und Malawisee), die aufgrund ihrer eigenständigen Entwicklung zumindest als eigenständige Regionen aufgefasst werden können, die **Capensis** und die **Madagassis**; die Capensis wird von verschiedenen Autoren auch als eigenes Florenreich betrachtet.

Rezente Endemiten der Aethiopis (des afrikanischen Teils ohne den äußersten S und SW des Kontinentes) sind z.B. Nilpferde (Hippopotamidae), Elefantenspitzmäuse (Macroscolecidae), Otterspitzmäuse (Potamogalidae), in der Madagassis drei Halbaffenfamilien (Lemuridae, Indiidae, Daubentonidae).

Die Kapverden weisen floristisch und faunistisch enge Beziehungen zum afrikanischen Festland auf. Viele Pflanzengattungen (*Aristida, Aeonium, Andropogon, Tamarix, Zygophyllum* u.v.a.m.) stellen verbindende Elemente dar (BROCHMANN & al. 1997, LOBIN & ZIZKA 1987: 127 ff.).

Die großen afrikanischen Seen zeichnen sich durch eine reichhaltige Fischfauna mit vielen endemischen Gattungen und Arten aus. Vor allem der Formenreichtum unter den Buntbarschen (Cichlidae) wird immer wieder auch als Kuriosum angeführt. Weniger bekannt ist, dass sich auch Kronenschnecken (Thiaridae) zu ganz ähnlichem Formenreichtum entwickelt haben (SEDLAG 1995: 401).

Im SW und S Afrikas befindet sich ein kleines mediterranoides Gebiet, das kaum 100.000 km^2 groß, aber extrem arten- und endemitenreich ist **(Capensis)**. 29 Pflanzenfamilien – das sind bei weitem nicht alle (!) – sind mit 8578 Arten vertreten, von denen 5850 für diese Region endemisch sind (nach GOLDBLATT 1984, zit. in SCHROEDER 1998: 241 ff.). Die Gründe für das Vorkommen der vielen Pflanzenarten und Endemiten sind wenig offensichtlich, denn eine großräumige Separation vom übrigen Afrika, ein langes, einsames Driften der geologischen Unterlage durch das Meer scheint inzwischen ausgeschlossen zu sein. Es sind südhemisphärische Elemente, aber auch viele kosmopolitische und sogar holarktische Familien und Gattungen, die es zu reichen Radiationen in diesem Gebiet gebracht haben. Relativ ursprüngliche Ahnen der Kapflora finden sich vor allem in tropischen Gebirgen Afrikas; dagegen sind viele südafrikanische Arten im evolutionären Sinne weit fortgeschritten (WESTHOFF 1996: 36). 4 Pflanzenfamilien, mit jeweils nur einer oder wenigen Arten, sind endemisch. 5 weitere Familien haben ihren Verbreitungs-schwerpunkt in der Capensis. Über 200 Pflanzengattungen sind endemisch. Dieser Reichtum in der Pflanzenwelt findet keine Entsprechung bei den Tieren. Besonders rätselhaft ist das Fehlen von Wäldern. Die typische Vegetation, der **Fynbos**, ist eine Hartlaubvegetation, die kaum höher als 5–6 m wird, üblicherweise aber von mehr oder weniger heideähnlicher Vegetation begleitet wird bzw. durchsetzt ist. Viele der hartlaubigen oder erikoiden Arten sind an das Leben mit oder nach dem Feuer ange-passt **(Pyrophyten)**. Dies ist sicherlich einer der Gründe für das großflächige Fehlen von Bäumen und Wäldern. Aber auch an von Feuer kaum beeinflussten oder unbe-einflussten Stellen entwickelt sich kein echter Wald. Zuweilen wurde auch das Vorherrschen sehr alter, armer Böden als Argument angeführt; dieses kann aber ange-sichts prächtig gedeihender Baumpflanzungen kaum überzeugen.

Madagaskar ist vom afrikanischen Festland durch die mindestens 390 km breite Straße von Mocambique getrennt und entwickelte sich spätestens seit dem Beginn des Tertiärs ohne direkten Kontakt mit dem benachbarten Festland. Hohe Endemitenanteile in vielen systematischen Gruppen – Arten, Gattungen und Familien – sind die Folge. Lemuren und Makis (Lemuridae) leben mit über 20 Arten als endemische Familie auf Madagaskar und den Komoren. Auf Madagaskar kom-men mehr Orchideenarten als auf dem gesamten benachbarten afrikanischen Festland vor.

3.2.5 Indopazifisches Reich

Südlich an die Paläarktis anschließend, von dieser durch das Tibetanische Hochland und Teile des Himalaya getrennt, bildet das tropische Asien mit Vorderindien, Hinterindien, den Philippinen, Sri Lanka und Südchina den westlichen Teil des Reiches. Floristische und faunistische Beziehungen verbinden dieses Gebiet mit der Holarktis und dem Aethiopisch-Madagassischen Reich. Insbesondere wegen der schwierigen Abgrenzung und fließenden Übergänge nach Osten wird es hier dem Indopazischen Reich zugeordnet. Allein dieser westliche Teil des Reiches beherbergt eine ganze Palette endemischer Säuger und Vögel, z.B. Rattenigel (Echinosoricinae), Spitzhörnchen (Tupaiidae), Pelzflatterer (Dermoptera), Elfenblauvögel (Irenidae) und Baumsegler (Hemiprocnidae), um nur einige zu nennen.

Die Inseln und Archipele nordwestlich, nördlich, nordöstlich und östlich von Australien zeigen eine umso engere Verwandtschaft zum australischen Kontinent, je näher sie diesem sind. Dies gilt insbesondere für Neuguinea, Neukaledonien und Neuseeland. Gerade die großen Inseln zeichnen sich aber auch durch eine große Ansammlung endemischer Formen aus. So haben sich beispielsweise auf Neuseeland viele bodenbewohnende und flugunfähige Vögel entwickelt. Die Schnepfenstrauße oder Kiwis (Apterygidae) und die Eulenpapageien (Strigopodidae) gehören dazu. Unter den Reptilien konnten sich Brückenechsen (Rhynchocephala) als mesozoische Relikte halten, während Eidechsen, Schlangen und Krokodile sich auf den Kontinenten und einigen kontinentalen Inseln entwickelten.

Aus diesen und weiteren Gründen unterscheidet MÜLLER (1981: 45 ff.) eine australische Region, eine ozeanische Region, eine neuseeländische Region und eine hawaiische Region, die er allerdings alle der Australis zuordnet.

3.2.6 Australisches Reich

Der australische Kontinent und Tasmanien gehören zum Australischen Reich. Dieses zeichnet sich durch eine lange Zeit der Isolation zwischen dem Mesozoikum und dem Pliozän aus. Auch heute ist Australien weiter von den übrigen Kontinenten entfernt als alle anderen voneinander. Afrika ist 8000 km, Südamerika 15000 km entfernt. Verschiedene Autoren betrachten Neuguinea und/oder Neuseeland als zur Australis zugehörig. Neuguinea liegt nur etwa 150 km entfernt, zwischen Australien und Neuseeland liegen 2000 km. Unter den Säugern gibt es daher nur wenige späte Einwanderer, die nahe Verwandte in Asien aufweisen, sieht man einmal von den in jüngster Zeit – seit wenigen Jahrhunderten – von Menschen eingebrachten Arten ab.

Endemisch ist die Säugetier-Unterklasse der Kloakentiere (Monotremata) mit den Schnabeltieren (Ornithorrhynchidae), während die Ameisenigel (Echnidnidae) auch auf Neuguinea vorkommen.

Die Unterklasse der Beuteltiere (Marsupialia) fächert sich zu einem reichen Spektrum endemischer Familien auf. Auch die Vogelwelt ist reich an endemischen Gruppen: Rüsselbeutler (Tarsipedinae), Kakadus (Cactuidae), Zwergpapageien (Cyclopsitacidae), Kasuare (Casuaridae), Leierschwänze (Menuridae), Flötenvögel (Cracticidae) sind nur einige davon. Viele der australischen Taxa haben im Laufe der Zeit einzelne Vertreter auch in die benachbarte indopazifisch-pazifische Region entsenden können.

Echte Süßwasserfische fehlen dem Australischen Reich ursprünglich völlig, doch haben von marinen Fischen abstammende Hechtlinge (Galaxidae) diese ökologische Position besetzt.

Auch eine Reihe von Pflanzenfamilien und Unterfamilien ist endemisch. Die lange Zeit der Isolation schlägt sich aber auch in extrem umfangreichen adaptiven Radiationen nieder, die zu sehr artenreichen Gattungen geführt haben: zu mehr als 450 *Eucalyptus*-Arten, 190 *Grivellea*-, 100 *Hakea*-, 50 *Banksia*-Arten usw.

3.3 Zur horizontalen und vertikalen Verbreitung bestimmter Artengruppen

Bioreiche können weiter in **Biome, Ökozonen** bzw. in **Vegetationszonen** untergliedert werden, wie z.B. SCHULTZ (1988) und SCHROEDER (1998) dies in vorbildlicher Weise getan haben. Diese Zonen spiegeln in erster Linie physikalische Parameter, z.B. das hydrothermische Klima, oder die durch Druck und Lichtverhältnisse zu charakterisierende Tiefe des Meeres, wider. Die Abgrenzung der Zonen gegeneinander wird vor allem nach dominanten **Lebensgemeinschaften, Pflanzenformationen, Strukturtypen** etc. vorgenommen.

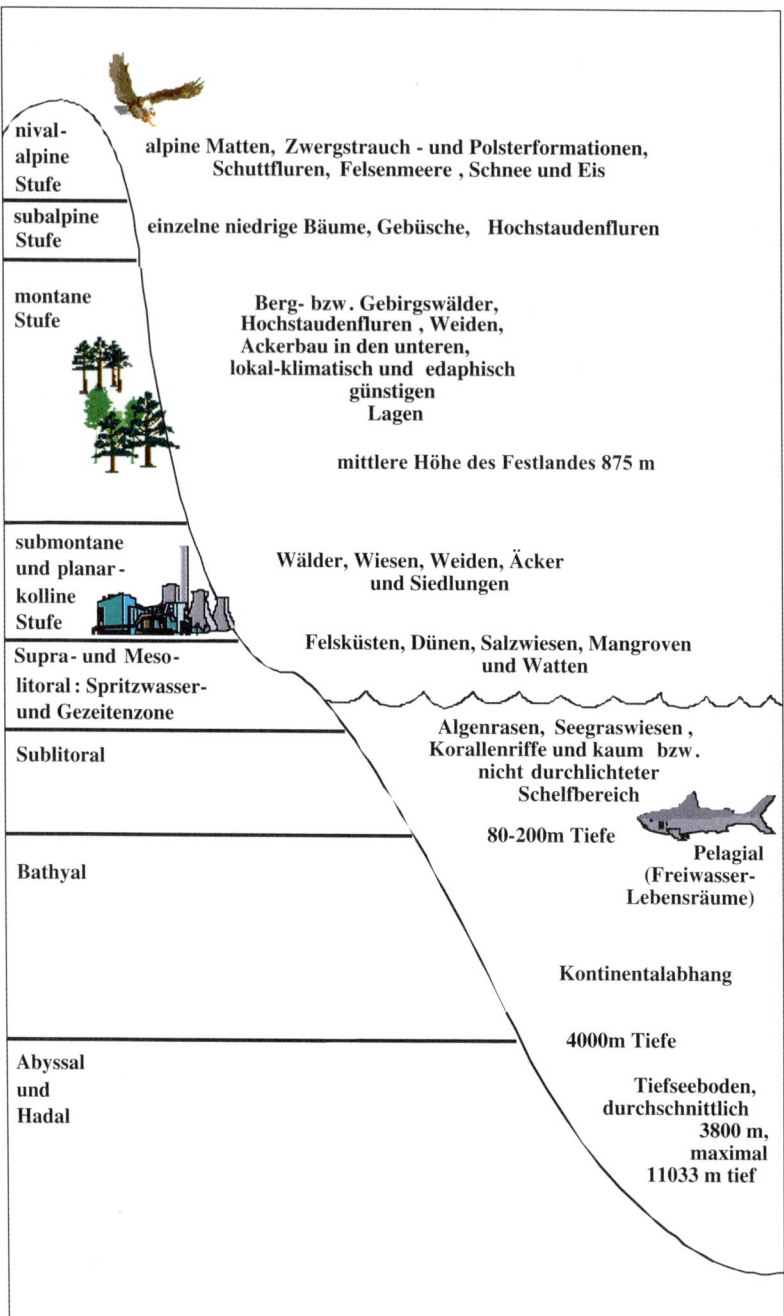

nival-
alpine
Stufe

alpine Matten, Zwergstrauch - und Polsterformationen,
Schuttfluren, Felsenmeere , Schnee und Eis

subalpine
Stufe

einzelne niedrige Bäume, Gebüsche, Hochstaudenfluren

montane
Stufe

Berg- bzw. Gebirgswälder,
Hochstaudenfluren , Weiden,
Ackerbau in den unteren,
lokal-klimatisch und edaphisch
günstigen
Lagen

mittlere Höhe des Festlandes 875 m

submontane
und planar-
kolline
Stufe

Wälder, Wiesen, Weiden, Äcker
und Siedlungen

Supra- und Meso-
litoral : Spritzwasser-
und Gezeitenzone

Felsküsten, Dünen, Salzwiesen, Mangroven
und Watten

Sublitoral

Algenrasen, Seegraswiesen ,
Korallenriffe und kaum bzw.
nicht durchlichteter
Schelfbereich

80-200m Tiefe

Bathyal

Pelagial
(Freiwasser-
Lebensräume)

Kontinentalabhang

4000m Tiefe

Abyssal
und
Hadal

Tiefseeboden,
durchschnittlich
3800 m,
maximal
11033 m tief

In Bezug auf die Artenvielfalt sind verschiedene Tendenzen beschrieben worden. Ein weit verbreitetes Phänomen ist die Zunahme der Arten innerhalb vieler taxonomischer Gruppen mit der Abnahme der geographischen Breite, also von den Polen zum Äquator hin.

Dieses Phänomen, das bereits sehr früh die Aufmerksamkeit von Naturforschern, Biogeographen und Evolutionsforschern auf sich gezogen hat, ist aber alles andere als ein triviales. Denn was ist die Ursache für diese Erscheinung? Welche Rolle spielen die Sommertemperaturen, die Winterkälte, die Niederschlagsmaxima bzw. die Kurvenverläufe von Temperatur und Niederschlag im Jahresverlauf, die Klimageschichte, die Großflächigkeit und Geomorphologie der in den verschiedenen Klimazonen vorhandenen Land- und Wassermassen?

Immerhin konnten **Breitengrad-Gradienten** der Artenvielfalt für so unterschiedliche Taxa, **ökologische Gruppen** und **Lebensformen** wie Bäume, Epiphyten, viele Pflanzenfamilien (z.B. Orchideen), sehr viele Wirbellose (Invertebraten), z.B. Fliegen und Mücken (Diptera), Schmetterlinge (Lepidoptera), Käfer (Coleoptera), marine Weichtiere (Mollusca), einige Amphibien- und Reptiliengruppen, fern der Küste lebende Vögel und Säugetiere nachgewiesen werden.

Aber durchaus nicht alle Tier- und Pflanzengruppen haben das Zentrum ihrer Artenvielfalt in den Tropen oder gar im tropischen Regenwald. Vor allem Seevögel,

---

Abb. – Nr. 13 (linke Seite): Höhenstufen der Erde von den höchsten Gipfeln der Gebirge bis hinab in die Tiefen der Meere mit Beispielen typischer Landschaftseinheiten und Lebensräume (nach SCHROEDER 1998: 116 ff. bzw. TARDENT 1993: 17 ff.).

Leider werden die Höhenstufen der Erde und die Grenzen zwischen verschiedenen Lebensräumen immer noch sehr unterschiedlich und/oder uneindeutig definiert, so dass Schwierigkeiten bei der Grenzfindung vorprogrammiert sind.

Schnee, der ganzjährig den Boden bedeckt, ist bezeichnend für die nivale Zone. Die alpine Stufe (Gebirgsstufe) befindet sich oberhalb des Waldes. Dort, wo Menschen oder auch natürliche Feuer den hochgelegenen Wald vernichtet haben, wird es schwierig, die Grenze zwischen der alpinen und montanen Stufe zu finden, da diese in aller Regel mit der Grenze potentiellen Waldwachstums gleichgesetzt wird. Die subalpine Stufe wird durch Gebüsche und Krummholz charakterisiert; wo diese fehlen, z.B. in Skandinavien, fehlt auch die subalpine Stufe. Der Begriff montan kommt von mons (lat.) = Berg. Weite Bereiche der meisten Gebirge gehören dieser Stufe (Bergstufe) an; ausgedehnte Waldgebiete in Hanglage sind bezeichnend. Das Flachland der Tieflagen sowie Hügel, Vorberge und untere Berghänge sind charakteristisch für die submontane und planar-kolline Stufe.

Das Litoral umfasst die Strände, Kliffs und amphibischen Bereiche der Küsten und die Randmeere bis zum Kontinentalabhang. Es wird in Supralitoral, Mesolitoral und Sublitoral gegliedert. Das Supralitoral ist die von Spritzwasser beeinflusste Zone oberhalb des mittleren Hochwassers, das Mesolitoral liegt zwischen mittlerem Hochwasser und mittlerem Niedrigwasser, das Sublitoral darunter. Die untere Grenze des Sublitorals fällt mit der Kante des Kontinentalsockels zusammen. Die Meeresböden der Kontinentalabhänge, der Tiefseebecken, der mittelozeanischen Rücken und Tiefseegräben werden je nach Tiefe konventionell in drei Etagen geteilt. Das Bathyal reicht bis 4000m herab, das sich anschließende Abyssal bis 6000m und das Hadal von 6000m bis in größte Tiefen.

Litoral, Bathyal, Abyssal und Hadal werden als Benthal (Lebensräume der Küsten und Meeresböden) dem Pelagial (Lebensräume des Freiwassers) gegenübergestellt. Das Pelagial kann wiederum je nach Meerestiefe in Epipelagial (durchleuchtet), Mesopelagial, Bathypelagial, Abyssopelagial und Hadopelagial unterteilt werden (vgl. TARDENT 1993: 18, GÖTTING & al. 1982: 6).

Landschaften, Zonale Vegetation, Pflanzenformationen Strukturtypen, Lebensformen		Mittl. Jahrestemp. in °C	Mittl. Jahresniederschläge in mm
Wüsten i. e. S.	Polarwüsten winterkalte Wüsten	– 15 bis 0	**< 150**
	Hitzewüsten, warme Wüsten	0 bis 20 / 20 bis 30	
Gras- und Zwergstrauchvegetation	Tundren	– 10 bis 10	**200**
	temperate Steppen, Prärien	– 5 bis / 20	**500 - 1000**
	(sub-) tropische Grasländer	20 bis 27	< 1500
Lockergehölze und Sukkulentenbusch	Waldsteppen	– 5 bis 15	100 - 600
	Sukkulentenbusch	5 bis 20	500 - 1500
	Hartlaubgehölze	12 bis 20	700 -
	Savannen	20 bis 27	**800- 1500**
	Dorngehölze	25 bis 30	500 -
Wälder	boreale Nadelwälder	– 5 bis 5	**400 - 1500**
	sommergr. Laubw. kühltemp. Regenwälder	**3 bis 15**	1500 - 3000
	immergr. Hartlaubwälder	10 bis 20	**200 - 1000**
	subtr. - warmtemperierte	12 bis 23	1000 - 4000
	Regen- u. Lorbeerwälder		
	regengrüne Monsunwälder	**20 bis 30**	1500 - 3000
	trop. Regenwälder		1300 - 15000

Box – Nr. 14: Großflächig verbreitete Landschaften, zonale Vegetationstypen, Pflanzenformationen, Strukturtypen, Lebensformen der Erde in Abhängigkeit von den mittleren Jahrestemperaturen und Niederschlägen (nach Angaben in SCHULTZ 1988, ELLENBERG 1981; verändert).

die sich entlang der Küsten und in der Hochsee von Krebstieren und Fischen ernähren, erreichen die größten Arten- und (!) Individuenzahlen in Gebieten höherer geographischer Breite beiderseits des Äquators. In den zumeist weit südlich gelegenen Gebieten der Südhemisphäre leben beispielsweise die 17 Arten flugunfähiger Pinguine (Spheniscidae). Aber auch viele andere Seevögel, z.b. Albatrosse (Diomedeidae), Sturmvögel und Sturmtaucher (Procellariidae) sowie Alken (Alcidae) haben sehr weit vom Äquator entfernt gelegene Verbreitungszentren. Diese Konzentrationen an Arten und Individuen werden auf die höhere Primär- und Sekundärproduktivität der Gewässer zurückgeführt. Zu den ökologischen und taxonomischen Gruppen, die nach derzeitigem Kenntnisstand mit den meisten Arten in den mittleren und höheren Breiten vertreten sind, gehören einige Familien der Samenpflanzen (z.b. Salicaceae, Chenopodiaceae, Cyperaceae, Apiaceae), parasitische Wespen, Boden-Nematoden und einige marine Bodenorganismen (vgl. die ausführliche Diskussion in HUSTON 1994: 20 ff.). Bei den Pflanzen sind es verschiedene, durch bestimmte physiologische, ökologische und/oder morphologische Eigenschaften charakterisierte Gruppen, die unabhängig von einem Nord-Südgefälle oder Breitengradgradienten in bestimmten Landschaften und Biotoptypen gehäuft vorkommen. Die beiden artenreichsten Pflanzenfamilien sind die Orchidaceae (Orchideen) und Asteraceae (Korbblütler) mit jeweils über 20000 Arten. Beide Familien sind kosmopolitisch verbreitet. Während jedoch die Orchideen ihren Verbreitungsschwerpunkt in den tropischen Regenwäldern haben, sind die Korbblütengewächse tendenziell außertropisch verbreitet.

In tropischen Regenwäldern wird man nach Therophyten (einjährigen Arten), Zwiebelgewächsen, C_4-Pflanzen oder stammsukkulenten Arten lange oder sogar vergeblich suchen, weil diese Organismen mit ihren speziellen Entwicklungszyklen bzw. Einrichtungen an andere Landschaften und Ökosysteme adaptiert sind.

Therophyten und Zwiebelgewächse sind vor allem dort zu finden, wo bestimmte Phasen (der Trockenheit, Kälte o.ä.) ein Überdauern in Form von Samen oder Zwiebeln im Boden notwendig machen.

C_3- Pflanzen sind weltweit verbreitet. In den boreal-arktischen Gebieten gehören fast alle höheren Pflanzen zu diesem Typ. Aber auch in den tropischen Regenwäldern sind die allermeisten Gehölze C_3-Pflanzen und es ist davon auszugehen, dass sich die meisten Arten diesen Typs in den Tropen befinden. C_4-Pflanzen sind auffallend zahlreich in lichtreichen, warm-trockenen, mediterranoiden und Steppengebieten zu finden. CAM-Pflanzen, die sich sehr häufig, aber nicht immer (!) durch Sukkulenz auszeichnen, konzentrieren sich einerseits in Randwüsten und anderen trockenen Gebieten, sofern die Niederschläge einigermaßen regelmäßig fallen, andererseits in den Kronenbereichen tropischer Regenwälder. Aber auch Wasserpflanzen, vor allem in CO_2-armen Gewässern, gehören zu diesem Photosynthesetyp.

Bei den Flechten (Lichenes) gehen die Meinungen auseinander. Diese zumeist farbenfrohen symbiontischen Organismen fallen in den Blockmeeren der Gebirge und an den Felsküsten der Meere besonders ins Auge. Möglicherweise sind die meisten Flechtenarten aber doch in den tropischen und subtropischen Zonen als **Epiphyten** auf Bäumen zu finden (LITTERSKI 1999; mdl.).

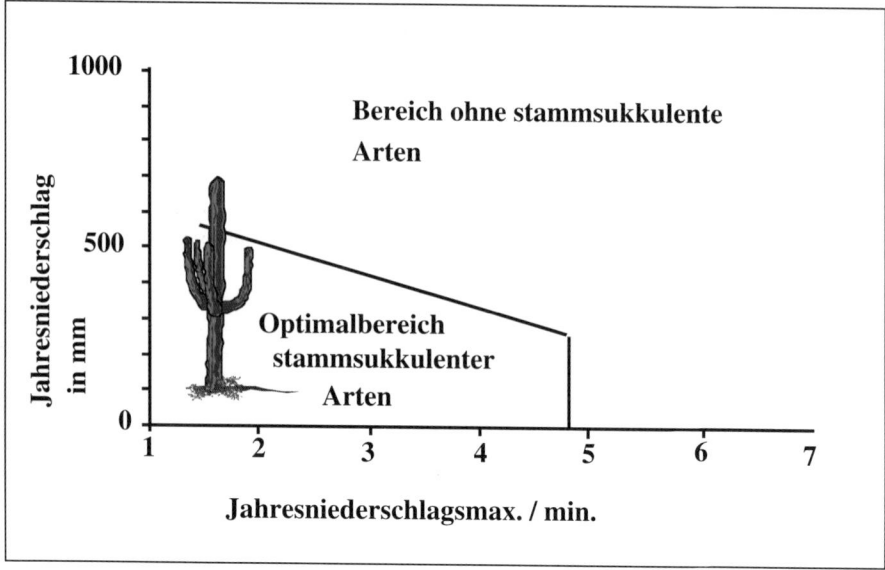

Abb. – Nr. 15: Die Verbreitung stammsukkulentenreicher Vegetation in Abhängigkeit von Höhe und Verteilung der Jahresniederschläge (nach ELLENBERG 1981: 141 ff.; stark vereinfacht). Im Koordinatensystem aus dem Mittelwert und dem Variabilitäts-Koeffizienten der Jahresniederschläge liegen Orte mit stammsukkulentenreicher Vegetation weltweit größtenteils in dem dick umrandeten Feld. Tropische und subtropische Orte ohne oder fast ohne hochwüchsige Stammsukkulenten bleiben dagegen außerhalb desselben, sei es weil der Quotient aus maximalem und minimalem Jahresniederschlag zu groß ist oder weil die Niederschläge durchschnittlich so hoch sind, dass Bäume und Sträucher gedeihen können.

C$_3$-Pflanzen	C$_4$-Pflanzen	CAM-Pflanzen
		(crassulacean acid metabolism)

Die CO$_2$-Fixierung erfolgt mit Hilfe von

Ribulosediphosphat-Carboxylase	Phosphoenolpyruvat-Carboxylase	Phosphoenolpyruvat-Carboxylase

Das erste stabile Fixierungsprodukt ist ein

C$_3$-Körper	C$_4$-Körper	C$_4$-Körper

Der Energiebedarf ist bei diesem Prozess relativ

gering	**groß**	**groß**

Der Wasserverlust über die Stomata ist i.d.R.

groß	**klein**	sehr klein

Der Transpirationskoeffizient gibt an, wieviel Wasser in g zurProduktion von 1 g Trockenmasse benötigt wird. Typische Werte für Pflanzen dieses Typs liegen bei

200-900	**200-400**	50-150

Pflanzen dieses Types haben folgende Verbreitungsschwerpunkte

Boreal-arktischer Raum, gem. Breiten, Gehölze tropischer Regenwälder, sind auch in fast allen anderen Vegetationstypen vertreten Bsp.: *Stellaria media, Fagus sylvatica*	trocken-warme, z.B. mediterranoide Gebiete, Steppen Bsp.: *Amaranthus* spp.	Halbwüsten und semiaride Gebiete mit regelmäßigem Niederschlag, Bsp.: stammsukkulente Cactaceae, Euphorbiaceae Epiphyten tropischer Regenwälder Bsp.: Bromeliaceae, Orchidaceae, aber auch CO$_2$-arme Gewässer (!), Bsp.: *Litorella uniflora, Isoetes* spp.

Box – Nr. 16: Aspekte der Ökologie und Verbreitung von C$_3$-, C$_4$- und CAM-Pflanzen (nach Angaben in LERCH 1991: 287 ff., 395 ff.).

Tab. – Nr. 17: z-Werte für Pflanzenarten in verschiedenen Regionen. Der z-Wert gibt den Anstieg der Artenzahl-Fläche-Relation im doppelt-logarithmischen Maßstab an. Er ist über große Entfernungen skalenunabhängig. Festlandsareale haben üblicherweise kleinere Werte ($< 0{,}3$) als Inseln und Archipele (häufig $0{,}3$–$0{,}7$). Die Inselwelt – global betrachtet – hat allerdings einen ganz ähnlichen z-Wert (von $0{,}27$) wie der terrestrische Bereich (je nach Autor von $0{,}26$–$0{,}28$). Die hohen z-Werte für endemische Arten kommen dadurch zustande, dass eine Vergrößerung der Probefläche zweierlei bewirkt: 1. Es kommen neue endemische Arten hinzu, 2. Arten, die für ein kleines Gebiet nicht endemisch sind und daher auch nicht berücksichtigt wurden, können für ein größeres Gebiet endemisch sein, d.h. sie waren auf der kleineren Fläche möglicherweise bereits vorhanden, wurden als endemische Art aber noch nicht gezählt.

Region (Zahl der Wertepaare)	z-Werte	Quellen
Sahara, Sudan, Senegal (n = 15)	0,08	MALYSHEV 1991: 18
Wald- und Steppenzonen in Osteuropa (n = 60)	0,12	MALYSHEV 1991: 18
Skandinavien (n = 16)	0,13	MALYSHEV 1991: 18
Britische Inseln (n = 22)	0,14	MALYSHEV 1991: 18
BRD (n = 12)	0,15	HOBOHM 1998 a: 127; Daten aus FINK & al. 1992: 220
Tropisches Afrika (n = 33)	0,20	MALYSHEV 1991: 18
Pflanzengesellschaften Mitteleuropas; inkl. Moose und Flechten (n = 103)	0,20	HOBOHM & HÄRDTLE 1997: 22
Japan	0,26	MALYSHEV 1980 in MALYSHEV 1991: 18
Inseln und Archipele; global (n = 57)	0,27	HOBOHM 1998a: 127; Daten aus DAVIS & al. 1986
Nationen der Erde; keine Inselstaaten (n = 113)	0,28	HOBOHM 2000: diese Schrift; Daten aus DAVIS & al. 1995: 4 f.
Kanal-Inseln	0,36	ROSENZWEIG 1995: 17
Kanaren (n = 11)	0,39	HOBOHM 1998a: 127; Daten aus KUNKEL 1993
Inseln Makaronesiens (n = 30)	0,41	HOBOHM 1998a: 127; Daten aus HANSEN & SUNDING 1993
Baltische Inseln nahe Estland	0,43	MALYSHEV 1980 in MALYSHEV 1991: 18
Makaronesien-Endemiten (n = 30)	0,43	HOBOHM 1998a: 127; Daten aus HANSEN & SUNDING 1993
Endemische Pflanzenarten auf Archipelen weltweit (n = 57)	0,49	HOBOHM 1998a: 127; Daten aus DAVIS & al. 1986
Archipelendemiten Makaronesiens (n = 30)	0,51	HOBOHM 1998a: 127; Daten aus HANSEN & SUNDING 1993
Inselendemiten Makaronesiens (n = 20)	0,55	HOBOHM 1998 a: 127; Daten aus HANSEN & SUNDING 1993
Inselberge westafrikan. Regenwälder (n = 8)	0,66	HOBOHM 1998 a: 127; Daten aus POREMBSKI & al. 1996: 49
Endemische Pflanzenarten auf den Kanaren (n = 8)	0,69	HOBOHM 1998 a: 127; Daten aus KUNKEL 1993

Tab. – Nr. 18: α-Werte für die Dichte einheimischer Pflanzenarten in verschiedenen Nationen der Erde (berechnet nach Angaben in Davis & al. 1986 und Davis & al. 1995: 4 f.): je höher der Wert, desto größer also die Pflanzenartendichte. Wie bei den z-Werten lässt sich feststellen, dass hohe Zahlen besonders für feucht-tropische Regionen bezeichnend sind, dass andererseits kalt-trockene und heiß-trockene Regionen durch kleine Zahlen charakterisiert werden. Die hier vorgelegten Werte wurden auf der Basis von Pflanzenartenzahlen ermittelt, die z.T. noch recht ungenau sind. Es ist daher nicht auszuschließen, dass die α-Werte einzelner Länder noch der Korrektur nach unten oder nach oben bedürfen. Die Tendenzen werden sich dagegen nur noch unwesentlich verändern.

Für einige sehr große Länder wie die USA, die ehemalige SU oder Australien wurden α-Werte ermittelt, die doch recht hoch liegen. Dies mag daran liegen, dass diese Nationen mit z.t. sehr artenreichen Regionen in den Tropen bzw. Subtropen vertreten sind.

Kolumbien 0,91 – 0,93	Ghana 0,00 – -0,02
Brasilien 0,73 – 0,75	Portugal 0,00 – -0,02
Costa Rica 0,68 – 0,71	Japan -0,01
Ecuador 0,61 – 0,64	Frankreich -0,01 – -0,03
Venezuela 0,61 – 0,65	Rumänien -0,02 – -0,06
Südafrika 0,58 – 0,61	Zambia -0,03 – -0,06
Panama 0,53 – 0,54	Nigeria -0,05 – -0,08
Bolivien 0,48 – 0,50	Tschechei und Slowakei -0,06 – -0,08
Mexiko 0,45 – 0,49	Angola -0,06 – -0,08
Guatemala 0,44 – 0,45	Ungarn -0,08 – -0,09
China 0,43 – 0,44	Belgien -0,09 – -0,11
Thailand 0,39 – 0,43	Afghanistan -0,10 – -0,19
Madagaskar 0,40	Marokko -0,11 – -0,15
Kuba 0,38	Irak -0,16 – -0,19
Philippinen 0,36	Tunesien -0,16 – -0,21
Bhutan 0,34 – 0,35	Dänemark -0,18 – -0,23
Malaysia Halbinsel 0,32 – 0,34	Niederlande -0,18 – -0,26
Nepal 0,31 – 0,36	Somalia -0,19 – -0,23
Indien 0,30 – 0,33	Polen -0,20 – -0,24
Jamaica 0,30	Deutschland -0,20 – -0,21
Kamerun 0,28 – 0,32	Namibia -0,20 – -0,24
Vietnam 0,27 – 0,31	Senegal -0,21 – -0,25
USA 0,27 – 0,3	Kapverden -0,22
Neukaledonien 0,27	Neuseeland -0,28
Tansania 0,25 – 0,28	UK (GB & Nordirland) -0,30
Malta 0,24	Algerien -0,33 – -0,37
Taiwan 0,23	Saudiarabien -0,33 – -0,53
Australien 0,22 – 0,24	Irland -0,34
Griechenland 0,22	Sudan -0,34 – -0,37
Nicaragua 0,21 – 0,34	Norwegen -0,37 – -0,39
Türkei 0,20 – 0,21	Schweden -0,39 – -0,41
Albanien 0,18 – 0,19	Ägypten -0,41 – -0,45
Bangladesh 0,16 – 0,21	Kanada -0,43 – -0,49
Uganda 0,14 – 0,15	Mongolei -0,43 – -0,46
ehem. SU 0,13 – 0,19	Finnland -0,47 – -0,51
Italien 0,13 – 0,15	Djibouti -0,51 – -0,54
Kenia 0,11 – 0,15	Oman -0,52 – -0,53
Sri Lanka 0,11	Libyen -0,54 – -0,57
Malawi 0,09 – 0,12	Südjemen -0,54 – -0,57
Schweiz 0,09 – 0,10	Mali -0,55
Argentinien 0,08 – 0,10	Chad -0,55 – -0,57
Israel 0,06 – 0,10	Niger -0,68 – -0,72
Bulgarien 0,06 – 0,10	Mauritanien -0,69 – -0,72
Zimbabwe 0,03 – 0,08	Qatar -0,70 – -0,74
Österreich 0,02 – 0,07	Island -0,78
Spanien 0,02 – 0,05	Kuwait -0,82 – -0,84
Kongo 0,01 – 0,14	Spitzbergen -1,15
Pakistan 0,01 – 0,04	Grönland -1,15
Chile 0,00 – 0,02	

4 Zeitliche Dimensionen

In der anglo-amerikanischen Literatur werden „**evolutionary times**" und „**ecological times**" unterschieden. Diese Begriffe lassen sich nicht einfach ins Deutsche übersetzen; „evolutionskundliche Zeiträume" und „ökologische Zeiträume" wären nicht nur ungebräuchliche, sondern auch wenig verständliche Begriffe. Vielleicht könnte man sie noch am ehesten mit „für die Evolution bedeutsame Zeiträume" und „für ökologische Vorgänge bedeutsame Zeiträume" übersetzen, mit dem Nachteil allerdings, dass die Übersetzung immer länger wird und natürlich auch immer mehr Unschärfen wie „bedeutsam" eingebaut werden müssen, die es dann wiederum zu präzisieren gilt.

Sehr lange und kurze Zeiträume sind gemeint. Mit beiden Begriffen verbindet sich aber auch eine andere Dimension, eine wissenschaftstheoretische. **Evolutionsforschung** ist in weiten Bereichen Geschichtsforschung, eine Disziplin, die nach für die jeweiligen Epochen charakteristischen Formen und Ereignissen fragt, nach **Stammbäumen**, die als Ergebnis historischer Geschehnisse zu verstehen sind. Viele Fragen der Ökologie – nicht alle (!) – zielen dagegen auf Prozesse ab, die unter denselben Voraussetzungen und Rahmenbedingungen an jedem Punkt der Erde zu jeder Zeit dasselbe Ergebnis liefern (**Aktualitätsprinzip**). Zwischen der Frage nach dem einmaligen stammesgeschichtlichen Ereignis und der Frage nach der universellen ökologischen Gesetzmäßigkeit gibt es einen breiten Übergangsbereich, der sich auf Mechanismen und Ereignisse von **Arealverschiebungen**, auf Wanderungen bezieht, die einerseits durch biologische Eigenschaften (z.b. **Ausbreitungsmechanismen**) ermöglicht und begrenzt, andererseits durch äußere Bedingungen, z.B. Kontinentaldrift und verändertes Klima, eine geschichtliche Dimension erhalten können. Die Begriffe „**Wanderungsbiologie**" und „**Wanderungsgeschichte**" machen deutlich, dass das Wanderungsgeschehen sowohl eine historische als auch eine zeitunabhängige beinhaltet.

Grundsätzlich kann davon ausgegangen werden, dass der Fundort des Individuums einer Art von drei Parametern abhängig ist:

- von den im Laufe der Evolution entstandenen Ansprüchen des Individuums an seine Umwelt und allen anderen Eigenschaften, die seine Konstitution ausmachen, z.B. auch von seinen ausbreitungsbiologischen Fähigkeiten,
- von seiner bzw. der Wanderungsgeschichte seiner Vorfahren und
- von den abiotischen und biotischen Umweltbedingungen (vom Standort, Habitat)

Die Umwelt des Individuums ist kein statisches Etwas; sie beinhaltet eine ganze Palette von abiotischen und biotischen Rahmenbedingungen und Prozessen, die mehr oder weniger intensiv und in immer neuen Kombinationen wirksam sind. Die Wirksamkeit eines jeden Faktors wiederum ist von der biologischen Potenz, von den Eigenschaften des Individuums abhängig. Widrige Einflüsse werden möglicherweise sehr effektiv abgepuffert. Und so gibt es eine Reihe von Mechanismen und Prozessen, die das gesamte raum-zeitliche Geschehen zu einem gewaltigen Wechselwirkungs-Komplex vernetzen.

4.1 Die Bedeutung der Evolution

Von der **Evolutionsforschung** werden die Ursachen und Mechanismen der Entwicklungsgeschichte ausgestorbener und rezent vorkommender Lebewesen untersucht. Diese Forschungsrichtung bedient sich einerseits geologisch-paläontologischer, andererseits molekularbiologisch-genetischer Erkenntnisse.

Das lateinische Verb „evolvere" bedeutet „hervorrollen", „abwickeln". Alle Organismen der Erde sind miteinander verwandt und haben gemeinsame Vorfahren. Mit der Entstehung genetischen Materials begann der Prozess der **Differenzierung** und **Diversifizierung** (der divergenten Entwicklung) von lebendigen Formen, der „Abwicklung" einer spannenden Geschichte kontinuierlicher Veränderungen und bedeutender Erfindungen der Natur, die gelegentlich gewaltige Sprünge verursachen.

Die Geschwindigkeit, in der Evolutionsschritte aufeinander folgen, ist äußerst unterschiedlich. Lebt ein Organismus in einer nahezu konstanten Umwelt, so kann seine Form über mehrere Epochen fast unverändert bleiben. So konnten einige archaische Formen bis heute überleben. Zu diesen „**lebenden Fossilien**" gehören beispielsweise der Pfeilschwanz *Limulus polyphemus* (Xiphosura), die Brückenechse *Sphenodon punctatus* (Rhynchocephala) oder auch der Quastenflosser *Latimeria chalumnae* (Crossopterygii).

Veränderungen, die den Lebensraum betreffen, führen dagegen in aller Regel zu einem veränderten **Selektionsdruck**. Dieser hat zur Folge, dass die Auswahl der Populationen oder Individuen, die selektiert werden, sich verändert. Bei diesem Prozess entstehen neue Kombinationen von genetischem Material und neue **Phänotypen**; auch eine Vereinfachung oder Reduktion von Strukturen und Funktionen kann die Folge sein.

Wegen z.T. ähnlicher äußerer Bedingungen entwickeln sich bei verschiedenen Arten gelegentlich ähnliche Strukturen, die sich entweder allein in ihrer Funktion **(Analogien)** oder aber in ihrem ererbten Bauplan und ihrer Funktion **(Konvergenzen)** ausprägen.

Arten treten in Form von Populationen in Erscheinung, Populationen bestehen aus Individuen und jedes Individuum hat individuelle Eigenschaften. Diese Feststellung ist sicherlich trivial, die Tatsache zugleich aber höchst bedeutsam für den Prozess der Evolution. Denn die Grundlage des Wandels, der Veränderung lebender Erscheinungen, ist die durch **Mutationen** hervorgebrachte **genetische Variabilität**, die dafür verantwortlich ist, dass auch räumlich eng zusammenlebende Mitglieder einer Population in ihrem Genbestand in der Regel nicht gleich sind – es gibt allerdings eine Reihe von Ausnahmen. Sie unterscheiden sich in einem Teil der genetischen Merkmale, tragen verschiedene **Allele**. Diese Allele wiederum bieten den vielfältigen Selektionsdrücken der abiotischen und biotischen Umwelt einen Anknüpfungspunkt zur Differenzierung und letztlich zur Entstehung neuer Arten. Die genetische Variabilität ist eine notwendige Voraussetzung der Artbildung. Natürliche **Selektion** und **Isolation** kanalisieren den Ablauf der Evolution. Beides wird inzwischen kaum noch angezweifelt. Allerdings herrscht Uneinigkeit über den Umfang von Lebewesen, die zu einer Art gerechnet werden sollen.

Es gibt generell zwei konträre Auffassungen.

Nach dem „**genetischen Konzept**" besteht eine Art aus einer oder mehreren Populationen, deren Individuen unter natürlichen oder experimentellen Bedingungen im Genaustausch miteinander stehen (können), fertile Nachkommen miteinander erzeugen (können) und von allen anderen lebenden Wesen genetisch isoliert sind. Eine Art ist nach dieser Definition eindeutig zu charakterisieren. Der große Nachteil ist, dass nur an rezenten Lebewesen beobachtet werden kann, ob sie fertile Nachkommen erzeugen. An Fossilien ist dagegen so gut wie nie zu überprüfen, welches die Nachkommen waren und ob sie fertil waren. Zudem gibt es viele Formen von niederen Organismen, von Pflanzen und Tieren, die sich ausschließlich ungeschlechtlich vermehren. Eine Anwendung des genetischen Artkonzeptes auf diese ist nicht möglich. Darüber hinaus ist von den meisten heute lebenden Populationen der Grad ihrer genetischen Eigenständigkeit nicht bekannt. Dieser Artbegriff ist also, wenngleich klar, so doch mit evidenten praktischen Schwierigkeiten behaftet.

Nach dem „**morphologisch-paläontologischen Konzept**" ist eine Art durch bestimmte morphologische Merkmale, durch Eigenheiten des Bauplans, durch Form und Farbe zu charakterisieren. Dieser Artbegriff hat dazu geführt, dass männliche und weibliche Vertreter einer fossilen Fortpflanzungsgemeinschaft schon mal mit verschiedenen Artnamen versehen worden waren (so geschehen bei den Foraminiferen), und er öffnet der Willkür Tür und Tor. Dafür aber ist er praktikabel.

In der systematischen und taxonomischen Bearbeitung von Floren und Faunen der verschiedensten Gebiete hat sich inzwischen ein leidenschaftsloser Pragmatismus durchgesetzt, der jeweils die Vorteile beider Konzepte zu nutzen sucht und einen Mittelweg beschreitet. So lassen sich z.B. habituell sehr verschiedene Formen der Gattung *Argyranthemum* (Asteraceae), deren Vertreter auf verschiedenen Kanarischen Inseln vorkommen, miteinander kreuzen. Viele der Nachkommen sind vollkommen vital und fertil (HUMPHRIES 1979: 188). Sie werden in den gängigen Floren dennoch als eigenständige Arten geführt, da sie sich morphologisch, ökologisch und/oder biogeographisch deutlich unterscheiden; auch sind entsprechende Hybriden in der Natur selten oder noch nicht gefunden worden. Bei den Apomikten – **Apomixis** bedeutet Verlust der sexuellen Fortpflanzung und damit Verlust der Möglichkeit, genetisches Material zu rekombinieren – ist es umgekehrt: Jedes Individuum kann nur infolge asexueller Vorgänge Nachkommen erzeugen, die von Generation zu Generation dasselbe genetische Material in sich tragen – jedenfalls bis der seltene Fall einer überlebensfähigen Mutation eintritt. Jede individuelle Ahnenreihe beim Löwenzahn *(Taraxacum* spec.) oder bei der Brombeere *(Rubus* spec.) wäre nach dem genetischen Konzept eine eigenständige Art, würde es nicht hin und wieder – sehr selten – doch zu einem Genaustausch zwischen verschiedenen Individuen kommen. In diesem Fall werden üblicherweise morphologisch und ökologisch ähnliche Individuen und Populationen zusammengefasst und mit demselben Artnamen versehen.

Noch sehr lange glaubten Biologen, dass die Entstehung einer neuen, genetisch isolierten Art (**Artbildung, Speziation**) nur nach Separation, nach einer räumlichen Trennung gelingen könnte (**allopatrische Speziation**). Aus diesem Grunde wurde postuliert, dass zwei Unterarten (subspecies) derselben Species, die ja quasi als Vorboten neu entstehender Arten aufzufassen sind, nicht im selben Gebiet vorkommen dürfen. Inzwischen – besonders seit den 1960er Jahren (BUSH 1966, SMITH 1966) – sind aber verschiedene **Isolationsmechanismen** bekannt geworden, z.T.

Paläoendemiten
- monotypische Gattungen oder Sektionen
- verwandtschaftlich sehr isoliert
- offenkundig alt und reliktär

Bsp. Makaronesien: *Gesnouinia arborea* (diploid)
Plocama pendula (tetraploid)

Patroendemiten
- diploide Endemiten, deren weiter verbreiteten verwandten Arten polyploid sind
- sind somit als Ausgangsarten anzusehen

Bsp. Makaronesien: *Laurus azorica* (2n = 36)
(Laurus nobilis 2n = 42; mediterran)

Neoendemiten
- junge Schizoendemiten bzw. Apoendemiten

Schizoendemiten
- Endemiten mit demselben Ploidiegrad wie die weiter verbreiteten Verwandten
- Rückschluss auf das Alter der Taxa aufgrund des Ploidiegrades nicht möglich

Bsp. Makaronesien: *Argyranthemum, Echium, Pericallis, Aeonium, Ceropegia, Euphorbia*

Apoendemiten
- polyploide Endemiten, deren Verwandte weiter verbreitet sind und einen niedrigeren Ploidiegrad aufweisen
- müssen somit als abgeleitet angesehen werden

Bsp. Makaronesien: *Tamus edulis* (octoploid)
(Tamus communis; med.-submed., tetraploid)

Box – Nr. 19: Klassifikation von Endemiten nach FAVARGER & CONTANDRIOPOULOS (1961, in BORGEN 1979) mit Beispielen höherer Pflanzen Makaronesiens.

Fotos — Nr. 22: Die Kanarischen Inseln und der Madeira-Archipel gehören – neben den großen Inseln der Karibik – zu den Biodiversity-Hotspots der atlantischen Region. Die Gesamtarten- und Endemitendichte der Blütenpflanzen, die sich hier im Laufe der Zeit eingestellt hat, ist sehr groß. *Aeonium lancerottense* ist eine endemische Art der Insel Lanzarote.

auch experimentell bestätigt worden, die eine **parapatrische Artbildung**, bei der die Populationen, aus denen neue Arten entstehen, nicht vollständig getrennt sind, und die **sympatrische Artbildung** – im selben Gebiet entstehen zwei oder mehr Arten aus einer – ermöglichen. Wichtig ist eben nur die Entstehung funktionaler Barrieren zwischen dem genetischen Material der einen und der anderen Population.

Der vollständigen Unterbrechung des Genflusses kann ein langer Prozess der Verlangsamung vorausgehen, z.B. durch räumliches Auseinanderweichen, welche zunächst zu **geographischen Rassen** führt, oder durch ökologische Differenzierung, d.h. Anpassung an verschiedene Habitate **(Einnischung)**; letztere führt zunächst zu **Habitatrassen**. Die Unterbrechung kann aber auch plötzlich eintreten, z.B. durch

Fotos — Nr. 20, 21 (links): *Gesnouinia arborea* (oberes Bild, hier im Lorbeerwald auf La Palma) ist eine endemische Art der Kanarischen Inseln. *Semele androgyna*, auch eine typische Lorbeerwaldart, kommt auf Madeira (Foto wurde auf dieser Insel aufgenommen) und einigen Kanarischen Inseln vor und gehört damit zu den Endemiten der Zentralmakaronesischen Region (vgl. HANSEN & SUNDING 1993: 62, 92, 106, 176, 192, 210).

Polyploidie, d.h. genetische Trennung von den übrigen Mitgliedern der Population durch Verdoppelung oder Vervielfachung des Chromosomensatzes.

Die sympatrische Speziation durch Polyploidisierung ist für den Ursprung von vielen rezenten Blütenpflanzen und vermutlich auch etlichen Tierarten verantwortlich (KÖNIG & LINSENMAIR 1996: 35). Allerdings kann man allein aus dem prozentualen Anteil polyploider Arten – sie liegt global betrachtet bei über einem Drittel aller Pflanzenarten, bei den Tieren sehr viel niedriger – nicht auf das Verhältnis allopatrisch, parapatrisch und sympatrisch entstandener Arten schließen, da polyploide Arten auf unterschiedlichen Wegen entstehen können. **Autopolyploidie** entsteht durch Vervielfältigung des Chromosomensatzes einer Art oder eines fruchtbaren Bastards. **Allopolyploidie** entsteht dagegen durch Fusion von zumeist diploiden Genomen verschiedener Arten **(Additionsbastarde)**. Eine oder mehrere neue polyploide Arten können vor allem aber auch aus einer bereits vorhandenen polyploiden Art entstehen, d.h. eben nicht durch **Polyploidisierung** und damit nicht notwendigerweise sympatrisch. Dies gilt es auch deshalb zu betonen, da der Anteil polyploider Arten deutlich mit der geographischen Breite, also zu den Polen hin, zunimmt, während die Artenvielfalt unter den höheren Pflanzen eine gegenläufige Tendenz zeigt.

Einen wichtigen indirekten Hinweis auf die Bedeutung der (geographischen) **Separation** für die (genetische) **Isolation** liefern Verbreitungsbilder von Arten innerhalb einer Gattung. Viele dieser Verbreitungsbilder zeigen eine Konzentration von Arten nicht an der Rändern des Gattungsareals, welche für allopatrische Speziation sprechen würde, sondern irgendwo im Zentrum. Sollten sich diese Verbreitungsbilder nicht grundlegend gewandelt haben, so darf angenommen werden, dass sympatrische Artbildung zu den ganz gewöhnlichen Prozessen der Evolution gehört. Besonders instruktiv sind kritische Floren von Archipelen (vgl. z.B. die Checklist der Blütenpflanzen und Farne Makaronesien von HANSEN & SUNDING 1993); sie zeigen, dass Unterarten und Varietäten derselben Art sowie Hybriden und nahe verwandte Arten sehr häufig auf derselben Insel vorkommen und nicht erst entstehen, wenn eine Teilpopulation den Sprung auf eine benachbarte Insel geschafft hat. Auch wenn das Verhältnis allopatrisch, parapatrisch und sympatrisch entstandener Arten noch nicht exakt zu quantifizieren ist, so steht bereits außer Frage, dass alle drei Möglichkeiten in der Natur vertreten sind und gewöhnliche Entstehungswege der Evolution darstellen.

Die Artbildung ist somit häufig als Nebeneffekt von Anpassungen an die Umwelt bzw. als Folge der Auswanderung aufzufassen.

4.2 Die Bedeutung der Wanderungsbiologie und Wanderungsgeschichte

Findet man an einem Ort in der Landschaft eine bestimmte Lebensgemeinschaft vor, so wird dieses Vorkommen in der Regel auf die verschiedenen ökologischen Rahmenbedingungen – Gesteine, Geomorphologie, Strukturvielfalt, Feuchtigkeit, Nährstoffe, Lichtverhältnisse, Nutzungen u.v.a.m. – zurückgeführt. Die Frage dagegen, auf welche Weise die beteiligten Pflanzen und Tiere eingewandert sind und sich angesiedelt haben, wie groß die Sprünge sind, die sie machen können, ob ökologisch **präadaptierte** Arten vielleicht nur deshalb fehlen, weil sie noch nicht eingewandert sind, wird häufig sehr stiefmütterlich oder gar nicht behandelt.

Gern wird auch immer wieder von pflanzensoziologischer Seite die Ansicht vertreten, dass die Artenzusammensetzung sehr genau Aussagen zur Standortsökologie zulässt, dass Komposition und Standort wie Schlüssel und Schloss zueinander passen. Doch als generell gültige lässt sich diese Aussage nicht aufrechterhalten, denn es gibt in der Natur auch lose, z.T. durch Zufall entstandene Aggregate. Und Kulturmaßnahmen belegen, dass auf demselben Substrat durchaus ganz unterschiedliche Artenzusammensetzungen etabliert werden können.

Neu entstandene Biotope werden in kurzer Zeit von Pflanzen und Tieren besiedelt. Anscheinend ortsfeste Populationen verändern allmählich ihr Areal, neue Gebiete werden erobert, alte aufgegeben. Manche **Populationen** oder deren Untereinheiten haben keinen permanent fixierten Wohn- oder Standort, sondern führen – zumindest zeitweise – ein nomadisches Dasein wie die Zugvögel.

Zahlreiche Untersuchungen, die sich mit der Ausbreitung von **Diasporen** (Ausbreitungseinheiten der Pflanzen) beschäftigen, führten zu der Erkenntnis, dass die Mehrzahl von Früchten, Samen, Sporen oder ganzen Individuen nur über sehr geringe Distanzen ausgebreitet wird und der Diasporenniederschlag im Wesentlichen die Artenzusammensetzung der näheren Umgebung widerspiegelt. Selbst beerenfressende Kleinvögel breiten die entsprechenden Gehölzarten üblicherweise nur über geringe Distanzen aus. Lediglich die durch Großsäuger, Fließgewässer oder Meeresströmungen transportierten Diasporen sowie einige **anemochore** (windverbreitete) Arten besitzen potentiell die Möglichkeit zur **Fernausbreitung** (BONN & POSCHLOD 1998: 1; hier auch Nennung weiterer Literatur).

Andererseits findet man an vielen Stellen der Erde Artenzusammensetzungen, die die Annahme von großen Sprüngen notwendig macht. So gibt es eine ganze Reihe von wanderungsgeschichtlichen Kuriositäten, die durch gewöhnliche, durchschnittliche oder wahrscheinliche wanderungsbiologische Vorgänge nicht erklärt werden können. Erst wenn der unwahrscheinliche Fall, das ungewöhnliche Ereignis, Stürme, die Dächer, Autos, aber eben auch Pflanzen und Tiere durch die Luft schleudern können, Vulkanausbrüche, Tsunamis und Irrgäste ins Kalkül gezogen werden (**natürliche untypische Fernausbreitung** sensu SCHROEDER 1998: 78), bieten sich Möglichkeiten zur Erklärung bestimmter Verbreitungsbilder. Wie sonst sollte es dazu gekommen sein, dass Schlangen, Eidechsen, Spinnen, fossile Eier von Straußenvögeln oder myrmekochore (von Ameisen ausgebreitete) Blütenpflanzen auf Inseln

Foto – Nr. 23 (links): *Gladiolus illyricus* (hier in der Bretagne) ist vor allem mediterran-atlantisch verbreitet; die Art besiedelt Heiden und offenes Buschland von Südengland bis nach Griechenland. Diese Art oder Artengruppe ist wohl nirgends häufig und vielfach durch Pflücken bedroht. In Großbritannien gibt es nur noch wenige Populationen; diese sind von den Festlandspopulationen genetisch getrennt, da sie einen anderen Chromosomensatz haben (vgl. Tutin & al. 1980: 101). Der Schutz von Randpopulationen oder lokal seltenen Arten, die aber überregional noch häufiger vorkommen, kann – wie dieses Beispiel zeigt – durchaus für die Erhaltung der genotypischen Vielfalt von Bedeutung sein (vgl. Mühlenberg & Slowik 1997: 183 ff.).

zu finden sind, die niemals mit dem Festland in Verbindung standen? Es gibt disjunkt verbreitete Arten oder Gattungen, deren Teilareale Tausende von Kilometern auseinander liegen, deren Verbreitungsbilder aber auch nicht durch Plattentektonik und Kontinentaldrift zu erklären sind. So sind die nächsten Verwandten vom Drachenbaum *(Dracaena draco)*, der auf den Kanarischen und Kapverdischen Inseln natürlicherweise vorkommt, in Ostafrika zu finden *(Dracaena cinnabari, D. ombet* und *D. schizantha)*. Der Abstand zwischen dem Verbreitungsgebiet von *Apollonias*

Foto – Nr. 24: Fließende Übergänge, z.B. zwischen Wald und Grünland, Trockenrasen und Flutrasen, intensiv beweideten und unbeweideten Flächen, sind häufig lang und schmal ausgebildet. Bedingt durch Nachbarschaftseffekte und die besonders günstige Möglichkeit zur Ausbreitung sind sie häufig deutlich artenreicher als die unmittelbar benachbarten, aber großflächigen Vegetationseinheiten. *Geranium sanguineum* und *Stipa joannis* stehen hier zusammen in einer Saumgesellschaft in einem Naturschutzgebiet (NSG Lindenberg) in Süddeutschland.

barbujana (Madeira und Kanaren) und *Apollonias arnotii* (Indien) ist noch größer. Als wirklich kurios zu bezeichnen ist die Verbreitung der Gattungen *Picconia*, die früher zur Gattung *Notelea* gestellt wurde und natürlicherweise in Makaronesien beheimatet ist, und die der nächsten Verwandten *Notelea* s. str., die in E-Australien vorkommt. Australien löste sich in der Erdgeschichte bereits sehr früh von den übrigen Landmassen des Urkontinentes Gondwana – zu einer Zeit, da höhere Pflanzen überhaupt noch nicht existierten. SUNDING (1979: 13 ff.) nennt weitere Beispiele für Verbreitungsbilder, die nicht leicht zu erklären sind.

Arealveränderungen kommen durch Wanderungsbewegungen und durch das Aussterben von Populationen zustande. Bei den Pflanzen gibt es ein Auswandern aufgrund ihrer ganz überwiegend sessilen Lebensweise in der Regel nicht. Aber auch viele Tierarten haben ortsfeste Larvenstadien mit einer zeitlich definierten Entwicklungsdauer, die veränderte Umweltbedingungen im günstigen Fall tolerieren können, jedoch keine räumliche Flexibilität aufweisen.

Für die Neubesiedlung eines Gebietes ist es nicht nur notwendig, dass Populationen, Individuen (beispielsweise befruchtete Vogelweibchen oder zur Wiederbewurzelung fähige, losgerissene Bäume) oder andere Ausbreitungseinheiten (wie Sporen, Samen, Fruchtstände) diesen Ort erreichen können, sondern auch, dass die abiotische und biotische neue Umwelt diese Besiedlung zulassen (**ökologischer Engpass**) und dass sich eine stabile **Gründerpopulation (genetischer Engpass)** etablieren kann. An Alleen beispielsweise ist häufig zu beobachten, dass einzelne Baumstämme großflächig von bestimmten epiphytischen Flechtenarten überzogen sind, während benachbarte Bäume, die genauso alt, genauso dick sind und unter ähnlichen klimatischen und lufthygienischen Bedingungen wachsen, dieselbe Art nicht beherbergen. Offensichtlich zeichnen sich die entsprechenden Flechtenarten durch sehr effektive **Nahausbreitungsmechanismen** aus, die wirksam werden, nachdem sich einige Individuen etablieren konnten. Im Prinzip ganz ähnliche Vorgänge und Phänomene sind auf Inseln zu beobachten. In den trockenen Dünen, noch deutlicher in den feuchten Dünentälern auf Inseln der Nordsee, kann man inseltypische Kompositionen ausmachen, die anzeigen, dass Gründereffekte – im Zusammenhang mit der Primärbesiedlung von Gewässerufern wird auch vom **„Zufall der ersten Besiedlung"** gesprochen (vgl. MIERWALD 1988: 29 f.) – mehr oder weniger bedeutsam sind. Die Unterschiede in den Artenzusammensetzungen lassen sich jedenfalls häufig allein ökologisch nicht erklären (vgl. HOBOHM 1993: 22 ff., PETERSEN 1999).

Viele Ausbreitungsmechanismen sind beobachtet, unterschieden und klassifiziert worden. Dazu gehören u.a. die **Barochorie** (Ausbreitung mit der Schwerkraft), die **Autochorie** (Selbstausbreitung), **Semachorie** (Ausbreitung durch Einwirkung äußerer Kräfte), **Anemochorie** (Ausbreitung durch den Wind), **Hydrochorie** (durch Wasserbewegung), **Zoochorie** (durch Tiere) und **Anthropochorie** (syn. **Hemerochorie**; durch Menschen). Diese Mechanismen werden üblicherweise auf Pflanzen bezogen und mit Beispielen aus dem Pflanzenreich belegt. Es spricht aber wohl nichts dagegen, eine entsprechende Klassifikation für alle Lebewesen vorzunehmen. Möglicherweise sind nicht alle Mechanismen überall auf der Erde und in allen Organismengruppen vertreten. Schaut man aber einmal die für Pflanzen beschriebe-

fester Platz in			kein fester Platz in der Vegetation, Landschaft, aber wild/spontan, verwildert vorkommend	nur kultiviert bzw. als Haus-, Nutz- oder Zootiere vorhanden
ursprünglicher Vegetation, Landschaft	wenig beeinflusster Vegetation, Landschaft	stark beeinflusster Vegetation, Landschaft		
Einheimische, idiochore, indigene Arten (native species)	Anthropochore Arten (Hemerochore Arten, introduced species)			
	neu-heimische Arten	kulturab-hängige Arten	ephemere, unbeständige Arten	Kulturpflanzen, Haus-, Nutz- und Zootiere
nicht kultivierte Pflanzen und nicht als Haus-, Nutz- oder Zootiere lebende Arten				

Box – Nr. 25: Klassifizierung von Floren- und Faunenelementen nach Gesichtspunkten der Anthropochorie (in Anlehnung an SCHROEDER 1998: 76).

nen Möglichkeiten auf ihre Anwendbarkeit auch für die Tierausbreitung durch, so wird man feststellen, dass die Autochorie – zweifellos ist das Laufen und Fliegen wichtigstes Fortbewegungs- und damit Ausbreitungsmittel bei den Tieren – durchaus nicht die einzige Möglichkeit im Tierreich ist. So werden im Fell wandernder Säugetiere nicht nur Samen von Pflanzen befördert, sondern beispielsweise auch viele Insekten und Spinnentiere. Viele Blätter und Früchte besonders in den Tropen werden von in und auf ihnen siedelnden Moosen, Pilzen, Flechten, Eiern, Larven und adulten Schnecken, Insekten, Spinnen u.ä. bewohnt. Diese wiederum werden auf ganz unterschiedliche Art und Weise transportiert: mit dem Wind, vom Wasser, durch Säugetiere o.ä., so dass sich auf diese Weise bereits auch für Tiere eine ganze Reihe von zusätzlichen Möglichkeiten der Ausbreitung bietet.

Nach der Einwanderungszeit, nach der **Hemerobiestufe** (Intensität menschlicher Einflüsse) des entsprechenden Landschaftsbestandteiles und nach der Dauer ihres Erscheinens werden Arten verschiedenen Gruppen zugeordnet. Auch hier wird versucht, Begrifflichkeiten, die üblicherweise auf Pflanzenarten beschränkt bleiben (vgl. DIERSCHKE 1994: 59 ff., KOWARIK 1997: 18 ff., BONN & POSCHLOD 1998, SCHROEDER 1998: u. a. 67 ff.), so zu definieren, dass sie auf alle Lebewesen anzuwenden sind.

Einheimische Sippen, die bereits vor wirksamen Eingriffen des Menschen vorhanden waren, werden als **idiochore (proanthrope**, einheimische, **indigene**) Arten (native species) bezeichnet. **Hemerochore** (syn. adventive, **anthropochore, synanthrope**) Arten (introduced species) gelangten dagegen unter Mithilfe des Menschen – direkt oder indirekt, bewusst oder unbewusst – in ein Gebiet. Nach dem Zeitpunkt der Einwanderung werden **Altadventive** (Alteinwanderer), die in vor- und

eingeführte Art(en)	dadurch ausgerottet	ehemaliges Vorkommen
Ziegen oder Schafe (Vegetations-zerstörung)	**Cathamralle** (*Caballus modestus*)	Catham-Insel
	Guadelupe-Kupferspecht (*Colapter cafer rufipileus*)	Guadelupe
Kaninchen (Bodenzerstörung)	**Cathamralle** (*Caballus modestus*)	Catham-Insel
Verwilderte Hunde	**Tristan-Teichhuhn** (*Galinula nesiotis nesiotis*)	Tristan da Cunha
Verwilderte Katzen	**Auckland-Ralle** (*Rallus muelleri*)	Auckland-Inseln
	Salomonen-Erdtaube (*Microgoura meeki*)	Choiseul-Insel
	Bonin-Taube (*Columba versicolor*)	Bonin-Insel
	Graszaunkönig (*Amytomis goyderi*)	Australien
	Streifenbeuteldachs (*Perameles fasciata*)	Australien
	Weihnachtsinsel-Spitzmaus (*Crocidura fuliginosa trichua*)	Weihnachtsinsel
Verwilderte Schweine	**Gesellschaftsläufer** (*Prosobonia teucoptera*)	Gesellschaftsinsel
	Dodo (*Raphus cucullatus*)	Maskarenen
Ratten	**Rotschnabelralle** (*Rallus pacificus*)	Tahiti
	Laysanralle (*Porzanula palmeri*)	Laysan
	Kusai-Star (*Aplonis corvina*)	Karolinen
Füchse	**Toolch-Wallaby** (*Wallaby greyi*)	Australien
Schleichkatzen (Mungo)	**Hawaii-Ralle** (*Pemula sandwichensis*)	Hawaii
	Martinique-Zaunkönig (*Troglodytes musculus martinicensis*)	Martinique

Box – Nr. 27: Beispiele für Vogel- und Säugetierarten, bei deren Ausrottung ausgesetzte gebietsfremde Arten eine wichtige Rolle gespielt haben (nach ZISWILER 1965, zit. in PLACHTER 1991: 272; unwesentlich verändert).

Foto – Nr. 26 (links): Die Einbeere (*Paris quadrifolia*, hier nahe Lüneburg) gehört zu den Waldarten, die nahezu ausschließlich in historisch alten Laub- und Laubmischwäldern vorkommen. Diese Art wird von Schnecken endozoochor ausgebreitet (nach MÜLLER-SCHNEIDER 1986, zit. in BONN & POSCHLOD 1998: 236) – und das kann dauern.

frühgeschichtlicher Zeit einwanderten oder eingebracht wurden, und Neuadventive (Neueinwanderer), die nach dem Mittelalter (nach 1500) einwanderten, unterschieden.

Ist von einer Art nicht bekannt, ob sie eine indigene oder adventive Art ist – wie dies z.b. bei der Steineiche *(Quercus ilex)* auf Jersey der Fall ist –, so wird sie als **kryptogene** Art bezeichnet.

Neu einwandernde Arten können sich je nach Standort und Konkurrenzverhältnissen mehr oder weniger fest etablieren. Einige (ephemere Arten) treten in einem Gebiet nur sehr kurz in Erscheinung, um dann wieder für längere Zeit zu verschwinden.

Sippen mit festem Platz in der heutigen natürlichen Vegetation bzw. Landschaft (neuheimische Arten) können von kulturabhängigen Arten (auf Schuttplätzen, in Wiesen, an Wegen, in Forsten etc.) und gezüchteten bzw. kultivierten Arten (Haustieren, Zier- und Nutzpflanzen) unterschieden werden.

Einen Sonderfall stellen Arten dar, die zugleich zu den indigenen *und* kultivierten bzw. gezüchteten Arten gehören. So gibt es im Mediterranraum eine Reihe von Baumarten *(Pinus pinea, Olea europaea u.a.),* die überall kultiviert werden, die aber spontan, in der wenig berührten Landschaft nicht mehr existieren; andererseits ist unstrittig, dass sie aus diesem Raum stammen. Es gibt auch einige Tierarten, die nur noch als Haustiere bekannt sind. Zu diesen gehören u.a. die Dromedare *(Camelus dromedarius).*

Gelegentlich werden für alt- und neugebildete Lebensgemeinschaften besondere Namen vorgeschlagen. So werden beispielsweise indigene (ursprünglich vorhandene), **archaeogene** und **neogene** Pflanzengesellschaften unterschieden – Letztere sind unter dem Einfluss des Menschen vor bzw. nach 1850 entstanden (nach KOPECKY 1980 und GUTTE 1986, zit. in DIERSCHKE 1994: 66). BONN & POSCHLOD (1998: 236 f. nach WULF 1995) geben eine Zusammenstellung von Zeigerarten unter den Blütenpflanzen für alte bzw. junge Wälder wieder, HÄRDTLE & WESTPHAL (1998: 130 ff.), FRITZ & LARSSON (1996: 241 ff.) und ESSEEN & al. (1999: 40 ff.) nennen zusätzlich entsprechende Moos- bzw. Flechtenarten. Danach sind beispielsweise das Gewöhnliche Hexenkraut *(Circaea lutetiana),* das Maiglöckchen *(Convallaria majalis),* der Riesen-Schwingel *(Festuca gigantea),* die Haargerste *(Hordelymus europaeus),* die Vogelnestwurz *(Neottia nidus-avis)* und die Flechtenarten *Caloplaca herbidella, Graphis elegans, Lobaria pulmonaria* u.v.a.m. recht gute Zeigerarten für Altwälder (bei naturnaher Nutzung), die an Ort und Stelle wenigstens seit 200 Jahren als Wald vorhanden sind. Da es Urwälder in Mitteleuropa nicht mehr gibt, repräsentieren diese Wälder archaeogene Lebensgemeinschaften.

SUKOPP & SUKOPP (1993: 267), HUSTON (1994: 320 ff.), KOWARIK (1996: 119 ff., 1997: 18 ff.), REJMANEK (1966: 153 ff.) und WISSENSCHAFTLICHER BEIRAT DER BUNDESREGIERUNG GLOBALE UMWELTVERÄNDERUNGEN (1998: 104 ff.) berichten von **Invasionen** und diskutieren Auswirkungen und unerwünschte Folgen, die die Ausbringung und Ausbreitung von **Neophyten** nach sich ziehen kann, PLACHTER (1991: 255 ff.) nennt viele Wirbeltierarten, die infolge der Invasionen des Menschen und seiner Begleiter ausgestorben sind.

Der Begriff der Invasion, der immer auch etwas Beunruhigendes hat, wurde dem Vokabular des Militarismus entlehnt; eine entsprechende emotionale Reaktion auf das „explosionsartige" Erscheinen von Neophyten ist unter Botanikern und Naturfreunden verbreitet. So gehören beispielsweise die Kanadische „Wasserpest" *(Elodea canadensis*; die Art heißt im Deutschen wirklich so), der Riesen-Bärenklau *(Heracleum mantegazzianum)* oder das Indische Springkraut *(Impatiens glandulifera)* zu den auch von Fachleuten wenig geliebten Neophyten, denen jeweils die Vernichtung oder teilweise Verdrängung einheimischer Natur quasi als ökologische Eigenschaft angedichtet wurde. Eine genaue Analyse der Auswirkungen von Neophyten auf Ökosysteme in Mitteleuropa zeigt zwar, dass strukturelle Veränderungen, Verzögerungen und Beschleunigungen von Sukzessionen, Veränderungen im Stoff- und Energiehaushalt, in den trophischen Beziehungen die Folge sein können, eine Bedrängung einheimischer Populationen dagegen kaum jemals nachzuweisen ist. Nach KOWARIK (1996: 137; auch nach eigener intensiver Literaturrecherche) ist „kein Fall bekannt, nach dem Neophyten in Mitteleuropa das Aussterben einer Art bewirkt hätten." Nachdem er detailiert die Auswirkungen vieler Neophyten diskutiert hat, resümiert SCHROEDER (1998: 83) entsprechend: „In Mitteleuropa gibt es keine Gefährdung idiochorer Pflanzenarten durch Anthropochoren."

Durchaus anders zu bewerten sind Ausbringungen von Arten, mit denen sich für ein Gebiet vollkommen neue Lebensformen oder ökologische Leistungen verbinden. Ganz besonders problematisch sind Kombinationen von Einbringungen auf Inseln oder Habitatisolaten, die z.B. aus Menschen, die die Landschaft strukturverändernd nutzen, Neophyten und Haustieren bestehen. Für eine bodenbrütende Vogelart auf einer reptilienfreien Insel kann es bereits existenziell bedrohlich werden, wenn nur eine eierfressende Schlangenart eingeführt wird. Der Dodo, eine flugunfähige Vogelart, die auf Mauritius beheimatet war, starb bereits im 17. Jahrhundert aus, weil Menschen und Ratten die Eigenschaft „Vogelmord" und „Eierfraß" als ökologische Eigenschaft neu auf diese Insel gebracht hatten. Lokale Gefährdungen, Populationsverluste und damit verbunden eine Verringerung der genetischen Vielfalt durch etablierte nicht-heimische Arten ist besonders für Inseln, inselähnliche Situationen auf dem Festland und limnische Ökosysteme nicht auszuschließen.

4.3 Die Bedeutung ökologischer Prozesse –
Zum Zusammenhang von Diversität und Stabilität der Ökosysteme

Tages- und jahreszeitliche Veränderungen der Temperatur, des Lichtes, der Feuchtigkeit, andere regelmäßige bzw. unregelmäßige Änderungen in den Umweltbedingungen sowie **endogene Rhythmen** und Veränderungen von ökologisch bedeutsamen Prozessen innerhalb der Organismen – man denke beispielsweise an mehrjährige Blührhythmen oder bei den Tieren an den Prozess der Erschöpfung, der eine Erholungsphase notwendig macht – rufen mehr oder weniger deutliche Änderungen in der Struktur, in der Intensität des Energie- und Stofftransfer und im Verhalten hervor.

Circadiane Rhythmen – circadian heißt „ungefähr im Tagesrhythmus" – äußern sich auf ganz unterschiedliche Art und Weise in einem regelmäßigen Wechsel gesteigerter und wieder verminderter **Aktivität** im Stoffwechsel und Verhalten der Organismen – eine Zeit lang häufig sogar noch, wenn die Umweltbedingungen künstlich konstant gehalten werden.

Darüber hinaus gibt es verschiedene andere Rhythmen. Viele Wattbewohner richten sich in ihrer Aktivität nach der Gezeitenrhythmik. Muscheln schließen die Schalen vor dem Austrocknen, Seevögel schlafen bei Hochwasser auf Hochwasser-Rastplätzen. An der Küste Kenias wechseln sich Räubergemeinschaften im Gezeitenrhythmus ab, um bei Niedrigwasser vom Land aus – dazu gehören u.a. die Streifenhyäne *(Hyaena hyaena)* und Meerkatzen (Cercopithecidae) – bzw. bei Hochwasser vom Meer aus – z.b. Kraken (Octopodidae), Zackenbarsche (Serranidae) und Igelfische (Diodontidae) – Strände und Mangroven nach Schlammspringern *(Periophthalmus* spec.), Winkerkrabben *(Uca* spec.), Schnecken u.a. abzusuchen.

Der pazifische Palolowurm *(Eunice viridis)* stößt an drei Tagen vor dem letzten Mondviertel (im Oktober oder November) seine mit Eiern gefüllten Körpersegmente an der Wasseroberfläche ab. Die Bewohner Samoas, die diese als Nahrung schätzen, sind in der Lage, den Termin genau vorherzusagen (MÜLLER 1991: 270). Dieser Vorgang wird demnach von zwei sich überlagernden Rhythmen kontrolliert: durch die **Lunarperiodik** und den **Jahresrhythmus**.

Sehr viele Vorgänge sind in ihrer Aktivität durch die Jahreszeiten bestimmt und finden ein oder zwei Mal im Jahr statt: die Blüte vieler Pflanzen, der Laubfall von etlichen Baum- und Straucharten, Paarung, Geburt, Winterschlaf und eine ganze Reihe von Verhaltensweisen bei bestimmten Tierarten (z.b. der Vogelzug).

Viele dieser Mechanismen und Verhaltensweisen werden durch externe Vorgänge synchronisiert. So wird der Laubfall in den gemäßigten Breiten beispielsweise vor allem durch bestimmte Tageslängen und Lufttemperaturen ausgelöst. Der weitere Abbau der toten organischen Substanz benötigt in Abhängigkeit von der Baumart, vom Boden und vom Klima ganz unterschiedlich lange Zeiträume. Die völlige Zersetzung von Erlenlaub *(Alnus glutinosa)* dauert unter günstigen Bedingungen lediglich ein Jahr. Blätter von Eichen *(Quercus robur)* und Buchen *(Fagus sylvatica)* werden meistens innerhalb von 3–4 Jahren mineralisiert. Besonders lange dauert der Abbau von Nadelstreu, z.B. bei der Lärche *(Larix decidua)* 5 Jahre und länger (vgl. ELLENBERG 1996: 130). Im Extrem, z.B. in Mooren, wird organisches Material nicht vollständig zersetzt und es bedarf erst des rabiaten Zugriffes einer globalen Gärtnerschaft, um Torfe in einen widernatürlichen Recyclingprozess zu zwängen.

Generell gilt, dass alle ökologischen Prozesse eine gewisse zeitliche Fernwirkung haben. Eine radikale Vernichtung der Vegetation durch Feuer beispielsweise ruft stets eine Sukzession hervor. Diese **Sukzession** kann im Extremfall einige Jahrhunderte dauern.

Zeit

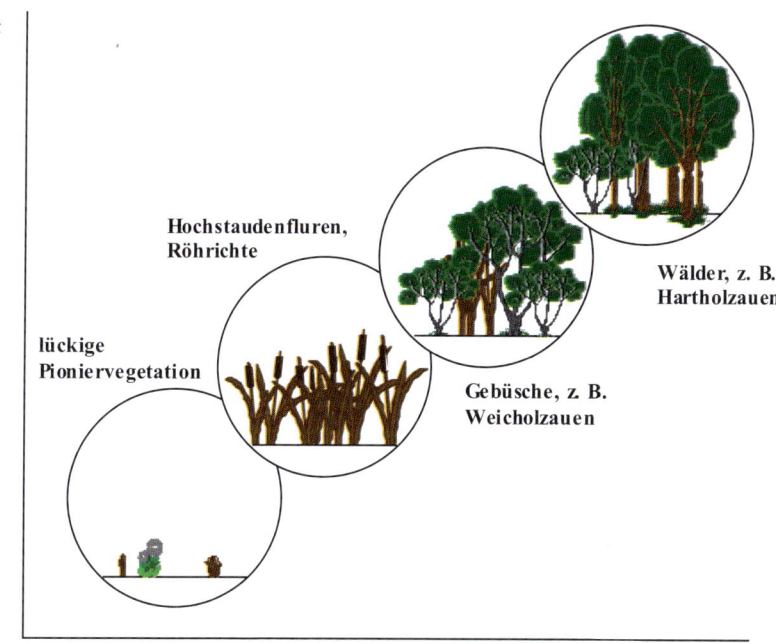

Hochstaudenfluren,
Röhrichte

Wälder, z. B.
Hartholzauen

lückige
Pioniervegetation

Gebüsche, z. B.
Weicholzauen

Wuchshöhe, Schichtenbau, Anteil heterotropher Gewebe

Abb. – Nr. 28: Sukzessionsschema mit der in Mitteleuropa häufig ablaufenden Sequenz von der Pioniervegetation über eine Staudenflur oder ein Röhricht zu einer von Gebüschen dominierten Gesellschaft, der sich ein Wald anschließt. Diese Sukzession ist mit einem Anstieg der Wuchshöhe, des Schichtenbaues, des Anteiles an heterotrophen, nicht-grünen Geweben verbunden. Es gibt aber auch Sukzessionen, die von diesem Schema mehr oder weniger stark abweichen, z.B. in Salzwiesen, Dünen, Mooren, aber auch in anthropogenen Lebensräumen, z.B. landwirtschaftlichen Gebieten.

Es ist deshalb wissenschaftlich nicht ganz korrekt, wenn eine Artenzusammensetzung als logische Folge ihrer zeitgleich messbaren Umweltbedingungen dargestellt wird. Im Einzelfall mögen ökologische Rahmenbedingungen der Vergangenheit viel entscheidender für die Komposition einer Gemeinschaft gewesen sein.

Die Vorstellung, dass eine Lebensgemeinschaft eine mehr oder weniger lose Ansammlung von Individuen ist, dass Landschaften mosaikartig zusammengesetzt sind aus voneinander unabhängigen Ökosystemen, dass große Regionen die Summe ihrer Landschaften darstellen, ist sicherlich eine unzulässige Vereinfachung. Wenn man von einem Spielzeug-Märchenschloss, das aus Bausteinen zusammengesetzt ist, den obersten Klotz entfernt, dann hat dies für die unteren Etagen keine Auswirkungen. In der Natur ist dieses jedoch in aller Regel anders; das Entfernen

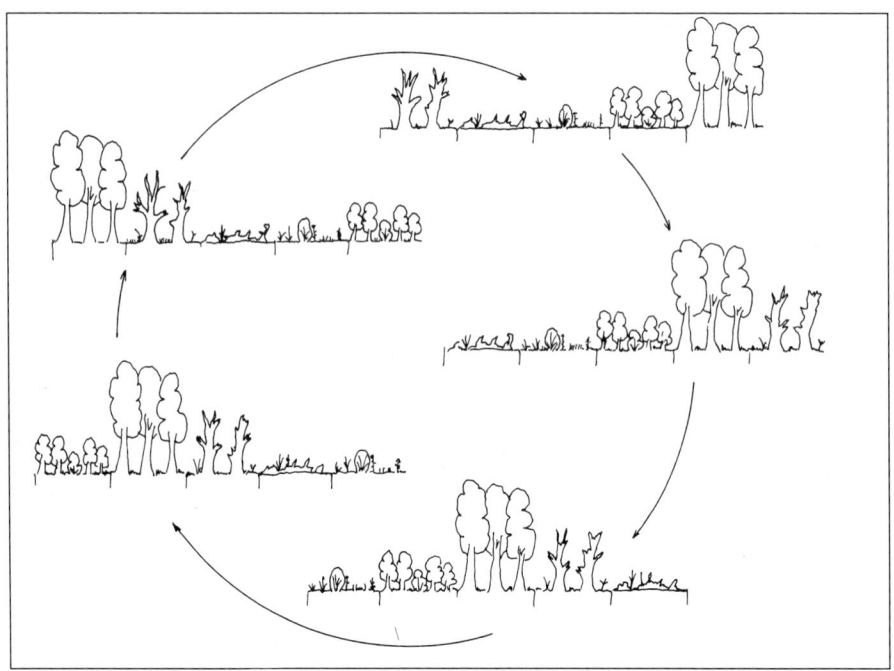

Abb. – Nr. 29: Mosaikzyklus. Als Mosaikzyklen werden Kreisläufe bezeichnet, deren Sukzessionsstadien (Entwicklungsphasen; auf dem Bild jeweils zwischen den senkrechten Markierungen) zu jedem
Zeitpunkt nebeneinander vorkommen. Solche Zyklen wurden u.a. für wenig beeinflusste Steppengebiete
und boreale Wälder nachgewiesen. Sie werden üblicherweise auf die natürliche Alterung der beteiligten
Baumarten zurückgeführt (vgl. REMMERT 1984: 196 ff., REMMERT 1991, MÜLLER 1991: 271 f.).
Entsprechende Mosaike lassen sich aber auch in vielen vom Menschen beeinflussten Landschaften nach-
weisen. So beginnt die Sukzession z.B. in vielen mediterranen Gebieten nach Blitzschlag und Feuer mit
einer lückigen Pioniervegetation, auf die häufig Ginster- und Cistrosengebüsche (*Genista* div. spec.,
Cytisus div. spec., u.v.a.m.) folgen; diese Vegetationseinheiten werden großflächig beweidet. Wo es lange
Zeit nicht brennt, können sich (z.B. Steineichen-) Wälder (mit *Quercus ilex* u.a.) oder Forsten (z.B. mit
Kiefern, *Pinus* div. spec.) anschließen. In diesem Falle wird die Länge der Sukzession durch das Feuer
bestimmt und der Zyklus wird sehr häufig unterbrochen.

eines Teiles, z.B. einer Art, wird in vielen Fällen eine Kette von Reaktionen und
Prozessen auslösen, im Extrem werden weitere Teile verloren gehen. Es gibt
Wirkungen von unten nach oben und von oben nach unten – durchaus räumlich zu
verstehen. Und es gibt eine ganze Reihe von **Nah-** und **Fernwirkungen**, die unterschiedliche Verteilungsmuster zur Folge haben.

Wie wichtig ist das Funktionieren von **Ökosystemen** für die Biodiversität? Gibt
es umgekehrt eine definierte Vielfalt, einen Grundstock an Arten und Lebensformen,
der für einen ökosystemtypischen Stoff- und Energiefluss notwendige Voraussetzung

ist? Möglicherweise bedingen sich beide Aspekte, sind nur zwei Seiten derselben Medaille, nämlich des Ökosystems, und entlarven die Frage als akademische.

Aber auch wenn Ökosystemfunktionen und Biodiversität nicht zu trennen sind, so gibt es doch zahlreiche empirische Befunde, die zeigen, dass einige Arten Schlüsselfunktionen besetzen **(Schlüsselarten)**, während andere für den Transport von Stoffen und Energie innerhalb der Ökosysteme weniger wichtig sind oder diesen sogar ungnädig strapazieren können; einige wenige Invasoren liefern hierfür Beispiele.

EHRLICH & EHRLICH (1981; zit. nach EHRLICH in SCHULZE & MOONEY 1994: VII) vergleichen das Ökosystem mit einem Flugzeug, das aus verschiedenen Modulen, aus wichtigen und weniger wichtigen Teilen besteht:

„Ecosystems, like well-made airplanes, tend to have redundant subsystems and other „design" features that permit them to continue functioning after absorbing a certain amount of abuse. A dozen rivts, or a dozen species, might never be missed. On the other hand, a thirteenth rivet popped from a wing flap, or the extinction of a key species involved in the cycling of nitrogen could lead to a serious accident."

Hier werden also zunächst Schlüsselarten **(key species**: der Flugkapitän hat den Schlüssel zum Fliegen und Landen) und **rivets** – wegen der Doppeldeutigkeit im

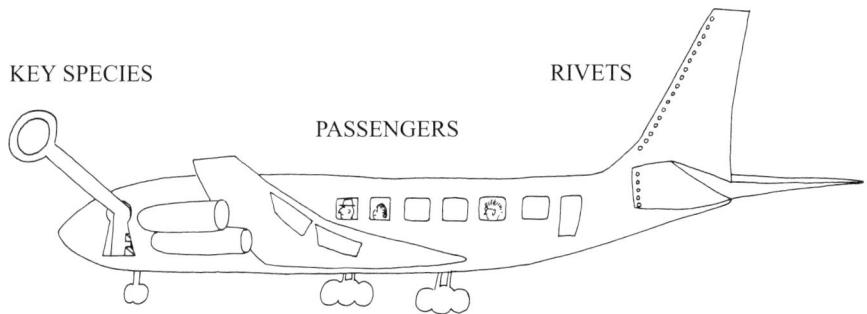

KEY SPECIES   RIVETS

PASSENGERS

Abb. – Nr. 30: Das Flugzeug symbolisiert das Ökosystem. Kapitäne haben den Schlüssel zum Fliegen und Landen (keyspecies). Es gibt zumeist viele Passagiere (passengers). Wenn der Flugplan es erfordert, fliegt das Flugzeug aber auch ohne Passagiere. Eine große Zahl von Nieten und Schrauben (rivets) halten das Flugzeug zusammen. Das Fehlen einer oder weniger Schrauben ändert kaum etwas; allerdings kann das Fehlen einer größeren Anzahl von Nieten oder Schrauben dazu führen, dass der Flügel abbricht, dass das Flugzeug abstürzt.

Im Zusammenhang mit diesem Bild wurde viel über die Existenz und Bedeutung dieser drei Gruppen diskutiert. Inzwischen darf man davon ausgehen, dass keyspecies und passengers wichtige Gruppen jedes Ökosystems darstellen, dass rivets allerdings, wenn überhaupt vorhanden, so doch nur schwer von den passengers zu unterscheiden sind. Ökosysteme kollabieren in aller Regel nicht plötzlich; sie werden entweder durch den Menschen oder durch Naturkatastrophen in kurzer Zeit (plötzlich) vernichtet (das Flugzeug wird abgeschossen) oder es gibt einen Um- und Abbau, der kontinuierlich, manchmal unmerklich vonstatten geht.

deutschen besser nicht mit „Nieten" zu übersetzen, sondern vielleicht mit Schrauben, von denen in jedem Flugzeug wohl auch eine ganze Menge gebraucht werden – unterschieden.

Die Analogie von Ökosystem und Flugzeug ist in dieser allgemeinen Form sicherlich geeignet, grundlegende Dinge zu beschreiben und zu erklären. Und sie hat eine Reihe von Forschungsarbeiten stimuliert, in deren Folge wichtige Erkenntnisse publiziert werden konnten (in hoher Konzentration z.B. in SCHULZE & MOONEY 1994).

Ökosystem-Funktionen

Energiefluss
Transfer von Nährstoffen
Transfer von Wasser
CO_2-Transfer

Involvierte Prozesse

Bodenbildungsprozesse
Aufnahme und Freisetzung von Nährstoffen
Aufnahme von Wasser, Evapotranspiration
Photosynthese
Pflanzenfraß
Blütenbestäubung
Ausbreitung von Samen etc.
Angriffe durch Räuber, Parasiten u.a.
andere interspezifische Wechselwirkungen
Reaktionen auf Zerstörungen

Box – Nr. 31: Primäre Ökosystemfunktionen und Beispiele für sekundäre Funktionen (oder Prozesse), aus denen sich die primären ergeben (nach HOBBS & al. 1995: 4; unwesentlich verändert).

In konkreten Fällen schließen sich allerdings einige Fragen und Erkenntnisse an, die zeigen, wo das Bild vom Flugzeug tauglich, wo es zu simpel ist oder an welcher Stelle es der Relativierung bedarf.

Was bedeutet „Funktionieren" in der Ökologie, was bedeutet „Ökosystemfunktion", wie kann man ein „abstürzendes Ökosystem", einen „umkippenden See" erkennen? Warum haben einige Ökosysteme viele Schlüsselarten? Und ist die Konkurrenz zwischen Arten mit einer ähnlichen ökologischen Potenz wirklich so groß, wie so häufig behauptet – ein Flugzeug wird bekanntermaßen von einem Piloten und einem Kopiloten geflogen und, wenn es Konkurrenz zwischen diesen

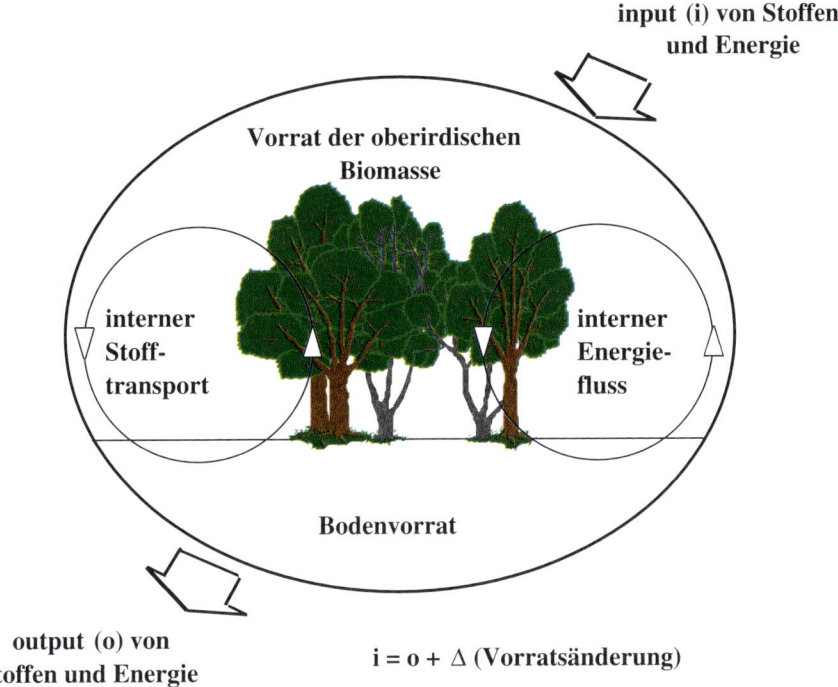

input (i) von Stoffen und Energie

Vorrat der oberirdischen Biomasse

interner Stofftransport

interner Energiefluss

Bodenvorrat

output (o) von Stoffen und Energie

$i = o + \Delta$ **(Vorratsänderung)**

Abb. – Nr. 32: Zusammenhang von **Einträgen**, **Austrägen** und **Vorratsänderungen** von Stoffen und Energie in einem Ökosystem. Vergrößern sich beispielsweise die Stoffeinträge, weil anthropogene Prozesse zu einer weiteren Belastung der Umwelt führen, so wird das Ökosystem reagieren, indem der Vorratsspeicher anwächst und/oder indem der Austrag sich entsprechend ändert. Sehr häufig wächst der Austrag mit einer gewissen zeitlichen Verzögerung nach dem Anwachsen der Stoffeinträge; dies bedeutet, dass in der Zwischenzeit der Vorratsspeicher angewachsen ist.

Für kaum ein Ökosystem wurde bisher festgestellt, dass Eintrags- und Austragsrate auch nur einer Stoffkomponente gleich sind. Ein Gleichgewichtszustand ist daher apriori nicht anzunehmen. Auch ist es kaum möglich, so etwas wie eine Pufferkapazität des Ökosystems für einen bestimmten Belastungsfaktor zu berechnen.

beiden geben sollte (zumeist nicht offensichtlich), so gestattet diese meistens das Überleben beider.

Das Beispiel vom Buchenwald mag veranschaulichen, dass von der Schlüsselart bis zu – ökosystemar (!) – ganz unbedeutenden Vertretern alle Übergänge existieren. In einem typischen Buchenwald Mitteleuropas (z.B. konventionell genutzter Waldmeister-Buchenwald) sind in der Baumschicht häufig nur Buchen *(Fagus sylvatica)* vertreten. Ein Großteil der gesamten Biomasse ist in der Baumschicht gespeichert. Der Totholzanteil ist üblicherweise gering. Arten, die die **Produktivität** und damit den gesamten **Stofffluss** entscheidend bestimmen, sind die Buche selbst (offensichtlich) und auch deren Mykorrhiza-Pilze, die die Aufnahme von Nährstoffen im Wurzelbereich der Buche optimieren (nicht so offensichtlich). Buchen können zwar auch ohne symbiontische Pilze wachsen, sie wachsen dann aber viel langsamer. Die Intensität der Primärproduktion ist von beiden Partnern abhängig und alle anderen Arten im Nahrungsgefüge des Buchenwaldes hängen wiederum von diesen ab.

Die **Dichte** jeder Population ist mehr oder weniger starken Schwankungen unterworfen. Diese Schwankungen können regelmäßig oder unregelmäßig stattfinden. Mehrere interne (biologische) und externe Prozesse sind an der **Dichteregulation** von Populationen beteiligt; es gibt solche, die das Populationswachstum fördern **(Dichtesteigerung)** und andere, die zu einer Reduktion der Individuenzahl **(Dichtesenkung)**, im Extrem zur **Auslöschung** einer Population führen können.

Starke **Populationsschwankungen** gibt es beispielsweise sehr häufig in **Grenzlebensräumen** oder auch in Agrarökosystemen; sie werden vielfach als Merkmal der Instabilität gewertet. Die Buche gehört – neben den übrigen im Boden wurzelnden Pflanzen und den epiphytischen Algen, Moosen, Flechten und Farnen – zu den **Primärproduzenten**. Diese zeichnen sich dadurch aus, dass sie photo- oder chemosynthetisch anorganische Grundbausteine zu organischen Molekülen aufbauen. **Konsumenten 1. Ordnung** sind Pflanzenfresser. Im Buchenwald gehören dazu beispielsweise Rehe *(Capreolus capreolus)*, einige laubfressende Käferarten (Coleoptera) u.v.a.m. Zu den **Sekundär-** und **Tertiärkonsumenten** (Räubern) des Waldes gehören beispielsweise Greifvögel (Falconiformes), Eulen (Strigiformes), Fledermäuse (Chiroptera), aber auch Spinnen (Araneida).

Die Dichte jeder Population wird generell durch zwei verschiedene Prozessebenen (Vermehrung bzw. Zuwanderung und Reduktion der Individuenvielfalt = Mortalität bzw. Abwanderung) kontrolliert. Wäre dies nicht der Fall, so müsste eine Population entweder früher oder später aussterben oder aber – im Gegenteil – wachsen, immer weiter wachsen und (theoretisch) unaufhörlich die ganze Erde überwuchern.

Für das Verständnis von Ökosystemen ist es zunächst aber wichtig, die Dichteregulation von Populationen und den Umsatz von Stoffen und Energie zu unterscheiden; das Wachstum einer Population in einem Ökosystem bedeutet nicht automatisch eine Intensivierung all jener Stoffwechselprozesse, an denen die Population beteiligt ist.

Ein Ökosystem funktioniert dadurch, dass bestimmte Stoff- und Energieflüsse stattfinden können. Zum Teil werden entsprechende Funktionen (Ökosystemfunktionen) von Organismen durchgeführt, z.T. laufen diese spontan ab.

Der Verlust einer Art in einem Ökosystem bedeutet für das gesamte Netzwerk auf jeden Fall Veränderung und Umbau; er kann darüberhinaus den Verlust weiterer Arten zur Folge haben. Auf den ersten Blick erscheinen Nahrungsnetze verschiedener Ökosysteme einander so unähnlich wie die Netze verschiedener Spinnenarten; eine nähere Betrachtung (vgl. COHEN & BRIAND, zit. in DOBSON 1997: 223 f.) offenbart jedoch bedeutende Gemeinsamkeiten, selbst wenn sehr unterschiedliche Ökosysteme aus dem marinen, limnischen und terrestrischen Bereich miteinander verglichen werden. Im Durchschnitt steht jede einzelne Art mit etwa drei bis fünf anderen in Wechselbeziehung – entweder als Räuber oder als Beute. In einer relativ sta-

Fortpflanzungserfolg von Partner A		Fortpflanzungserfolg von Partner B
	intraspezifische Wechselbeziehungen	
+	Dichtesteigerung (z. B. infolge von Balz, Fürsorge, gegenseitigem Schutz etc.)	+
+	Verdrängung (von Teilpopulationen durch andere Teilpopulationen), Introgression	−
−	Dichtesenkung (z. B. infolge von Konkurrenz, Krankheiten)	−
	interspezifische Wechselwirkungen	
+	Mutualismus (lockere Kooperation, Blütenbestäubung, Mykorrhiza, andere Symbiosen)	+
+	Dualismus (Räuber-Beute-Beziehungen, Konkurrenz, Parasitismus, Allelopathie)	−
−	Konkurrenz, Anstieg der Artenzahl (z. B. durch Zuwanderung von C)	−

Abb. – Nr. 33: Formen intra- und interspezifischer Wechselwirkungen und deren Bedeutung für den Fortpflanzungserfolg der beteiligten Organismen (nach MÜLLER 1991: 215; verändert).

bilen Umgebung liegt dieser Wert geringfügig höher als in einer veränderlichen. Als weiteres gemeinsames Merkmal stehen an der Basis des Netzes (**Zersetzer** und **Primärproduzenten**) zumeist nicht so viele Arten (< 20 %), in den mittleren Etagen ist der Großteil der Arten eines Ökosystems zu finden (> 50 %), während an der Spitze als **Gipfelräuber** wiederum deutlich weniger Arten zu finden sind (< 30 %). Der tropische Regenwald besitzt sehr viele Arten, die für die Primärproduktion zuständig sind (grüne Pflanzen, vor allem Baumarten und Epiphyten), aber noch viel mehr Arten, die die trophischen Ebenen der Primär- und Sekundärkonsumption besetzen (z.B. Insekten). Die Zahl der von diesen Arten lebenden Vögel, Reptilien und Säugetiere ist dagegen wiederum deutlich kleiner.

Unter den zahlreichen – intra- und interspezifischen, positiven und negativen, häufigen und weniger häufigen – **Wechselwirkungen** nimmt die **Konkurrenz** einen besonderen Stellenwert ein. Sie spielt zweifelsfrei eine Rolle und ist mehrfach experimentell nachgewiesen worden (vgl. GAUSE & al. 1934, ELLENBERG 1953, TILMAN 1982). Es darf jedoch gefragt werden, ob Konkurrenz die allesbewegende Rolle in der Natur spielt, die ihr häufig zugesprochen wird.

In der Ökonomie ist die Folge harten Konkurrenzkampfes zumeist der Konkurs des Einen, Zuwachs bei einem Anderen. In der Europäischen Landwirtschaft wird vom Sterben der Betriebe gesprochen; eine Reduktion der Gesamtzahl war in den vergangenen Jahrzehnten die Folge. Dies bedeutet andererseits nicht, dass Neugründungen gänzlich ausgeschlossen wären. Häufig ist die Folge harten Konkurrenzkampfes ein unappetitliches Hauen und Stechen, ein Kommen und Gehen. Manchmal freut sich der Dritte, wenn sich zwei streiten. Den Arten innerhalb einer Gilde analog üben landwirtschaftliche Betriebe ähnliche Funktionen aus, z.b. durch Nutzung derselben Ressourcen, Versorgung der Bevölkerung und weiterverarbeitenden Betriebe mit Grundnahrungsmitteln, Gestaltung der Landschaft, Naturschutz etc.

Zwei Merkmale sind offensichtlich bezeichnend für Konkurrenz: die funktionelle Ähnlichkeit der Konkurrenten und ihre zahlenmäßige Reduktion mit der Zeit.

Verschiedentlich wird in der ökologischen Literatur deshalb davon ausgegangen, dass der Konkurrenzkampf dort besonders hart ist, wo ökologisch ähnliche Organismen, z.b. Individuen derselben Art, aufeinander treffen.

Schauen wir nun unvoreingenommen in die Natur und suchen nach der Verdrängung funktioneller Ähnlichkeiten, nach der zahlenmäßigen Reduktion von Individuen oder sogar Populationen, so werden wir an verschiedenen Stellen fündig: z.b. überall dort, wo Sukzessionen stattfinden, auch dort, wo das Altern der Population zu einer zahlenmäßigen Reduktion der Individuenzahl führt, z.b. in einem forstlich genutzten Buchenwald mit etwa gleich alten Baumindividuen.

In artenreichen Halbtrockenrasen dagegen existieren zwar viele Arten, die sich ökologisch ähnlich sind; es fehlt i.d.R. aber das Merkmal der Verdrängung, der Reduktion. Hier kann man deshalb kaum davon ausgehen, dass ein harter Konkurrenzkampf herrscht. Es sind vor allem wenig produktive und/oder nährstoffarme Ökosysteme, die artenreich sind (vgl. HUSTON & GILBERT 1996: 33 ff.), z.b. Magerrasen, Trockenrasen, Zwergstrauchheiden, Flachmoore, ungedüngte, flachgründige Äcker über Kalkgestein, Garriguen und Macchien im Mediterranraum ebenso wie die Laubwiesen auf einigen baltischen Inseln (Gotland, Öland).

Mehrere internationale Kongresse hatten die Frage nach dem Zusammenhang von Vielfalt und **Stabilität** zum Thema (Brookhaven 1969, Bayreuth 1991, Bonn 1996 u.a.). Eine kaum zu überblickende Zahl von Publikationen, auch unveröffentlichte Gutachten im Rahmen von Umweltverträglichkeitsprüfungen stellen sich dieser Frage (u.a. HUSTON 1994: 79 ff., WRIGHT 1996: 11 ff.).

Was ist ein „sensibles Ökosystem", um einen viel benutzten, aber selten erklärten Begriff zu verwenden? Ist der tropische Regenwald ein sensibles Ökosystem oder ist das Wattenmeer der Nordsee empfindlicher? Was ist eine Belastung?

Die klare Erkenntnis von einem permanenten Wandel in jedem Ökosystem – Wandel der Stoffflüsse, Energieflüsse, der Verteilungsmuster und Kompositionen beteiligter Arten und Individuen – macht die Frage nach den Stabilitätskriterien schwierig.

Nach WRIGHT (1996: 25) hängt die Beziehung zwischen Artenreichtum und „ecosystem functioning" (dem Funktionieren des Ökosystems; gemeint ist die Stabilität) von den interspezifischen Wechselwirkungen ab: Wenn jede Art eines Ökosystems eine bestimmte Kombination von Umweltbedingungen repräsentiert und die Überlappungsbereiche der ökologischen Potenz klein sind, dann gibt es einen strengen Zusammenhang zwischen Produktivität bzw. Stabilität und Artenreichtum. Gibt es dagegen große Überlappungsbereiche, also artenreiche Gilden mit vielen ökologisch ähnlich potenten Arten, so sind die Stabilität und Produktivität des Ökosystems über weite Bereiche unabhängig von der Artenvielfalt.

Artenarme Ökosysteme zeichnen sich häufig dadurch aus, dass verschiedene Stoffwechselprozesse nur von einer oder von wenigen Arten ausgeführt werden können.

Artenreichere Ökosysteme sind dagegen zumeist in der Lage, den Verlust einer Art zumindest zum größten Teil dadurch auszugleichen, dass Stoff- und Energieflüsse von ökologisch ähnlichen Arten übernommen werden.

Foto – Nr. 34: Großer Pflanzenarten-Reichtum, z.B. in tropischen Regenwäldern, magerem Grünland, Trockenrasen, Flachmooren, geht häufig mit dem Merkmal Nährstoffarmut im Boden einher.
In einer wenig produktiven Sandtrockenrasen-Gesellschaft an der Elbe (*Diantho-Armerietum*, Laascher Insel), hier mit dem Ährigen Ehrenpreis (*Veronica spicata*, blauviolett) und der Heidenelke (*Dianthus deltoides*, rosa), sind bisweilen mehr als 30 Pflanzenarten pro Quadratmeter vergesellschaftet.

Denkt man beispielsweise an den Baumarten-Reichtum tropischer Regenwälder, so vermag der Verlust einer Art das Ökosystem nicht zu destabilisieren. Ein Buchenwald ohne Buchen wäre dagegen in vielen Fällen kein Wald mehr – je nach Beteiligung weiterer Baumarten.

Auch der Verlust einer nektarsaugenden Vogelart wird im Stoffflussgeschehen eines Regenwaldes sicherlich mehr Veränderungen bewirken, wenn dies die einzige nektarsaugende Vogelart war. Allerdings gilt der von WRIGHT beschriebene Zusammenhang möglicherweise nicht generell. Jedenfalls macht es für die Stabilität eines Ökosystems einen Unterschied ob Schlüsselarten oder rivets und passengers zahlreich oder nicht so zahlreich vertreten sind. Der Verlust einer Art wird für das Ökosystem umso größere Veränderungen nach sich ziehen, je weniger der entsprechende Energie- und Stofftransport durch andere Arten ausgeglichen werden kann *und* je bedeutender der spezifische Energie- und Stofftransfer für das Ökosystem war.

Wenn die Veränderungen der Stoff- und Energieflüsse eine gewisse zu definierende Größenordnung überschritten haben, und wenn sich die Artenzusammensetzung und die Komposition der Gilden und Lebensformen deutlich verändert hat, dann ist ein Ökosystem vernichtet und/oder durch ein anderes ersetzt worden. Die Grenzziehung zwischen dem einen und anderen ist dabei eine vollkommen willkürliche, und sie ist zwar ein Notwendiges, aber auch ein Übel. Die Vorstellung, dass Ökosysteme sich in irgendeiner Weise selbst erhalten oder durch Selbstregulation in einem **ökologischen Gleichgewicht** befinden, ist zwar eine schöne, lässt sich aber kaum durch empirische Daten stützen. Nach einer ersten Euphorie wurde der Begriff des ökologischen Gleichgewichtes zunächst behutsam in den Begriff des **Fließgleichgewichtes** transponiert; aber bereits das Bild vom Fließen deutet ein Kommen und Gehen an. Fließgleichgewichte sind zwar möglicherweise eher in der Natur zu finden als Gleichgewichte. Sie sind aber noch viel schwieriger exakt zu definieren.

Buchenwälder waren in Mitteleuropa vor 1900 deutlich reicher an epiphytischen Moos- und Flechtenarten. Die Einbuße an Vielfalt hat den Buchenwald existenziell aber offensichtlich nicht bedroht oder in irgendeiner Weise destabilisiert. Die Produktivität der Buchen in Mitteleuropa ist aufgrund der überregionalen **Eutrophierung** in Kombination mit forstwirtschaftlichen Maßnahmen deutlich höher als damals. Aber gerade erhöhte Produktivität wird verschiedentlich als Vorwarnstufe des Kollaps interpretiert. Hochgewachsene Schilfstengel halten der mechanischen Belastung durch Wind und Wellen nicht mehr stand und Schilfröhrichte können großflächig infolge der Eutrophierung zu Grunde gehen (JESCHKE 1976). Dafür, dass der Buchenwald existenziell gefährdet wäre, gibt es derzeit allerdings keine Hinweise.

Artenreiches Feuchtgrünland ist durch Düngung, Entwässerungsmaßnahmen und intensive Nutzung (Mahd, Beweidung) leicht in artenärmeres Intensivgrünland umzuwandeln. Durch menschliches Wirken hat auf diese Weise in wenigen Jahrzehnten ein großflächiger ökosystemarer Umbau stattgefunden. Artenreiche Ökosysteme, z.B. Brenndoldenwiesen an der Elbe, wurden in den Talauen Mitteleuropas großflächig vernichtet. Doch wird in diesem Zusammenhang kaum jemals von Destabilisierung gesprochen. Jedes Ökosystem ist eben nur unter bestimmten, von außen vorgegebenen Bedingungen „stabil". Der Begriff „Stabilität" impliziert immer auch Unempfindlichkeit, Pufferkapazität. Der Ausdruck „Destabilisierung" deutet an, dass alles noch da ist, aber nicht mehr so festgefügt. Diese Begriffe implizieren deshalb auch Tatbestände, die es manchmal nicht gibt. Es gibt kein Ökosystem, das nicht leicht zu vernichten wäre. Es gibt sehr artenarme, in Bezug auf Zusammensetzung, Stoff- und Energieflüsse dauerhafte, alte Ökosysteme – z.b. das alpine Ökosystem mit *Echium wildpretii* auf Tenerife, einige Wüstenökosysteme. Es gibt sehr komplexe Ökosysteme, die offensichtlich sehr alt sind; dazu gehören beispielsweise einige Regenwaldgebiete und marine Ökosysteme. All diese sind durch Änderungen der ökologischen Rahmenbedingungen, durch mechanische oder chemische Einflüsse, leicht zu vernichten.

Es stellt sich deshalb nicht nur die Frage nach dem Bewertungsmaßstab von Stabilität bzw. Instabilität, sondern auch die Frage nach dem Sinn, den es macht, diese Frage zu stellen.

Bestimmte Lebensformtypen, Arten bzw. Artenverbindungen geben Auskunft über extreme Einflüsse, die stattgefunden haben, oder über sich verändernde Umweltbedingungen. Der Versuch, aus bestimmten biologischen Phänomenen auf maßgebliche Einflüsse zurückzuschließen, wird als **Bioindikation** bezeichnet (KREEB 1990: 14). Es lassen sich generell drei verschiedene Reaktionsmuster unterscheiden:

1. **Inkorporation, Akkumulation** ohne offensichtlich Konsequenzen für die beteiligten Organismen bzw. für das Ökosystem.
2. Höhere oder verringerte Produktivität, auffällige Lebensäusserungen, z.B. Stockausschläge bei Bäumen infolge von Beweidung, Krankheitserscheinungen, z.B. **Chlorosen** infolge bestimmter Einträge.
3. Sterbende bzw. tote Individuen, Änderungen der Abundanz, Änderungen in der Artenzusammensetzung bzw. in der Verbreitung der Ökosysteme.

So gelten beispielsweise bestimmte aquatische Insektenarten als gute Indikatoren für den Gehalt an organischen Stoffen und damit für die Gewässergüte.

Epiphytische Flechten reagieren vor allem in ihrer Artenzusammensetzung auf bestimmte **Luftbelastungen**. Dort, wo sehr große Mengen von SO_2, NO_x bzw. Staub durch die Luft transportiert werden, beispielsweise im Zentrum einiger Städte, fallen epiphytische Flechten gänzlich aus. Die alleinige Anwesenheit von *Lecanora conizaeoides* deutet in Europa auf noch recht hohe Einträge von SO_2 bzw. NO_x hin. Und ein Baum mit mehr als 10 Flechtenarten zeigt, dass die Konzentrationen von SO_2, NO_x, NH_4^+ oder Stäuben zumeist sehr gering sind.

Pflanzengesellschaften gelten als gute Indikatoren für **Trophie** und **Säuregrad** des Bodens. So konnte eine offensichtliche Zunahme von *Atriplex hastata* in Salzwiesen als Folge der überregionalen Eutrophierung, in arktischen Heiden ein **CO_2-Düngeeffekt** nachgewiesen werden (HOBOHM 1992).

Von einigen Arten ist bekannt, dass sie auffällig auf bestimmte Stoffflüsse reagieren. Sie werden deshalb auch für europaweiten Einsatz im **aktiven Monitoring** empfohlen. Aktives Montoring bedeutet, dass die Organismen unter bestimmten, standardisierten Bedingungen an den Ort, der untersucht werden soll, gebracht und beobachtet werden. Dazu gehören beispielsweise die Gladiole *(Gladiolus gandavensis)* als gute **Indikatorart** für Fluorwasserstoff – bei Einwirkung höherer Konzentrationen verfärben sich Blattspitzen und Blattränder dieser Art –, ferner der Tabak *(Nicotiana tabacum)*, der mit Verfärbungen auf der Blattoberseite auf höhere O_3-Frachten reagiert, die Kleine Brennessel *(Urtica urens)*, die empfindlich auf Peroxyacetylnitrat reagiert, der Blumenkohl *(Brassica oleracea)*, der schwarze Flecken auf der Blattunterseite bekommt, wenn Ammoniak-Konzentrationen einen bestimmten Wert überschreiten u.v.a.m. (KREEB & SCHMIDT in KREEB 1990: 295).

Veränderungen der ökologischen Rahmenbedingungen führen in aller Regel zu Veränderungen biologischer Erscheinungen, Strukturen, Formen und Farben und nicht selten zu veränderten Artenzusammensetzungen. Dies wird dort besonders deutlich, wo **Erosion** oder **Sedimentation** stattfinden, wo mechanische Belastungen die Strukturen schlagartig verändern.

Aber auch Nähr- und Schadstoffe, die punktförmig, flächig oder diffus in die Umwelt gelangen, können direkt oder indirekt zu Veränderungen in den Stoff- und Energieflüssen führen, in deren Folge bestimmte Populationen oder sogar Arten aussterben.

Eine erhöhte Produktion und Freisetzung von Nährstoffen, vor allem von Ammonium, Nitraten und Phosphaten, hat überall in Europa zu einer Eutrophierung geführt. Von dieser profitierten vor allem schnellwüchsige und nährstoffliebende Pflanzen, z.B. Brennnesseln *(Urtica dioica)* und Holunder *(Sambucus nigra)*. Sie hatte aber auch den Rückgang verschiedener Wasserpflanzengesellschaften, das Verschwinden von Pflanzen und Pflanzengesellschaften nährstoffarmer Standorte, das Sterben von Fischen und anderen Organismen infolge von Sauerstoffmangel zur Folge.

Schwefeldioxid und Stickoxide haben einen Verlust an säureempfindlichen Tieren und Pflanzen, Waldschäden und die Bildung von Nitrat, Ozon und einer Reihe weiterer hochreaktiver Stoffe bewirkt.

Fotos – Nr. 35, 36 (rechts): Erosion und Sedimentation sind zwei ökologische Prozesse, die zwar räumlich getrennt ablaufen, genetisch aber untrennbar verbunden sind; es gibt nicht das Eine ohne das Andere. In den meisten Landschaften Mitteleuropas wurde die Erosion durch Küstenschutzmaßnahmen, wasserbauliche Tätigkeiten, Versiegelung der Böden und durch Bepflanzungen flächenmäßig sehr stark eingeschränkt. Die verbliebenen Erosionsbereiche – Lösshohlwege, Prallhänge der Flussufer, Steilküsten und Kliffs der Meeresküsten, aktive Dünengebiete, Hangrutschungen etc. – sind häufig vor allem aus zoologischen, geologischen und landschaftsästhetischen Gründen extrem schutzwürdig – Uferschwalben *(Riparia riparia,* hier auf Usedom) z.B. benötigen steile Ufer um Höhlen für das Brutgeschäft anzulegen. Spätere Sukzessionsstadien und benachbarte Sedimentationsräume sind vielfach auch aus botanischen Gründen schutzwürdig.
Wattgebiete in den Unterläufen der Flüsse (hier östlich von Neßsand an der Tideelbe) sind von Natur aus selten. An der Elbe sind sie zusätzlich durch verschiedene Baumaßnahmen im Zusammenhang mit der Elbvertiefung und Erweiterung von Industrieflächen bedroht.

Fotos – Nr. 37, 38 (links): Erosion findet vor allem an überhängenden, senkrechten oder steilen Flächen statt. Eine interessante Ausnahme repräsentieren abtrocknende Sandflächen mit hoch anstehendem Stau- oder Grundwasser bei Wind (das Bild zeigt die Sandplate von Norderney); der vom Wind transportierte Sand ist als mechanischer Faktor in diesen Bereichen ökologisch außerordentlich bedeutsam.
Sedimentation findet dagegen vor allem auf ebenen oder wenig geneigten Flächen statt. Auch von dieser Regel gibt es Ausnahmen. In Dünengebieten repräsentieren die steileren Hänge – zu erkennen am sehr lockeren, weichen Sand – gelegentlich die Sedimentationsräume (wie hier im Weißdünengebiet auf Norderney).

Foto – Nr. 39: Oligotrophe (auch mesotrophe) Gewässer sind in Europa durch diverse punkt- und flächenförmige Einträge von Nährstoffen (Eutrophierung) immer seltener geworden. Diese Entwicklung betrifft besonders die Verbreitung oligo- und mesotraphenter Arten. Mit dem Eintrag von Nährstoffen verändern sich die Konkurrenzverhältnisse, die trophischen Beziehungen, Strukturen und das Sukzessionsgeschehen.
In Europa sind oligotrophe Gewässer vor allem noch in den niederschlagsreicheren Bergregionen, z.B. in Form von Glazialseen oder Bergbächen, anzutreffen.
Das Foto zeigt einen Bergbach in Wales.

Foto – Nr. 40: Glazialsee in der Serra da Estrela, Portugal, mit *Antinoria agrostidea*. Messungen der Leitfähigkeit in diesem Gewässer ergaben Werte von unter 30 µS/cm (auf 25 °C temperaturkompensiert). Entsprechend niedrige Werte sind in Mitteleuropa inzwischen nur noch sehr selten zu ermitteln, da anthropogene Einträge aus der Atmosphäre bzw. mit dem Sickerwasser großflächig zu erhöhten Elektrolytkonzentrationen in den Gewässern führen.

Fotos – Nr. 41, 42 (rechts): Über Sinn und Unsinn der Verwendung gerader Linien und rechter Winkel in der Landschaft (Bsp. Osewoldter Vorland an der Nordsee, Obstbau in Nordspanien) lässt sich trefflich streiten. Sicher ist allerdings, dass nicht nur wirtschaftliche Aspekte, sondern auch Ordnungsliebe, Aufräumwut, Sicherheitsbedürfnisse und mangelndes Naturverständnis eine Rolle spielen. Schachbrettartig durchgestylte Landschaften sind im Sinne des Naturschutzes in aller Regel ausgesprochen problematisch, weil fließende und artenreiche Übergänge zum Zwecke der Intensivierung geopfert werden.

Tab. – Nr. 43: Weltweites Wachstum von Getreideanbaugebieten und Erträgen zwischen 1964 und 1985 (KALUSCHE 1996: 183; unwesentlich verändert).
Mit dem Wachstum der Weltbevölkerung *(Homo sapiens)* ist ein Wachstum des Nahrungsmittelbedarfes verbunden. Allein zwischen 1964 und 1985 wurde die Anbaufläche um 8,9 % vergrößert. Die Erträge stiegen gar um 58 %. Mit der Ausweitung sind einerseits lokale und regionale Auslöschungen von einheimischen Populationen verbunden, andererseits werden Kulturfolger des Ackerbaus gefördert. Einsatz von Mineraldünger und moderne Methoden der Saatgutreinigung sind aber auch verantwortlich für einen deutlichen Bestandesrückgang einiger Pflanzen- und Tierarten, die noch vor wenigen Jahrzehnten als hervorragend angepasste Bewohner landwirtschaftlicher Räume betrachtet wurden und weit verbreitet waren.

Region	Prozentuale Änderung an Getreideland	Prozentuale Änderung an Erträgen
Welt	+ 8,9	+ 58
Afrika	+ 13,5	+ 13
Asien	+ 4,1	+ 77
Nord- und		
Mittelamerika	+ 7,8	+ 44
Südamerika	+ 34,6	+ 42
Europa	+ 10,5	+ 76
ehemalige SU	+ 1,3	+ 35
Ozeanien		
(inkl. Australien		
und Neusseland)	+ 23,5	+ 25

Herbizide, Fungizide und Insektizide hatten die Vernichtung von vielen Wildpflanzenpopulationen, die Reduktion der Nahrung für Insekten, das Verschwinden von Insektenarten und die Belastung und Vergiftung von Tieren am Ende der Nahrungsketten zur Folge.

Fluorchlorkohlenwasserstoffe und andere Stoffe führten und führen zu einer Reduktion der Ozonschicht und damit zu einem Anstieg der UV-Strahlung auch in den unteren Schichten der Atmosphäre. Die erhöhte UV-Strahlung führte wiederum zu direkten Schäden an biologischen Oberflächen und zu einem Anstieg genetischer Defekte bei Pflanzen und Tieren. Dabei geschehen auch Dinge, die kaum vorhersehbar gewesen waren: z.B. Sonnenbrand bei Brutvögeln. Die Aufzählung weiterer anthropogener Belastungsfaktoren und deren Auswirkungen auf die Umwelt ließe sich endlos fortsetzen (vgl. SCHÄFER 1995: 47 ff.).

5 Biodiversität ausgewählter Großlandschaften

5.1 Weltmeere

Da der weitaus größte Teil der Erdoberfläche von Meer bedeckt ist (71 %) und das Meer den ursprünglichen Raum des Lebens darstellt, den Pflanzen und Tiere erst verhältnismäßig spät im Laufe der Evolution verlassen haben, überrascht die Tatsache, dass von den bisher beschriebenen Arten der kleinere Teil (ca. 250.000 von 1,5 Millionen) im Meer lebt.

Doch dieses Bild kann sich schnell ändern, denn Vieles ist noch unbekannt. Bis zur 2. Hälfte des 20. Jhdts. war die von Zoologen gut erforschte Fläche noch insgesamt deutlich kleiner als ein Tennisplatz. Auch heute noch ist das Wissen über die marinen Ökosysteme sehr begrenzt und lückenhaft. Küstennahe Ökosysteme wie **Wattenmeere**, **Mangroven**, **Korallenriffe**, **Kelpwälder** und einige für Taucher gut erreichbare Regionen sind noch am besten erforscht. Doch das Meer ist im Durchschnitt 3800 m tief und Tiefseeforschung teuer. Es nimmt daher nicht wunder, dass besonders die tiefen Bereiche des Meeres für Überraschungen noch allemal gut sind.

Vor Neuengland wurden am Fuße des dortigen Kontinentalabhanges auf insgesamt 50 Quadratmetern 1597 wirbellose Arten, die zum großen Teil noch nicht beschrieben waren, gezählt. Schätzungen der Gesamtzahlen wirbelloser Tierarten, die vor allem in den weichen Böden der Weltmeere leben, gehen daher z.T. in die Millionen (DESBRUYERES 1998: 56).

Marine Kreisläufe zeichnen sich gegenüber terrestrischen durch viele Besonderheiten aus, obgleich die Grundprinzipien dieselben sind (nach TARDENT 1993; auch im Folgenden). Die Synthese organischer Moleküle aus anorganischen Bausteinen ist ein energieaufwendiger Prozess, der im Wesentlichen von Pflanzen, ganz untergeordnet auch von Bakterien, bewältigt wird. Pflanzen benötigen zum Wachsen CO_2, Wasser, Sauerstoff, eine Reihe anorganischer Nährstoffe, vor allem aber Sonnenlicht als Energiequelle. Nur die lichtdurchflutete oberste Schicht des Meeres, zumeist die oberen 15–80 m, im Extrem 200 m, stehen überhaupt für photosynthetische Aktivitäten zur Verfügung. Die übrigen, dunklen Zonen der Tiefe müssen von dieser geringmächtigen Oberflächenzone zu großen Teilen energetisch, zum Teil auch materiell mitversorgt werden.

Die Hauptarbeit der Primärproduktion im Meer wird nicht von den festsitzenden Seegräsern oder Großalgen, auch nicht von am Boden lebenden, mikroskopisch kleinen Algen, sondern vom Phytoplankton geleistet.

Besonders in den zentralen Teilen der Ozeane, aber auch in einigen kleineren Gebieten der Polarmeere, ist die photosynthetische Aktivität, wie in den Wüsten, stark eingeschränkt. Mit dem Faktor Licht und mit dem Faktor Wassertemperatur kann dies ursächlich kaum zusammenhängen, wie ein räumlicher Vergleich dieser

Parameter mit dem Faktor Produktivität sehr schnell zeigt. Produktionsbegrenzender Faktor ist vielmehr die fehlende Zufuhr von Pflanzennährstoffen – von Nitrat, Phosphat und anderen –, die in den festlandsnahen Flachmeeren über die Flüsse am Laufen gehalten wird. Auch ein zweiter Faktor ist mitverantwortlich; ein Teil der Biomasse sinkt unaufhaltsam – in Form kleinster Partikel, z.b. in Form sich zersetzender toter Teile von Tieren und Pflanzen, kleiner Krebspanzer etc. – als **„marine snow"** zu Boden. Je flacher die Meere aber sind, umso leichter und schneller werden diese Partikel auf der Basis vertikaler Umschichtungsprozesse wieder in oberflächennahes Wasser zurückgeführt und stehen damit nach der Mineralisation als Nahrung für photosynthesebetreibende Algen zur Verfügung.

Insgesamt ist die im Meer von Pflanzen gebundene Menge an Kohlenstoff global ca. 500 mal kleiner als die der terrestrischen Pflanzen. Die jährliche Primärproduktionsleistung im Meer beträgt aber fast 50 % von derjenigen auf dem Festland. Dies hängt zum einen damit zusammen, dass die marine Oberfläche etwa 2,4 mal so groß ist wie die Oberfläche des Festlandes. Zum anderen müssen für das Leben auf dem Festland viel mehr heterotrophe Gewebeanteile – in Form von oberirdischen Stützgeweben, Leitungselementen, unterirdischen Wurzeln etc. – angelegt werden, nicht-grüne Gewebe also, die für den Prozess der Photosynthese nicht zur Verfügung stehen.

Im Gegensatz zur Gesamtheit terrestrischer Ökosysteme ist das Pelagial, der Freiwasserbereich der Weltmeere auffallend artenarm. Ihr Flächenanteil auf der Erde beträgt ungefähr 71 % inklusive der **Schelfgebiete**. Nach TARDENT (1993: 1 ff.) ist das Weltmeer vor über 3 Milliarden Jahren entstanden. Lange bevor an der Zeitgrenze von Silur und Devon die ersten Landpflanzen und Insekten auftraten, hatte sich im Meer bereits ein reichhaltiges Leben von Algen, Radiolarien, Korallen, Brachyopoden, Moostierchen, Würmern, Muscheln, Nautiliden, Trilobiten, Krebsen, Seeigeln, Graptolithen und Agnathen entwickelt. Nach einigen Hypothesen wäre auf der Basis dieser Fakten eine große Zahl von Arten zu erwarten.

Es mag daher überraschen, dass von den ca. 1,1 Millionen bisher inventarisierten Tierarten nur etwa ein Sechstel, von 350.000 Pflanzenarten wahrscheinlich weniger als ein Zwanzigstel im Meer lebt (TARDENT 1993: 25 ff.). Neuere Untersuchungen zeigen allerdings, dass besonders die weichen Tiefseeböden sehr viel artenreicher sind als ursprünglich vermutet worden war. GRASSLE & al. (1990 in LASSERRE 1994: 108, 110) fanden in 233 Proben, die zusammen eine Gesamtfläche von nur 21 m^2 einnahmen, 798 verschiedene Arten aus 171 Familien; allein 460 von diesen Arten waren vorher noch nicht bekannt gewesen. LASSERRE (1994: 110) äußert auf der Basis dieser Zahlen die Vermutung, dass der Artenreichtum des Tiefseebodens in derselben Größenordnung liegt wie bei den Korallenriffen und tropischen Regenwäldern. Es stellt sich dann die Frage nach den Gründen für die unglaubliche Artenarmut des pelagischen Bereiches der tiefen Meere.

Zu einer Erklärung für dieses Phänomen können verschiedene Gesichtspunkte beitragen: der der fehlenden Habitatdiversität, ein extrem geringer Energieumsatz in Kombination mit extremer Nährstoffarmut.

Die Äquatorialströmungen verbinden alle Ozeane miteinander und auch innerhalb der Ozeane führen Strömungen zu einem Austausch nahezu aller Wassermassen.

Dies bedeutet eine permanente Reduktion der Habitatdiversität innerhalb des Wasserkörpers. Wenn man weiterhin davon ausgeht, dass besonders die Grenzflächen und Grenzbereiche der verschiedenen Medien (von Hydrosphäre und Geosphäre, von Geosphäre und Atmosphäre und von Hydrosphäre und Atmosphäre) für das pflanzliche und tierische Leben bedeutsam sind, so muss andererseits der tiefere ozeanische Bereich als ausgesprochen lebensfeindlich – in Analogie zu den meisten Räumen innerhalb der Atmosphäre und der Geosphäre – angesehen werden. Alle Pflanzen im Meer benötigen die lichtdurchflutete oberflächennahe Zone. Viele tierische und pflanzliche Organismen haben festsitzende oder auf festem Untergrund ruhende Entwicklungsstadien und sind deshalb auf die Nähe zur Geosphäre angewiesen.

Ein großer Teil des Lichtes wird von der Wasseroberfläche reflektiert. Dieser Effekt wird durch eine Kräuselung der Oberfläche durch Wind noch verstärkt. Vergleicht man die Nettoprimärproduktion mariner und terrestrischer Ökosysteme (in g C pro m^2 x a), so sind global insbesondere die küstenfernen und tiefen Meere und Wüsten als extrem produktionsschwach zu bezeichnen (vgl. KLÖTZLI 1993: 354, 388, LORENZEN in CUSHING & WALSH 1976: 182). Die Nettoprimärproduktion ist generell abhängig vom Nährstoffangebot (inkl. O_2, CO_2 und Wasser) und von der verfügbaren Energie. Eine geringe Produktionsleistung kann daher ganz verschiedene Ursachen haben.

Das Wasser der Zentralbereiche in den Ozeanen ist i.d.R. extrem nährstoffarm im Gegensatz zu den meisten Schelfgebieten, und auch im Vergleich mit den meisten terrestrischen Bereichen (DUGDALE in CUSHING & WALSH 1976: 141 ff.). Ein so extrem geringer Nährstoffgehalt führt auch in tropischen Regenwäldern oder in den mediterranoiden Gebieten Australiens zu einer sehr geringen Artenvielfalt im Vergleich mit den etwas nährstoffreicheren, aber immer noch als mager zu bezeichnenden Substraten entsprechender artenreicherer Lebensräume (vgl. PATE & HOPPER in SCHULZE & MOONEY 1994: 298 ff., TILMAN 1982: 108, REICHOLF 1991: 172, Kurvenabschnitte links der Maxima).

Besonders aber die Kombination dieser Faktoren mag im Falle der Weltmeere die Entstehung einer großen Zahl von Arten in der pelagischen Zone unterbunden haben. Der Unterschied in der Artenvielfalt von Pelagial und Benthal wäre entsprechend zu deuten: Grenzbereich von Geo- und Hydrosphäre einerseits, nur ein Medium andererseits, damit verbunden deutliche Unterschiede hinsichtlich Habitatvielfalt, Energieumsatz und Nährstoffhaushalt.

5.2 Inseln und Archipele

Inseln, die im Meer entstanden sind, werden als **ozeanische Inseln** solchen (**kontinentalen Inseln**) gegenübergestellt, die einst Teile des Festlandes waren. Surtsey südlich von Island („geboren" am 14. 11. 1963) und Krakatau westlich von Java (Vernichtung aller Pflanzen und Tiere am 26. und 27. 8. 1883) sind Beispiele ozeanischer Inseln, deren Besiedlung oder Wiederbesiedlung nach einem Vulkanausbruch sehr intensiv wissenschaftlich beobachtet und analysiert wird.

Viele ozeanische Inseln sind **vulkanischen** Ursprungs. Ein Großteil dieser vulkanischen Aktivität steht im Zusammenhang mit der Kontinentaldrift – entweder an den Rändern der Kontinente (z.B. Kanaren) oder im Bereich mittelozeanischer Rücken (z.B. Island).

Korallen sind marine Organismen und nicht in der Lage, über die Meeresoberfläche hinauszuwachsen. Damit **Korallen-Inseln** entstehen können, bedarf es einer zusätzlichen Relativbewegung von festem Material aus dem Meer heraus: z.B. durch **tektonische Vorgänge** (Gesteine werden dabei gefaltet, verruschelt, zerklüftet, zerrissen), **epirogenetische Prozesse** (Schichten bewegen sich bruchlos ab- bzw. aufwärts) und andere geomorphodynamische oder klimatische Vorgänge.

Viele **Sandinseln (Barriereinseln)** an den Rändern aller Kontinente entstehen durch die gemeinsamen Kräfte von Wind und Wasser. Die meisten von ihnen sind sehr jung und veränderlich. Obgleich echte ozeanische Bildungen, liegen sie doch dem Schelf der Kontinente auf und sind vom Festland oft nur wenige Kilometer durch flache Gewässer oder Watten getrennt. Einige von ihnen sind bei Niedrigwasser zu Fuß zu erreichen. Die meisten Sandinseln nehmen daher eine Zwitterstellung ein zwischen den weiter entfernten ozeanischen Inseln einerseits und den kontinentalen Inseln andererseits.

Im Gegensatz zu den kontinentalen Inseln sind ozeanische Inseln zum Zeitpunkt ihrer Entstehung noch nicht von einer Vegetationsdecke bekleidet und von Tieren besiedelt.

Die Zuwanderung und Neubesiedlung terrestrisch lebender Pflanzen und Tiere erfolgt dabei in zwei Schritten:

1. In einem ersten Schritt erfolgt die Überquerung des Meeres vom Festland oder von einer anderen Insel aus; dies kann aus eigener Kraft geschehen, mit dem Wind (anemochor), durch das Wasser (hydrochor), durch Menschen (anthropochor) oder mit Hilfe von Tieren (zoochor), außen klebend oder haftend (epizoochor) oder im Magen-Darmtrakt (endozoochor). Bei diesem Prozess sind **monözische** Arten, die beide Geschlechter in jeder Ausbreitungseinheit (Samen, Sprossteile o.ä.) mit sich führen, tendenziell effektiver als **diözische** (eingeschlechtliche), selbst- und windbestäubte (**auto-** und **anemogame**) Arten zumindest anfangs erfolgreicher als tierbestäubte (**zoogame**). Aus diesem Grunde gehören die anemochoren und anemogamen Süßgräser (Poaceae) weltweit zu den sehr erfolgreichen Besiedlern von Inseln.

2. In einem zweiten Schritt erfolgt eine Einnischung, die ausgehend von einem befruchteten Weibchen oder einer Gründerpopulation zumeist mit einer Vergröße-

Inseln und Archipele

Ozeanische Bildungen			Übergänge		Kontinentale Bildungen	
Vulkaninseln	Korralleninseln	Inseln aus/über Diapiren, Plutoniten	Sandinseln (Barriere-I.)	Kont. Inseln, hoher Anteil "ozeanischer" Gesteine *und* Ozean. Inseln, zeitweilig mit Landbrücken	aus meso- und känozoischen Gesteinen	mit sehr alten Gest.: Paläozoik. bzw. Präk.
Azoren	Gilbert-Inseln	Kleine Antillen	Ost- und Westfriesische Inseln (p.p.)	Aleuten	Balearen	Banks Island
Juan Fernandez-Inseln	Lakkadiven			Bismark-Archipel	Borneo	Devon Island
Galapagos-Ins.	Linieninseln			Helgoland	Große Antillen (Kuba, Haiti, Jamaika, Puerto	Ellesmere Island
Hawaii-Inseln	Malediven			Java	Rico)	Falklandinseln
Island	Phoenix-Inseln			Molukken	Kreta	Grönland
Kanaren	Tuamotu-Inseln			Nordfriesische Inseln	Malta	Groß Britannien
Kurilen				Ost- und Westfriesische Inseln (p.p.)	Rhodos	Irland
Kapverden				Philippinen	Sizilien	Japan
Madeira-Archipel					Socotra	Korsika
Marquesas-Inseln						Madagascar
Mauritius						Neufundland
Reunion						Neu Guinea
Tristan da Cunha						Neukaledonien
						Neuseeland
Antigua, Barbuda						Nowaja Semlja
Cook-Inseln						Sardinien
Fiji-Inseln						Sachalin
Gesellschafts-Inseln						Spitzbergen
Karolinen						Sri Lanka
Komoren						Sumatra
Neue Hebriden (Vanuatu)						Taiwan
Neukaledonien						Tasmanien
Tonga-Inseln						Victoria Island
Salomon-Inseln						
Samoa-Inseln						

Abb. – Nr. 44: Beispiele ozeanischer und kontinentaler Inseln und Archipele der Erde (nach Angaben in COMMISSION DE LA CARTE GEOLOGIQUE DU MONDE 1990).

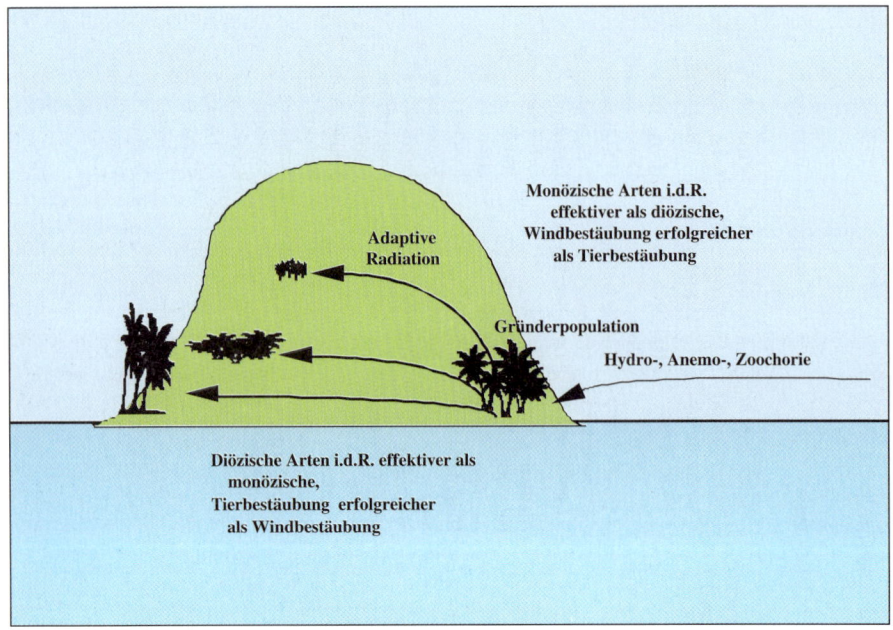

rung der Population und genetischen Veränderungen einhergeht. Bisweilen ist eine große adaptive Radiation die Folge. Für den Prozess der adaptiven Radiation ist eine Verlangsamung oder Unterbindung des Genflusses zwischen Teilpopulationen auf der Insel oder dem Archipel förderlich. Tierbestäubte Pflanzen sind bei diesem Procedere häufig erfolgreicher als windbestäubte. Aus diesem Grunde sind z.B. Korbblütengewächse (Asteraceae) weltweit extrem erfolgreich. Ihre Samen werden üblicherweise vom Wind ausgebreitet, so dass sie sehr effektiv auch über große Strecken verfrachtet werden können, und ihre Blüten werden in aller Regel durch Insekten bestäubt, so dass beste Voraussetzungen für adaptive Radiationen gegeben sind. Auf den Kanaren beispielsweise ist diese Familie mit 280 Spezies die artenreichste, an zweiter und dritter Stelle folgen die Poaceen und Schmetterlingsblütler (Fabaceae) mit jeweils 165 Arten. Von den Asteraceen sind fast die Hälfte der Arten (137) endemisch, von den ebenfalls insektenblütigen Fabaceen knapp ein Drittel (46 Arten), bei den windblütigen Poaceen sind es dagegen nur 3 % der Arten (5 von 165), die endemisch für die Kanarischen Inseln sind (KUNKEL 1993: 30).

„Klassische Inselphänomene" werden von HAEUPLER (1998: 40 ff.) zusammengefasst, beschrieben und mit eindrucksvollen Beispielen belegt. Einige dieser Phänomene sollen im Folgenden vorgestellt und diskutiert werden.

Nicht selten sind Organismen auf Inseln auffallend größer (**Gigantismus**) oder – vielleicht weniger auffallend – deutlich kleiner (**Nanismus**) als die Verwandten auf dem benachbarten Festland. Einige, auf die diese Beschreibung zutrifft, sind erst in historischer Zeit ausgestorben, z.b. der Riesenstrauß auf Madagaskar, der Dodo auf Mauritius, der Zwergelefant auf Sizilien, das Zwergnilpferd auf Kreta, Karpathos und Delos, die hasengroße Zwergantilope auf Mallorca. Die größten Wolfsspinnen der Erde *(Geolycosa ingens)* leben auf Deserta Grande, einer unbewohnten Insel des Madeira-Archipels. Rieseneidechsen *(Gallotia stehlini)* gibt es auf Gran Canaria. Auf El Hierro wurde 1975 die seit langem als ausgestorben geglaubte, ebenso große Eidechse *Gallotia simonyi* wiederentdeckt. Die größte Schildkröte der Erde ist die Seychellen-Riesenschildkröte *(Megalochelys gigantea)*, die auf den Aldabra-Inseln heute mit einigermaßen gesicherten Beständen existieren kann. Der Salomonen-Riesenskunk *(Corucia zebrata)* wird bis zu 65 cm lang; die Art lebt auf St. Cristobal.

Selbstverständlich können entsprechende Phänomene auch auf dem Festland beobachtet werden, z.B. sehr große Riesenkakteen *(Carnegia gigantea)* in Arizona, Kalifornien und Mexiko, winzige Zwergfledermäuse *(Pipistrellus pipistrellus)* in Europa und die kleinste Blütenpflanze der Welt *(Wolffia arhiza)*, die maximal 1,5 mm lang wird, keine Wurzeln besitzt und auf dem Wasser schwimmt, in Europa, Asien, Afrika und Australien. Die Fragen, die sich vor allem stellen, lauten: Warum (?) und warum an dieser Stelle? Sie sind jedoch in den seltensten Fällen eindeutig zu beantworten. Sicher aber scheint zu sein, dass ganz unterschiedliche Gründe zu den „Zwergen" und „Riesen" auf Inseln geführt haben. So kann eine Verzwergung beispielsweise aus populationsgenetischen Gründen günstig sein, wenn die Insel klein und die Ressourcen begrenzt sind. Auf der anderen Seite kann die Entwicklung zu größeren Formen eine Folge der intraspezifischen Konkurrenz sein auf Inseln ohne interspezifische Konkurrenz mit günstigem Nahrungs- oder Nährstoffangebot.

Einige Vögel und Insekten auf Inseln sind nicht (mehr) flugfähig oder haben (nur noch) eine sehr stark reduzierte Flugfähigkeit. Auf Neuseeland gibt es beispielsweise eine ganze Reihe derartiger Vögel. Dasselbe gilt für viele Insektenarten auf einer ganzen Reihe von Inseln, z.B. auf den Kerguelen. Starke Winde und das Fehlen von Feinden am Boden haben in der Evolution der **Flugunfähigkeit** auf Inseln möglicherweise eine entscheidende Rolle gespielt. Auf pazifischen Inseln hat die Gattung *Bidens* der Korbblütengewächse die für die Gattung typische Klettverbreitung verloren; sie war wohl überflüssig geworden, da auch Säugetiere mit Haarkleid den meisten pazifischen Inseln – jedenfalls ursprünglich – fehlen.

HAEUPLER (1998: 41) nennt weitere Beispiele für Repräsentanten dieser und ähnlicher Verlustmeldungen.

Auf Inseln südlich Neuseelands haben Tuatara, die berühmten Brückenechsen, als **archaische Formen** einer einst weit verbreiteten Gruppe von Reptilien überlebt. Sie konnten hier überdauern, weil Krokodile, Schlangen und andere Reptilien, die sich auf dem Kontinent entwickelt haben, bisher auf diese Inseln nicht vorgedrungen sind.

Viele Familien der Kloakentiere (Monotremata) und Beuteltiere (Marsupialia) konnten sich auf dem Australischen Kontinent offensichtlich halten und entwickeln, weil die Konkurrenz fern blieb. Dieses Beispiel zeigt zum einen, dass Australien – zwar ein Kontinent – doch sehr inselähnlich ist, zum anderen, dass „Inselphänomene" verschiedentlich auch auf dem Festland festgestellt werden können.

Die Besiedlung von Inseln durch Pflanzen unterscheidet sich grundlegend von der durch Tiere. Die auch noch so weit entfernten, etwas habitatreicheren Inseln und Archipele der Erde zählen Blütenpflanzen, Farne, Moose, Flechten und Algen zu ihren Bewohnern. Damit sind die großen taxonomischen Pflanzengruppen vertreten und die wichtigsten ökologischen Valenzen pflanzlichen Lebens, die überhaupt vorhanden sind, besetzt (Krautschicht, Strauchschicht, Baumschicht, Moosvereine, Flechtenvereine, auf Erde, Gesteinen, Borken, Sonderstandorten etc.). Bei den Tieren fehlen dagegen häufig wichtige taxonomische und ökologische Gruppen, so dass Nahrungsnetze große Löcher aufweisen können und ein vielfach postuliertes „optimal foraging" (optimale Ausnutzung des Nahrungsangebotes) – die perfekte Anpassung wird ebenfalls gern betont – kaum mehr überzeugen kann. Umso problematischer kann es werden, wenn Tiere mit bestimmten (neuen) ökologischen Potenzen, die vorher nicht da waren, eingebracht werden. Auf Galapagos wurden beispielsweise Esel, Ziegen und Hausschweine ausgesetzt, die dort verwilderten – als Vertreter der Säugetiere waren einst nur Reisratten und Fledermäuse heimisch.

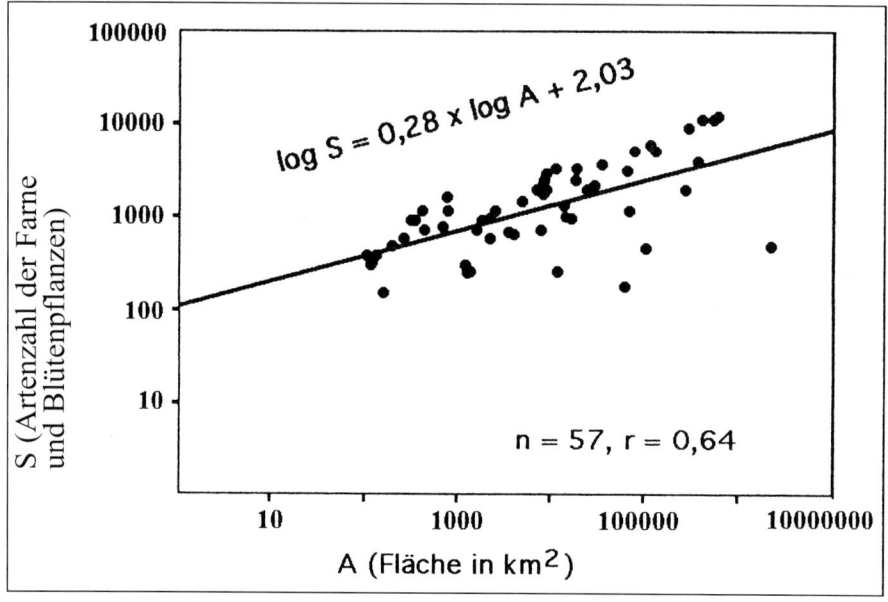

Abb. – Nr. 46: Artenzahl-Fläche-Relationen (berücksichtigt wurden Farne und Samenpflanzen) von ausgewählten Inseln bzw. Archipelen der Erde (mit einem Abstand von mindestens 50 km zum Festland; nach HOBOHM 1999a, unwesentlich verändert). Die Punktwolke in dieser Darstellung hat etwa die Form eines ein wenig abwärts geneigten, nach links sich zuspitzenden Keiles. Die Unterschiede in der Artenvielfalt kleiner Inseln – vergleicht man beispielsweise tropische und boreal-arktische Inseln – sind offensichtlich geringer als die von großen Inseln. Möglicherweise sind diese geringeren Unterschiede auf die relativ größeren Einflüsse des Meeres, auf die mechanische Belastung durch Stürme und den damit verbundenen Sand- und Salzschliff zurückzuführen.

Tab. – Nr. 47: α-Indizes für die Pflanzenartendichte ausgewählter Inseln und Archipele (nach HOBOHM 2000; unwesentlich verändert). α total bezeichnet die Gesamtartendichte der höheren Pflanzen, α endemics die Endemitendichte, α non endemics die Dichte der nicht-endemischen Pflanzenarten.

Extrem hohe Artendichte

Madagaskar	(α total = 0,452)
Neuguinea	(α total = 0,420)
Philippinen	(α total = 0,403)
Borneo	(α total = 0,385)
Kuba	(α total = 0,374)

Extrem hohe Endemitendichte

Neukaledonien	(α endemics = 1,116)
St. Helena	(α endemics = 1,098)
Neuguinea	(α endemics = 0,954)
Madagaskar	(α endemics = 0,934)
Kuba	(α endemics = 0,849)

Hohe Artendichte, hohe Endemitendichte und hohe Nicht-Endemitendichte

Philippinen	(α total = 0,403, α endemics = 0,708, α non-endemics = 0,401)
Borneo	(α total = 0,385, α endemics = 0,549, α non-endemics = 0,446)
Kuba	(α total = 0,374, α endemics = 0,671, α non-endemics = 0,269)
Jamaika	(α total = 0,356, α endemics = 0,671, α non-endemics = 0,384)
Hispaniola	(α total = 0,314, α endemics = 0,677, α non-endemics = 0,308)
Taiwan	(α total = 0,261, α endemics = 0,524, α non-endemics = 0,305)
Java	(α total = 0,250, α endemics = 0,492, α non-endemics = 0,295)
Madeira-Archipel	(α total = 0,219, α endemics = 0,457, α non-endemics = 0,243)

Geringe Artendichte, geringe Endemitendichte und geringe Nicht-Endemitendichte

Spitzbergen	(α total = - 1,115, α endemics = - 2,291, α non-endemics = - 0,937)
Grönland	(α total = - 1,086, α endemics = - 2,058, α non-endemics = - 0,833)
Falkland-Inseln	(α total = - 0,755, α endemics = - 1,028, α non-endemics = - 0,638)
Island	(α total = - 0,746, α endemics = - 1,961, α non-endemics = - 0,557)
Marquesas-Inseln	(α total = - 0,501, α endemics = - 0,777, α non-endemics = - 0,429)
Färöer	(α total = - 0,487, α endemics = - 1,372, α non-endemics = - 0,399)
Chatham-Inseln	(α total = - 0,413, α endemics = - 0,209, α non-endemics = - 0,379)
Irland	(α total = - 0,310, α endemics = - 1,494, α non-endemics = - 0,130)
Campbell-Inseln	(α total = - 0,117, α endemics = - 0,810, α non-endemics = - 0,088)

Hohe Endemitendichte und geringe Nicht-Endemitendichte

Neukaledonien	(α endemics = 1,116, α non-endemics = - 0,158)
St. Helena	(α endemics = 1,098, α non-endemics = - 0,772)
Hawaii-Inseln	(α endemics = 0,653, α non-endemics = - 0,068)

Geringe Endemitendichte und hohe Nicht-Endemitendichte

Sardinien	(α endemics = - 1,047, α non-endemics = 0,211)
Malta	(α endemics = - 0,544, α non-endemics = 0,288)
Dominica	(α endemics = - 0,464, α non-endemics = 0,447)

Für die großen Landschildkröten *(Geochelone elephantopus)* stellen Ziegen und Esel als Nahrungskonkurrenten, die eine Beweidung der Inseln natürlich viel effektiver und höher durchführen können, vor allem aber verwilderte Hausschweine eine Bedrohung dar, weil sie dank ihres hervorragenden Geruchssinnes die Schildkröteneier finden und fressen (KLEMMER 1994: 92 f.).

Die allermeisten Inseln der Erde haben überdurchschnittlich hohe Endemitenanteile, wie mit Hilfe von BYKOV`s Index of Endemicity gezeigt werden kann (HOBOHM 1999).

Welche Rolle in diesem Geschehen die Habitatvielfalt spielt, ist noch völlig unklar. Sicher sind dagegen drei Dinge: 1. Sie spielt eine Rolle. 2. Sie spielt nicht die einzige. 3. Ihre Bedeutsamkeit für endemische Arten ist nicht dieselbe wie für weiter verbreitete Arten.

Ein hoher Endemitenanteil kann rein rechnerisch auf zweierlei Art und Weise zustande kommen, zum einen durch eine wirklich große Zahl an endemischen Arten, zum anderen durch eine niedrige Gesamtartenzahl. Über entsprechende Berechnungen der Artendichte ist dies zu prüfen.

Dabei zeigt sich, dass Inseln mit sehr hohen Endemitenanteilen tatsächlich beide Möglichkeiten repräsentieren.

So gehören beispielsweise St. Helena (80 % endemische Arten unter den höheren Pflanzen), Neukaledonien (76 %) und Neuseeland (82 %) zu den Inseln mit einer relativ geringen Gesamtartendichte – dabei ist die Dichte der Endemiten auf diesen Inseln ganz unterschiedlich groß –, während z.B. auf Neuguinea (80 %) oder Madagaskar (68 % Endemiten unter den höheren Pflanzen) die Gesamtartenvielfalt sehr groß ist (Biodiversity-hotspots).

Hawaii wird häufig als Beispiel für einen Archipel mit ungewöhnlichem Endemitenreichtum unter den höheren Pflanzen angeführt (ca. 90 % unter den indigenen Blütenpflanzen, immer noch 54 % unter Berücksichtigung auch der eingebrachten Wildpflanzen). Doch der Schein trügt ein wenig. Die Gesamtartendichte ist eine ganz gewöhnliche und die Endemitendichte ist zwar hoch; die endemischen Arten stehen allerdings nicht einmal so eng beieinander wie auf dem Madeira-Archipel (11 % Endemiten) und eine ganze Reihe von Inseln und Archipelen hat eine noch deutlich größere Endemitendichte (die Philippinen, Borneo, Jamaika, Kuba, Hispaniola, Taiwan, Java u.a.).

Vergleicht man einmal verschiedene ökologische und biogeographische Parameter miteinander, so lassen sich statistisch einige allgemeine globale Tendenzen zumindest für die höheren Pflanzen auf Inseln und Archipelen feststellen (HOBOHM 2000: 12 ff., NEZADAL & al. 1999: 19 ff.).

• Die Endemitendichte ist vom Abstand zwischen Insel und Festland offensichtlich kaum abhängig **(Unabhängigkeit der Endemitendichte von der Landferne)**. Dies ist bei den nicht-endemischen, weiter verbreiteten Arten anders; festlandsnahe Inseln haben tendenziell höhere Artendichten unter den nicht-endemischen Pflanzen als weit entfernte **(Abhängigkeit der Nicht-Endemitendichte von der Landferne)**. Da auch eine signifikante Korrelation zwischen Abstand und Entstehung besteht – kontinentale Inseln liegen im

Durchschnitt näher am Festland als ozeanische –, ist nicht leicht zu entscheiden, auf welche Prozesse die genannte Beziehung zurückzuführen ist.

- Die Endemitendichte zeigt eine positive Korrelation mit der Höhenerstreckung eines Archipels: Je höher ein Archipel, desto dichter stehen die Endemiten in aller Regel beieinander (**Abhängigkeit der Endemitendichte von der Höhenerstreckung**). Die Dichte nicht-endemischer Arten scheint dagegen nahezu unabhängig von der maximalen Höhe zu sein (**Unabhängigkeit der Nicht-Endemitendichte von der Höhenerstreckung**). Vielleicht verteilen sich Endemiten und Nicht-Endemiten unterschiedlich auf die verschiedenen Höhenstufen – so dass weiter unten mehr Nicht-Endemiten, weiter oben mehr Endemiten vorkommen?
- Sowohl die Endemitendichte als auch die Dichte nicht-endemischer Arten steht in einer positiven Beziehung mit der Temperatur und dem Niederschlag (Jahreswerte; **Korrelation der Artendichte mit der Temperatur und dem Niederschlag**). Unklar dagegen ist, ob diese Beziehung auf die Wirkung der Eiszeiten zurückzuführen ist, denn Temperatur und Niederschläge steigen tendenziell von den Polen zu den Tropen an und die Wirkung der Eiszeiten war in den Tropen eine geringere als im boreal-arktischen Bereich, oder auf rezent-subrezente Wirkungen extremer oder jahresdurchschnittlicher Temperaturen und/oder Niederschläge.
- Zwischen der Dichte an endemischen und nicht-endemischen Formen besteht eine enge positive Beziehung (**Korrelation der Endemitendichte mit der Nicht-Endemitendichte**); je mehr von den einen, desto mehr tendenziell von den anderen. Interessant sind auch die Ausnahmen von dieser Regel. Möglicherweise fördert eine höhere Artenvielfalt den Endemitenreichtum oder umgekehrt. Auch hier stellt sich die Frage, ob diesem Phänomen eine ökologische, eine ausbreitungsbiologisch-geschichtliche oder eine evolutions-biologische Dimension zugrundeliegt.

Einige berühmte adaptive Radiationen haben auf Inseln stattgefunden. Das Ergebnis sind sehr artenreiche Gattungen, deren Vertreter unterschiedliche Inseln innerhalb eines Archipels und/oder ganz unterschiedliche ökologische Situationen (Habitate, Standorte) nutzen bzw. bewohnen. Die Darwinfinken (Geospizinae) auf den Galapagos-Inseln sind ein sehr berühmtes Beispiel für eine adaptive Radiation. 13 Arten dieser Unterfamilie, die weltweit ausschließlich auf den Galapagos-Inseln vorkommen, haben sich möglicherweise aus einer wenige Individuen umfassenden Gründerpopulation bzw. aus nur einem befruchteten Weibchen entwickelt. Auf Hawaii hat die Evolution der Kleidervögel, der Schneckengattung *Achatinella* oder auch die Entwicklung innerhalb der Insektengattung *Drosophila* zu großem Formen- und Artenreichtum geführt. Auf den Makaronesischen Inseln entwickelten sich zahlreiche Formen z.B. innerhalb der Gattung *Argyranthemum* (Asteraceae). Die Gattung *Aeonium* (Crassulaceae) ist auf den Makaronesischen Inseln – je nach Weite des Artbegriffes – mit ca. 35 Arten vertreten und die Reihe von Beispielen adaptiver Radiationen auf Inseln ließe sich noch lange fortsetzen.

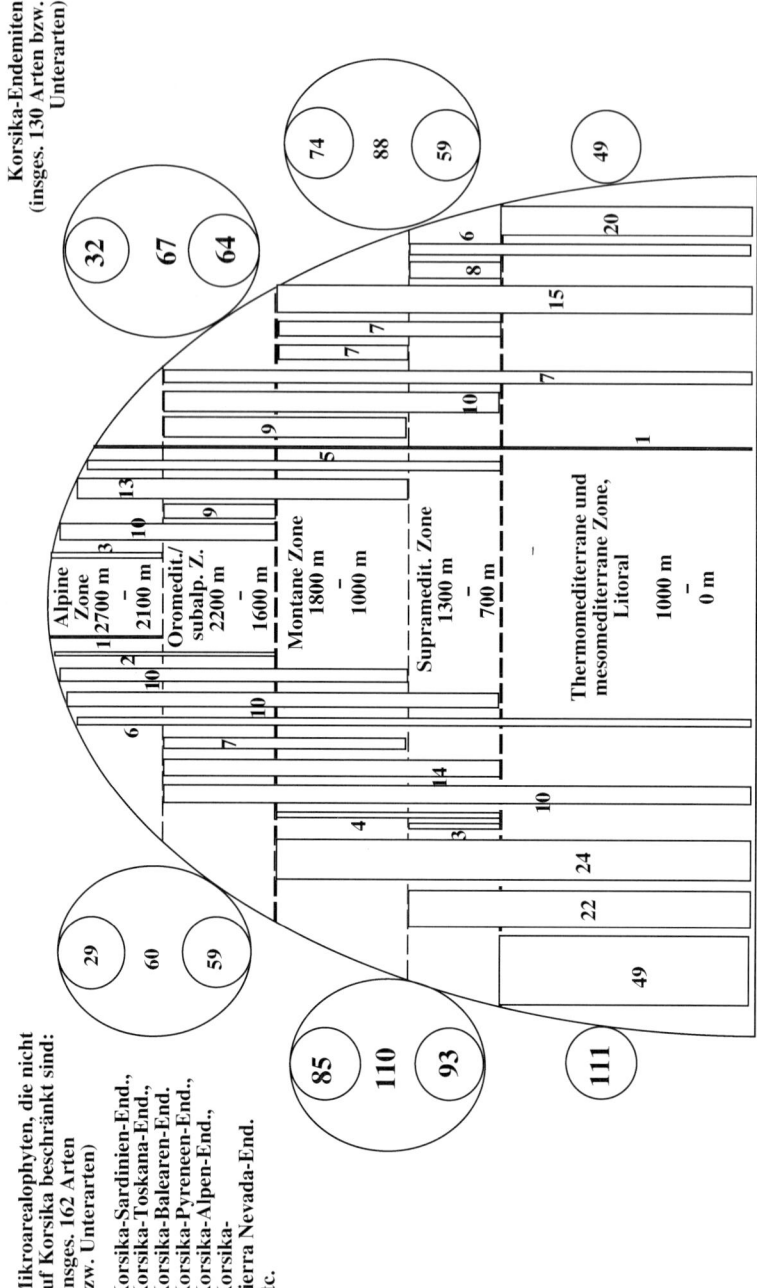

Oftmals sehen die Formen innerhalb einer Gattung ganz unterschiedlich aus und sind ökologisch oder geographisch klar differenziert. Vielfach sind sie aber, *weil* die Gründerpopulation eine kleine war und damit zwangsläufig nicht sehr formenreich, genetisch noch sehr eng miteinander verwandt. Sie lassen sich häufig auch nicht nur untereinander kreuzen, sondern die Nachkommen solcher Kreuzungsexperimente sind nicht selten sogar völlig vital und fertil, wenngleich entsprechende Beobachtungen im Freiland nur selten gemacht werden können.

Auch wenn die Ergebnisse dieses Prozesses in Form artenreicher Gattungen mit vielen Endemiten auf Inseln besonders ins Auge springen, so kann dennoch nicht von einem echten Inselphänomen gesprochen werden. Denn es haben auch berühmte und weniger berühmte Radiationen im Festlandsbereich stattgefunden. So gehören die Buntbarsche (Cichlidae) in den großen afrikanischen Seen mit über 600 Arten zu den unbedingt Staunen machenden Berühmtheiten. Warum hat eine ähnliche Radiation unter den Fischen nicht in den Weltmeeren stattgefunden? Die Evolution der Königskerze *(Verbascum)* ist ein weit weniger spektakuläres Beispiel. Sie führte im Bereich SE-Europa, Türkei, Iran, Irak aber immerhin auch zu deutlich über 200 Arten. Viele weitere Beispiele ließen sich anfügen.

Abb. – Nr. 48 (links): Beispiel der vertikalen Verteilung endemischer Pflanzen auf einer Insel (Korsika). Nach GAMISANS & MARZOCCHI (1996: 14, 186 ff.) gibt es auf Korsika 296 bzw. 297 endemische Pflanzentaxa (Arten und Unterarten; endemische Hybriden nicht mitgezählt). Von diesen sind 131 Taxa auf Korsika beschränkt. Von den übrigen Mikroarealophyten sensu HAEUPLER (1983: 274) sind neben einem Teilareal auf Korsika auch Fundpunkte von anderen Inseln (Balearen, Sardinien, Kreta etc.) oder Festlandgebieten (Toskana, Sierra Nevada, Pyreneen, Alpen etc.) bekannt geworden.

Für 292 Arten oder Unterarten werden in GAMISANS & MARZOCCHI (1996) Höhenangaben gemacht und detaillierte Informationen zur Vegetationszugehörigkeit z.T. bis zur Pflanzengesellschaft gegeben, so dass eine nahezu vollständige Zuordnung der endemischen Formen zur Höhenstufe möglich ist. Das Ergebnis einer Synthese dieser Daten wird in dieser Abbildung veranschaulicht.

Dabei zeigt sich, dass ca. 160 Taxa in der thermomediterranen und mesomediterranen Stufe bzw. im Litoralbereich, also unter 1000 m ü. NN zu finden sind. In der supramediterranen bzw. montanen Stufe – zwischen 700 und 1800 m – sind etwa 200 Taxa zu finden, in der oromediterranen, subalpinen und alpinen Stufe, zwischen 1600 und 2700 m, immerhin noch knapp 130 Taxa.

Geht man davon aus, dass der Bereich zwischen 0 und 1000 m etwa 60–70 % der Inseloberfläche einnimmt, die subalpin-oromediterran-alpine Stufe dagegen weniger als 5 %, dann wird deutlich, dass die höchste Konzentration (syn. Dichte; Artenzahl pro Fläche) an endemischen Arten jedenfalls nicht in der unteren Stufe zu erwarten ist. Man darf wegen der nicht linearen Beziehung zwischen Artenzahl und Fläche allerdings nicht den Fehler machen, die entsprechenden Quotienten einfach auf eine Einheitsprobefläche umzurechnen.

Unterscheidet man Korsika-Endemiten von solchen Mikroarealophyten, die nicht auf diese Insel beschränkt sind (vgl. rechte und linke Hälfte der Abbildung), so zeigt sich, dass diese in den verschiedenen Zonen ungleichgewichtig verteilt sind. Unterhalb von 1000 m überwiegen deutlich solche Arten und Unterarten, die in irgendeiner Weise den Sprung über das Meer geschafft haben, während in der Stufe oberhalb von 1600 m die Insel-Endemiten sogar etwas zahlreicher vertreten sind.

NEZADAL & al. (1999: 19 ff.) haben die Verbreitung endemischer Pflanzenarten und ihre Bindung an bestimmte Lebensräume auf den Inseln La Palma und La Gomera (Kanaren) untersucht. Auch hier zeigte sich, dass höhergelegene Formationen reicher an Lokalendemiten als an Endemiten, die auf mindestens zwei Inseln vorkommen, sind während die Unterschiede in den tiefer gelegenen Bereichen nicht so ausgeprägt sind.

Wann und wo solche Radiationen stattfinden, warum sie gelegentlich auch nicht ablaufen, ist noch nicht abschließend geklärt. Mit Sicherheit spielt die Lage der Inseln im Raum, ihre Größe, die Land-Meer-Verteilung bzw. die Größe und Verteilung von Flüssen und Seen auf dem Festland eine gewisse Rolle. Es ist bestimmt kein Zufall, dass die größte der Makaronesischen Inseln, nämlich Tenerife, die von mehreren kleineren Inseln umgeben ist, gleichzeitig die größte Zahl an Endemiten aus den umfangreichen Gattungen *Argyranthemum, Sonchus, Echium* und *Aeonium* beherbergt (HOBOHM 1998a: 150).

5.3 Tundren und boreale Wälder

Bedürfen die winterkalten Gebiete Skandinaviens, Sibiriens, des fernen Ostens, Kanadas, Nordamerikas oder Alaskas im Zusammenhang mit der biologischen Vielfalt überhaupt der Erwähnung? Haben nicht längst die Altvorderen – CHARLES DARWIN, ALEXANDER VON HUMBOLDT, AUGUST FRIEDRICH THIENEMANN u.v.a.m. – überzeugend dargestellt, dass die Vielfalt in den extremen Räumen des Nordens sich in engen Grenzen bewegt, von Vielfalt eigentlich nicht die Rede sein kann?

„Nur verhältnismäßig wenige Pflanzenarten können unter den extremen Lebensbedingungen der Tundra – kurze und kühle Vegetationsperiode sowie kalte Winter – existieren. Die Vegetation besteht daher durchweg aus artenarmen Gesellschaften . . .“ schreibt SCHULTZ (1988: 109).

Gibt es Ausnahmen, z.B. Taxa, die in diesen Gebieten mit mehr Arten als anderswo auf der Erde vertreten sind, oder Pflanzengesellschaften, die nicht als artenarm zu bezeichnen sind? Aber selbst, wenn es sie nicht gäbe (es gibt sie), sollte zumindest sicher gestellt werden, auf welchen Faktor die Artenarmut dieser Regionen zurückzuführen ist:

- auf die vernichtenden Wirkungen vergangener Kaltzeiten
- auf eine geringe Habitatdiversität
- auf extreme Winterkälte
- auf eine kurze Vegetationsperiode
- oder auf geringe Niederschlagsmengen und die damit verbundene Trockenheit

Möglicherweise lassen sich gerade in den „extremen“ Lebensräumen des Nordens basale Vorgänge der Zu- und Abnahme von Vielfalt studieren, mit ökologischen oder wanderungsbiologischen Phänomenen korrelieren. Übrigens: Die dort existierenden Pflanzen und Tiere leben hier in einer für sie passablen Umgebung, die für sie keineswegs eine extreme darstellt. Extrem ist eine Umgebung immer nur für diejenigen Arten, die diese nicht oder nur schlecht ertragen können. Insofern sind die allermeisten Lebensräume der Erde für die allermeisten Arten extrem.

Die Tundra zeichnet sich durch die Vorherrschaft von Zwergsträuchern, Gräsern, Moosen und Flechten und durch das Fehlen von Bäumen aus. Als Waldtundra schließt sich südlich eine Zone mit niedrigen Bäumen oder kleinen Baumgruppen an, die aber keinen geschlossenen Wald zu bilden in der Lage sind.

Die Phytomassevorräte verschiedener Vegetationstypen Skandinaviens (nach DIERSSEN 1996: 589 ff., LERCH 1991: 398, SCHULTZ 1988: 114 und MÜLLER 1981: 459) sind vergleichsweise klein: Typische Werte für Zwergstrauchheiden bzw. Zwergstrauchtundren liegen bei 3–7 (–18) t/ha, für Schneetälchen wurden Werte von 7–8 t/ha ermittelt, für oligotrophe Moore von bis zu 10 t/ha; gut versorgte Niedermoore erreichen Werte von 15–25 t/ha, Birken- und Kiefernwälder der nördlichen Waldzone 11–45 t/ha (zum Vergleich: Typische Werte für tropische Regenwälder liegen bei mehreren hundert t/ha). Die Produktionsraten sind entsprechend niedrig und liegen bei 0,1–4 Tonnen pro Hektar und Jahr in den waldfreien Landschaften und bei 4–8 Tonnen in den borealen Wäldern.

Es gibt offensichtlich ein Zunahme der Biomassevorräte von Nord nach Süd, von kalt nach warm, von niederschlagsarm nach niederschlagsreich (vgl. auch GRISHIN 1995: 11 ff.). Aber welches ist der ausschlaggebende Faktor? Einen möglichen Hin-

Tab. – Nr. 49: Ähnlichkeiten und Unterschiede in den Lebensbedingungen der arktischen Zone und alpinen Stufe (der Alpen); nach KÖRNER 1995: 46, unwesentlich verändert). Diese Angaben geben Tendenzen an und sie gelten großräumig, aber nicht für jeden Punkt.

	Umweltbedingungen	
	Arktis	alpine Stufe (Alpen)
Länge der Vegetationsperiode	kürzer	länger
maximale Strahlung	niedrig	hoch
Summe der Tagesstrahlung	ähnlich	
durchschnittliche Tagestemp.	ähnlich	
Diff. zw. max. und min. Temp.	klein	groß
maximale Temperatur	niedrig	hoch
minimale Temperatur	ähnlich oder niedriger in alp.	
Tagesschwankung der Temp.	klein	groß
Luftdruck (2 m)	ähnlich	
mechan. Stabilität des Bodens	höher	geringer
Kohlenstoffvorrat des Bodens	größer	kleiner
Kryoturbation im „Sommer"	weniger	mehr
Kryoturbation im „Winter"	mehr	weniger
Permafrost unter geschl. Veget.	vorhanden	nicht vorh.
pH des Bodens	niedriger	höher
regionale Isolation der Flora	niedriger	höher
Habitatfragmentation	gering	groß

weis liefern die Grenzverläufe des Permafrostes und des Baumwachstums. Üblicherweise liegen diese beiden Grenzen circumpolar dicht beieinander oder sind sogar deckungsgleich. Allerdings gibt es vor allem in Sibirien Bereiche, in denen die Permafrostgrenze viel weiter im Süden verläuft als die Grenze des Baumwachstums; hier sind lichte Lärchenwälder *(Larix dahurica)* über Permafrost zu finden. Aufgrund einer relativ langen und warmen Vegetationsperiode ist hier Waldwachstum möglich. Andererseits sorgen sehr niedrige Temperaturen im Winter dafür, dass der Boden sehr weit hinab durchfrieren kann. Die obere Begrenzung der Permafrostdecke liegt hier also bedeutend tiefer als in küstennahen Gebieten mit geringerer Winterkälte. Der Kältepol der Nordhemisphäre – mit Temperaturen bis -71 ° C – liegt nicht beim Nordpol, sondern bei Oimekon (Oimjakon) in einem von Bergketten umsäumten Becken Ostsibiriens, im Verbreitungsgebiet des Lärchenwaldes (LERCH 1991: 43, MÜLLER 1996: 153). Offensichtlich ist die Länge der Vegetationsperiode für die Größe der Biomassevorräte entscheidender als es die niedrigen Temperaturen im Winter sind.

Wuchshöhe und Schichtenbau einer Pflanzengesellschaft sind zwei von der Biomasse abhängige Variablen. Diese wiederum bestimmen die Artenvielfalt der Lebensgemeinschaft entscheidend mit. Sind Landschaften mit einer kurzen Vegetationsperiode zudem geomorphologisch wenig gegliedert, so wird die Artenarmut dieser Gebiete kaum Erstaunen hervorrufen.

Der Großteil Skandinaviens war ebenso von Eismassen bedeckt wie der Großteil der Alpen. Ein wesentlicher Unterschied zwischen den Alpen und dem skandinavischen Gebirge ist aber – neben der geographischen Breite und der damit verbundenen Länge der Vegetationsperiode – die Reliefierung und damit verbundene Habitatvielfalt. Die Alpen ragen viel höher hinauf, sind wesentlich stärker reliefiert und insgesamt (vgl. z.B. DAVIS & al. 1994: 39 ff., 48 ff., 1997: 39 ff.) struktur- und artenreicher. Über die Refugialräume der Arten während der Kaltzeiten ist immer noch wenig bekannt; gleichwohl mag auch die Lage, Größe und Vielgestaltigkeit von Rückzugsgebieten eine Bedeutung für die heutige Vielfalt einer ehemals vergletscherten Region gehabt haben (vgl. u.a. DIERSSEN 1996: 54 ff., POTT 1996a: 345 ff.).

Der Artenpool von Gefäßpflanzen der Arktis umfasst ca. 1500 Taxa. Die These, dass unvergletscherte Bereiche der Arktis pflanzenartenreicher wären als die vergletscherten wird bislang ebenso vertreten wie bestritten (MURRAY 1995: 21).

In den allermeisten borealen und arktischen Landschaften der Erde produzieren weniger als 10 Pflanzenarten mehr als 90 % der Biomassen. Es sind Pflanzen aus etwa 20 Gattungen, die circumpolar den Großteil der arktischen und borealen

---

Fotos – Nr. 50, 51 (rechts): Der boreale Wald in Skandinavien wird vor allem von Fichten *(Picea abies)* dominiert; er zieht sich an den Hängen Südnorwegens bis zu einer Höhe von etwa 1000m herauf. Oberhalb der Waldzone befinden sich Vegetationseinheiten der Tundren, Blockmeere mit Flechtenvegetation, Schneefelder und z.T. – lokal begrenzt – ganzjährig Eis.
Lurö ist eine von Gletschern geformte Insel im Vänersee; auf den geschliffenen Felsen siedeln Flechten. Im Hintergrund des Fotos sind eine Birke *(Betula pubescens)*, Heiden (mit *Erica tetralix* und *Calluna vulgaris*), Röhrichte (vor allem *Phragmites communis*) und Kiefernwald *(Pinus sylvestris)* zu sehen.

Biomassen produzieren: Zu diesen gehören u.a. Zwergsträucher und Gebüsche der Gattungen *Betula, Rubus, Dryas, Vaccinium, Empetrum* und *Ledum*, Sauergräser der Gattungen *Eriophorum* und *Carex*, sowie Bäume der Gattungen *Picea, Pinus* und *Larix* (CHAPIN & KÖRNER 1995: 313).

Die Gattung *Draba* (Felsenblümchen, Brassicaceae) ist ein Beispiel für Sippen, die überwiegend arktisch-alpin verbreitet sind. Die meisten Arten dieser Gattung sind vor allem in den winterkalten, zumeist felsigen Gebieten des Nordens bzw. in den waldfreien Höhen der Gebirge zu finden sind. Es gibt nicht viele solcher Beispiele. Die monotypische Gattung *Eutrema* mit der Art *Eutrema edwardsii*, auch zu den Kreuzblütengewächsen gehörend, kommt ausschließlich auf Spitzbergen und in der nordrussischen Arktis vor (TUTIN & al. 1993: 322, 372 ff.). YURTSEV (1994: 765 ff.) gibt einen Überblick über die Florenregionen der Arktis und nennt in diesem Zusammenhang auch weitere endemische Pflanzenarten. Die beiden monotypischen Gattungen *Oxyria* und *Koeningia* sind in den arktischen und alpinen Räumen weit, *Koeningia islandica* sogar bipolar verbreitet (MURRAY 1995: 23).

CHERNOV (1995: 81) nennt einige faunistische Daten für den arktischen Bereich. Danach sind die meisten Tiergruppen in der Arktis und im borealen Bereich mit weniger als 1 % des Weltbestandes vertreten. Es gibt 61 terrestrische Säugetierarten in der Arktis s.l. Die Avifauna umfasst etwa 200 Arten oder 2,3 % aller Vogelarten, Reptilien fehlen generell. Nur wenige Amphibien haben die Tundren erobert. Etwa 3000 Insektenarten, davon 50 % Dipteren (Fliegen und Mücken), leben in der Arktis. Geht man von einem Weltbestand von 1 Million Insektenarten aus, so entspricht dies einem Anteil von 0,3 %. Möglicherweise gibt es aber weltweit durchaus mehr als 1 Million Arten von Insekten. Schätzungen gehen bis zu 30 Millionen. Damit würde sich der prozentuale Anteil der in der Arktis lebenden Insekten noch verringern. Wie dem auch sei, jedenfalls haben die gesamte Arktis etwa so viele Insekten erobert wie in den Tropen auf wenigen Bäumen zu finden sind. Die Springschwänze (Collembola), die zur Gruppe der Urinsekten und damit zu den Insekten gehören, sind eine bedeutsame Gruppe der arktischen Fauna. Etwa 400–500 Arten oder 7–8 % des Weltbestandes leben hier. Es gibt nur wenige Schnecken und Muschelarten. Und es gibt nur wenige zu den Annelida gehörenden Würmer. Die Regenwürmer (Lumbricidae) sind in der Tundra Eurasiens mit nicht mehr als 5 Arten vertreten – nichtsdestoweniger ökologisch sehr bedeutsam. Ihre Abwesenheit in den Amerikanischen Tundren ist bis heute nicht erklärt.

Die Landschaften der borealen und arktischen Zone sind großräumig deutlich artenärmer als die südlich anschließenden Landschaften der temperaten Zone; dies gilt für die meisten Tier- und Pflanzengruppen gleichermaßen. Lässt sich diese Tendenz auch für sehr kleine Untersuchungsflächen bestätigen?

Zum Vergleich: In den offenen Landschaften Mitteleuropas sind auf einer Probefläche von 1 m^2 im Durchschnitt etwa 10 Pflanzenarten – Samenpflanzen, Farne, Moose und Flechten –, auf einer Fläche von 10 m^2 ca. 16 und auf einer Fläche von 100 m^2 etwa 25 Arten zu finden (HOBOHM & HÄRDTLE 1997: 22, HOBOHM 1998a: 136). Die Abweichungen von diesen Durchschnittswerten sind allerdings zuweilen beträchtlich. Für sehr artenreiche Pflanzengesellschaften wurde ein α-Wert von 0,5 ermittelt. Diesem Wert entsprechen etwa 30 Arten auf 1 m², 47 Arten auf 10 m² oder 73 Arten auf 100 m². Es gibt in den warmen und gemäßigten Bereichen Mitteleuropas sicherlich nicht viele Stellen, an denen dieser Wert übertroffen wird. Inzwischen wurden für verschiedene Gebiete und Vegetationseinheiten des hohen Nordens hervorragende Bestandserfassungsdaten publiziert, u.a. pflanzensoziologische Arbeiten, die einen Einblick auch in die Artenzusammensetzungen sehr kleiner Probeflächen gewähren (aktuelle ausführliche Literaturangaben z.B. in THANNHEISER & al. 1994: 125 ff. und DIERSSEN 1996: 758 ff.).

DANIELS (1982) hat u.a. xeromorphe Zwergstrauchheiden und verwandte Gesellschaften im Südosten Grönlands, zwischen 65 und 68° N, pflanzensoziologisch bearbeitet. Die Jahresmitteltemperatur beträgt in diesem Untersuchungsraum etwa -1 °C, die Niederschläge liegen bei fast 1000 mm/a. Für sechs Monate übersteigt die Durchschnittstemperatur der Luft den Gefrierpunkt, zwei von diesen sechs sind sogar wärmer als 5 °C. Unter diesen – extremen (?!) – Bedingungen können sich Artenzusammensetzungen etablieren, die nicht nur artenreich, sondern manchmal sogar extrem artenreich sind. Auf 1 m² großen Flächen fand DANIELS (1982: 26, 54, 58) 35, 37, 42, 44 bzw. sogar 45 Pflanzenarten – zumeist eine Mischung aus Zwergsträuchern, Gräsern, Kräutern, Moosen und Flechten, die eine Wuchshöhe von 20 cm kaum jemals übersteigen; auf einer 4 m² großen Fläche wurden gar 61 Arten registriert. KÖRNER (1995: 52) berichtet mit dem Hinweis auf eine „incredible rich vegetation" von einer 1 m² großen Untersuchungsfläche mit ca. 50 Pflanzenarten aus dem Kärkevagge valley in Schweden (900 m hoch, 68° N). BÖCHER (1954: 39, Tab. 4/13) publizierte ein Aufnahme von der „Salix uva ursi sociation" mit sogar 69 Arten auf 1 m² (zwischen 61 und 62°N) und GELTING (1955: 298) fand in einer flechtenreichen *Dryas integrifolia*-Gesellschaft im Westen Grönlands (zwischen 59 und 70° N, über Basalt, Niederschläge unter 390 mm pro Jahr) bis zu 30 Pflanzenarten auf 0,1 m². Diese Zahlen repräsentieren weltweit kaum zu übertreffende Spitzenwerte der Pflanzenartendichte auf kleinsten Flächen. Die pflanzensoziologische Aufnahme von BÖCHER ist möglicherweise die artenreichste einer 1 m² großen Fläche, die je publiziert wurde (?).

Ein weiteres Beispiel mag veranschaulichen, dass auch die durchschnittliche Artendichte in bestimmten Vegetationseinheiten der boreal-arktischen Zone sehr hoch sein kann. MÖLLER (1992) untersuchte Heiden im Westen Norwegens zwischen 59 und 62° nördlicher Breite. Die entsprechenden Untersuchungsgebiete liegen in einem Klimabereich, der sich durch Temperaturen von -2 bis 7,8 °C bzw. durch Niederschläge von 1000 bis 2800 mm (Jahresdurchschnittswerte) auszeichnet. Die verschiedenen Heidegesellschaften, die durch eine große Zahl pflanzensoziologischer Aufnahmen repräsentiert werden, setzen sich in aller Regel durchschnittlich aus 10 bis 20 Arten pro m² zusammen (MÖLLER 1992: 2, 18 f., 37, 51). Sie sind damit ähnlich artenreich bzw. artenreicher als der Durchschnitt mitteleuropäischer Vegetationseinheiten und sie sind tendenziell artenreicher als mitteleuropäische Heiden (vgl. u.a. DIERSSEN 1993: 183 ff., HOBOHM 1998a: Anhänge).

Allerdings betreffen die Ausführungen über großen Artenreichtum im boreal-arktischen Raum allein kleinste Flächen (bis zu wenigen m²). Bereits bei

Größenordnungen von Hektaren oder Quadratkilometern kann im hohen Norden von Artenreichtum kaum jemals die Rede sein, da der Anstieg der Artenzahl mit der Fläche in aller Regel ein sehr geringer ist.

Wenn also von großen Unterschieden in der Vielfalt boreal-arktischer und feucht-tropischer Lebensräume die Rede ist, so betreffen diese vor allem Landschaften und Regionen.

Die große Pflanzenartendichte, die bisweilen auf kleinsten Flächen in arktischen Heiden und verwandten Gesellschaften zu finden ist, ist nach wie vor ungeklärt. Sicher ist nur, dass eine Reihe von Umweltbedingungen, mit denen die großflächige Artenarmut des boreal-arktischen Raumes immer wieder erklärt wird – fehlende Habitatdiversität, kurze Vegetationsperiode, kalter Winter – natürlich auch auf kleineren Flächen innerhalb dieser Klimazone anzutreffen sind. Für die Beurteilung der Artendichte innerhalb kleiner Flächen sind diese Parameter offensichtlich nicht entscheidend. Die edaphischen Verhältnisse, die Kontinuität der Wasser- und Lichtverhältnisse, die Langsamwüchsigkeit, das hohe Alter der Gehölze spielen möglicherweise eine viel entscheidendere Rolle. Und natürlich ist bei den beteiligten Arten nicht apriori davon auszugehen, dass sie während der diversen Klimawechsel im Quartär große Wanderwege zurücklegen mussten um zu überdauern.

5.4   Kulturlandschaften der gemäßigten Zone

Die glazialen und postglazialen Prozesse und die nutzungsbedingten Auswirkungen auf die Landschaften Mitteleuropas sind bereits umfassend erforscht und publiziert worden, so dass hier auf eine detaillierte Darstellung der historischen Landschaftsentwicklung verzichtet werden kann (vgl. u.a. ELLENBERG 1996: 23 ff., 38 ff., 665 ff., POTT 1996 a: 337 ff., 1996 b: 5 ff., HÜPPE 1993: 49 ff., KÜSTER 1995, MÜHLENBERG & SLOWIK 1997: 13 ff., KRATOCHWIL 1996: 7 ff.).

Mehr als ein Viertel der Fläche Europas wird heutzutage landwirtschaftlich, etwa ein Viertel bis ein Drittel forstlich genutzt. Der Rest sind vor allem Wasserflächen, besiedelte Bereiche und Straßen. Kaum ein fußballfeldgroßer Fleck ist wirklich unberührte Natur geblieben.

Dennoch hat die Öffnung der Landschaft durch den ackerbautreibenden und das Feuer beherrschenden Menschen mit seinen artifiziellen Bauwerken und seinen Viehherden zunächst zu einer Bereicherung der Biodiversität auf allen Ebenen der Vielfalt geführt.

Dabei spielten mehrere Prozesse und veränderte Rahmenbedingungen eine Rolle. Tiere und Pflanzen wurden bewusst oder unbewusst aus anderen Regionen der Erde importiert. Durch immer neue Nutzungsformen wurde die Habitatvielfalt erhöht. Und in bestimmten durch den Menschen entstandenen Biotoptypen, vor allem solchen, die sich durch Lichtreichtum, Nährstoffarmut und kontinuierliche Nutzung auszeichnen, entwickelten sich sehr artenreiche Pflanzengesellschaften.

Vergleicht man beispielsweise Pflanzengesellschaften der offenen Landschaften Mitteleuropas hinsichtlich ihrer Pflanzenartenvielfalt („alpha diversity" sensu WHITTAKER 1972: 213, 214 ff., 221 ff., vgl. HOBOHM 1998a: 72, HOBOHM & HÄRDTLE 1997), so sind bereits auf dem Niveau von Vegetationsklassen große Unterschiede festzustellen. Bei den relativ artenreichen Pflanzengesellschaften handelt es sich im Wesentlichen um Trockenrasen, Wiesen und Weiden sowie deren Saumgesellschaften, also um von Menschen geschaffene und von Menschen genutzte Lebensräume. Die der entsprechenden Untersuchung zugrundegelegten Tabellen artenreicher Gesellschaften repräsentieren Bestände, die niemals permanent oder episodisch überflutet und ausreichend mit Licht versorgt sind. Ausdauernde Arten überwiegen und die Bestände sind nicht lückig. In aller Regel nehmen sie größere Flächen (>> 10 m breit) ein. Die entsprechenden Böden weisen mittlere oder geringe Stickstoffgehalte auf.

Im Gegensatz dazu gehören Pflanzengesellschaften mit sehr geringer Artendichte vor allem zu den Wasserpflanzen-, Spülsaum-, Weißdünen- und Salzrasengesellschaften. Viele dieser artenarmen Pflanzengesellschaften gehören der Gewässervegetation an bzw. werden episodisch oder unregelmäßig überflutet oder sie weisen eine mittlere Feuchte in Kombination mit einem relativ hohen Stickstoffgehalt auf.

Viele der in den Kulturlandschaften lebenden Tiere und Pflanzen sind sehr gut an die vom nutzenden Menschen vorgegebenen Umweltparameter bzw. Prozesse angepasst, wissen diese auszunutzen oder zu umgehen; die meisten leben auch oder ausschließlich außerhalb der Schutzgebiete. So sind z.B. die meisten Bestände der bundesweit gefährdeten und in Norddeutschland extrem seltenen Flechtenart *Thelomma ocellatum* im nördlichen Flachland auf Weidepfählen zu finden. Sie besiedelt hier vor allem das rauhe Stirnholz von Eichenpflöcken *(Quercus robur)*, die ein gewisses Alter – als Grenzpflock einer Viehweide – erreicht haben müssen, ein höheres nicht überschritten haben dürfen, und sie bleibt auf Gebiete beschränkt, die nicht stark luftbelastet sind. Das Fehlen natürlichen Totholzes hat sie auf diese Weise zumindest partiell umgangen und damit das Fortbestehen der Art gesichert. Besonders problematisch ist für diese Sippe aber der zunehmende Einsatz von flexiblen Zäunen aus anderen Materialien.

Auch heute noch etablieren sich regelmäßig Tiere und Pflanzen in der Kulturlandschaft, die aus z.T. fernen Gebieten der Erde stammen; auch Neophyten und Neozoen führen zahlenmäßig zu einer Bereicherung von Floren und Faunen der gemäßigten Zonen. Der Prozess der Wiederbesiedelung nach der Eiszeit darf noch nicht als abgeschlossen gelten und rein rechnerisch gibt es heutzutage so viele Tier- und Pflanzenarten in den Kulturlandschaften der gemäßigten Zone wie niemals zuvor; und dabei sind die vielen Zier- und Nutzpflanzen ohne Verwilderungstendenz, die exotischen Tiere in den Käfigen und Badewannen noch nicht einmal berücksichtigt. Was also ist das bedrohliche Moment, das uns durch Rote Listen, zahllose Landschaftsbeschreibungen, Bücher und Zeitschriften zu Natur und Umwelt, Umweltverträglichkeitsprüfungen u.a. suggeriert wird?

Diese Frage ist nicht skalenunabhängig zu beantworten. Sie betrifft bestimmte Tier- und Pflanzenarten, Biotoptypen, Ökosysteme, Landschaftsausschnitte, Landschaften, Regionen.

TREPL (1987: 37) schreibt: „Wenn wir uns eine zahlenmäßige Vorstellung von der Verarmung der Landschaft machen wollen, dürfen wir nicht nur nach dem völlig Verschwundenen fragen. Eine Art, die früher an tausend Orten vorkam und heute nur noch an einem, taucht in der Liste der ausgestorbenen nicht auf. Aber 999 Orte sind um diese Art ärmer geworden."

Viele Tier- und Pflanzenarten kommen nur noch inselhaft in viel zu kleinen, nicht überlebensfähigen Metapopulationen vor. So gibt beispielsweise die Bilanz der Roten Liste der Säugetiere (Mammalia; BOYE & al. 1998: 36) noch keinen Anlass zur Entwarnung: Im 20. Jahrhundert sind die Bestände von sieben Säugetierarten in Deutschland erloschen. Während die Populationen von Wolf *(Canis lupus)* und Elch *(Alces alces)* allerdings überregional nicht bedroht zu sein scheinen, bestehen nur bei größten Naturschutzanstrengungen Chancen, die beiden vom Aussterben bedrohten Hufeisennasen *(Rhinolophus ferrumequinum* und *Rh. hipposideros)* und die Wimperfledermaus *(Myotis emarginatus)* zu erhalten. Für die endemische Bayerische Kleinwühlmaus *(Microtus bavaricus)* und die Alpenspitzmauspopulation im Harz *(Sorex alpinus hercynicus)* wird die Hoffnung noch nicht aufgegeben, dass sie einmal wiedergefunden werden. Besondere Verantwortung hat Deutschland auch für die Erhaltung des Großen Mausohrs *(Myotis myotis)* und der Bechsteinfledermaus *(Myotis bechsteini),* weil diese Arten ihre Hauptvorkommen in Deutschland haben. Ihre Verbreitungsgebiete reichen nur wenig über Mitteleuropa hinaus. Die Wildkatze *(Felis sylvestris),* die in Deutschland insgesamt als stark gefährdet eingeschätzt wird, ist in Rheinland-Pfalz dagegen mit einer so starken Population vertreten, dass sie für die Erhaltung der Art in Mitteleuropa als Quelle der Ausbreitung von Bedeutung ist. Die hier zitierte Rote Liste ist nur eine von sehr vielen. Die Bestandessituation anderer Tier- und Pflanzengruppen wird zumeist nicht günstiger bilanziert.

Fotos – Nr. 52, 53 (links): Der Mensch hat durch die Öffnung der Landschaft in Mitteleuropa und durch die damit verbundene Bebauung die Habitatvielfalt an vielen Orten erhöht. Eine ganze Reihe von Tier- und Pflanzenarten konnte sich entsprechend einnischen (die Fotos zeigen eine Birnenallee im Mittelelbe-Gebiet sowie eine traditionell ast- und kopfgeschneitelte Baumreihe in der Bretagne).

Alte Solitärbäume, knorrige, verbogene Kopfweiden, Alleen, vielfach zurechtgestutzt, auch vom Menschen gepflanzte Gebüsche führten in der naturwissenschaftlichen Literatur lange Zeit ein Schattendasein. Dies hat sich nicht zuletzt durch auffällige Häufungen bedrohter Arten an und auf den entsprechenden Gehölzen seit den 1970er Jahren geändert. Inzwischen gibt es eine Reihe von Arbeiten, die sich schwerpunktmäßig mit Solitärgehölzen beschäftigen (z.B: BRAUN & KONOLT 1998, STAUDT 1991, HOBOHM 1998). Auch Untersuchungsergebnisse aus dem tschechischen Raum, von der mecklenburgisch-vorpommerschen Ostseeküste bzw. aus dem Rheintal beleuchten diesen Aspekt des Wechselspieles von Natur und Kultur (SZYPULA-GADOR 1968: 105 ff., ALLEJN 1975, CARRIERE & VAN DER WERF 1977: 4 ff., 1978: 500 ff., STADT UNNA 1991: 23 ff., STILLGER 1978, STÜBS 1992: 59 ff.). SCHWABE & KRATOCHWIL (1987) untersuchten Weidbuchen im Schwarzwald, LANGENSIEPEN & OTTE (1994: 169 ff.) hofnahe Obstgärten in Süddeutschland. Durch diese und entsprechende Arbeiten wird die Bedeutung von Bäumen und anderen von Menschenhand geschaffenen habitatreichen Strukturen in der offenen Landschaft für die biologische Diversität im kleinräumigen und überregionalen Maßstab herausgestellt.

Für sehr viele Probleme der Arterhaltung in den Kulturlandschaften Mitteleuropas wird die Landwirtschaft verantwortlich gemacht. Diese Verantwortung ergibt sich bereits aufgrund der großen, von der Landwirtschaft genutzten Flächenanteile. Es sind aber durchaus auch andere, nicht-landwirtschaftliche Prozesse zu nennen, die für verschiedene Arten und Biotope existenziell bedrohlich geworden sind. Summa summarum sind es wohl die folgenden Prozesse, die vielfach in Kombination existenzielle Probleme für Populationen, Arten und Biotope in der Kulturlandschaft verursachen:

- Monotonisierung durch Zusammenlegung von Schlägen (Flurbereinigung)
- Direkte Vernichtung von Biotopen durch Bau- bzw. Intensivierungsmaßnahmen, Ausbau des Verkehrswege-Netzes, Zersiedelun der Landschaft, Zerschneidung von Biotopen und Landschaften
- Eutrophierung durch Einsatz von Mineraldüngern, Vergrößerung des Viehbesatzes, Verbrennungsprozesse
- Flächenmäßige Reduktion von Erosion und Sedimentation, Vernichtung von Prall- und Gleithängen der Flüsse durch Gewässerbau, Aufgabe von Bergbau, Tagebaumaßnahmen, stattdessen sofortige Rekultivierungsmaßnahmen
- Unsachgemäßes Aufräumen und Sortieren; Vernichtung von Steinriegeln, „unordentlich" aussehenden Übergängen, Verbauen von nicht genutzten Hohlräumen in Dächern etc.

Sowohl in der Forstwirtschaft als auch im Ackerbau sind inzwischen vielfach positive Tendenzen zu beobachten, da die entsprechende Nutzung auf immer größeren Flächen mit dem Anspruch der Nachhaltigkeit durchgeführt wird. Bannwälder werden eingerichtet, Kahlschläge finden nicht mehr so oft statt, Totholz wird stärker akzeptiert als noch vor wenigen Jahrzehnten, die alternative Landwirtschaft weitet sich aus. Allein in der Grünlandwirtschaft scheint die Talsohle noch nicht durchschritten zu sein. Letzte Reste von Magerwiesen, Flachmooren, Halb- und Sandtrockenrasen verbleiben als traurige Habitatinseln im vielfach mit Gülle oder Mineraldünger versehenen, artenarmen, drainierten Grünland, welches häufig sogar aus Ackerland hervorgegangen ist, wenn sie nicht durch Umbruch oder Brachlegung vernichtet werden.

Fotos – Nr. 54, 55 (links): Die wilde Tulpe (*Tulipa sylvestris*, hier bei Rouffach im Elsass) ist im Weinanbaugebiet der Vorberge im Oberrheintal als Zwiebelgewächs in den Rhythmus ganz bestimmter Bodenbearbeitungsmethoden eingenischt. Eine Nutzungsänderung oder Nutzungsaufgabe würde hier den Verlust der Populationen bedeuten (vgl. auch WILMANNS 1998).
Die Kornrade (*Agrostemma githago*, das Bild wurde in der Serra da Estrela, Portugal, aufgenommen) gehört in Mitteleuropa zu den stark vom Aussterben bedrohten, ehemals von Landwirten ungeliebten Kräutern (Unkräutern) der Getreidefelder. Moderne Saatgutreinigung hat in sehr vielen Gebieten inzwischen dazu geführt, dass die einst in den Rhythmus der ackerbaulichen Nutzung so hervorragend eingenischte Art nicht mehr vorkommt.

5.5 Mediterraneis und mediterranoide Gebiete

Die fünf Teilgebiete der Subtropen mit mediterranem Klima liegen auf beiden Hemisphären der Erde zwischen etwa 30 und 40° Breite. Der Mittelmeerraum ist das größte der voneinander isolierten Vorkommen dieser insgesamt relativ kleinen Ökozone. Die übrigen mediterranoiden Gebiete liegen im Süden Australiens, im äußersten Süden Afrikas, in Mittelchile und in Kalifornien. Nach WALTER (1990: 180) gehören der Mediterranraum und die übrigen mediterranoiden Gebiete der Erde zum **„Zonobiom der Winterregengebiete** mit arido-humidem Klima und Hartlaubgehölzen". Im Winter regnet es und im Sommer ist es trocken und warm. Die sommerliche Trockenphase dauert üblicherweise mehrere (3–10) Monate an. In dieser Zeit steigen die mittleren Temperaturen durch die Nähe zum Äquator auf über 18 °C, die Tageshöchsttemperaturen gelegentlich auch auf über 40 °C an, bedingt durch die Nähe der meisten Gebiete zum Meer in aller Regel aber auch nicht viel höher.

Die Niederschläge liegen zwischen (150–) 300 und 800 (–2500) mm. Für eine Dauer von zwei Monaten oder mehr ist der Niederschlag durchschnittlich höher als die Verdunstung.

Gebiete mit mediterranem Klima werden bisweilen auch mit anderem Namen umschrieben: als winterfeuchte Subtropen, mediterrane Subtropen, sommertrockene Subtropen oder **Etesienklimate**.

Der geologische Untergrund Südafrikas und Südaustraliens ist sehr alt; bei den entsprechenden Gesteinen handelt es sich vielfach um paläozoische bzw. präkambrische Plutonite und Metamorphite. Die Landschaften des Mediterranraumes, Kaliforniens und Chiles repräsentieren dagegen vielfach recht junge Gebirgsbildungen des Tertiärs und des Quartärs. Die unterschiedliche geologische Geschichte führt zu sehr unterschiedlichen Bodengesellschaften, auch zu Unterschieden in den großflächig verbreiteten pH-Werten, Stickstoff- und Phosphorgehalten der Böden. Südafrika und Südaustralien repräsentieren tendenziell jeweils die niedrigsten Werte. Mesozoische Kalkgesteine und kalkreiche Sedimente sind im Mediterranraum vergleichsweise großflächig verbreitet (vgl. HOBBS & al. 1995: 12 ff.).

Viele der Gehölzpflanzen – Sträucher und Bäume – gehören zu den **sclerophyllen** Arten (scleros = hart, phyllon = Blatt), zu den Pflanzen mit harten Blättern, die im Winter nicht abgeworfen werden.

Der scleromorphe Charakter der Blätter entsteht durch eine vermehrte Ausbildung von Festigungsgeweben und Festigungselementen. Solche Blätter haben stets eine dicke **Cuticula** (wachsartiger Überzug der äußeren Zellschicht), die besonders für Wasser sehr undurchlässig ist (STEUBING & SCHWANTES 1992: 305 f.).

Hartlaubgewächse haben die Fähigkeit, monatelang Dürrezeiten zu überdauern, ohne Blattverluste zu erleiden. Sie sind im Mediterranraum in den verschiedensten Vegetationseinheiten zu finden, treten in der Dominanz allerdings überall dort zurück, wo die klimatischen oder edaphischen Verhältnisse laubabwerfenden, malakophyllen Arten (mit weichen Blättern) einen ökologischen Vorteil bieten. Dies ist in höheren Berglagen oder Gebirgsregionen, an schattigen Nordhängen und in den Flussauen der Fall.

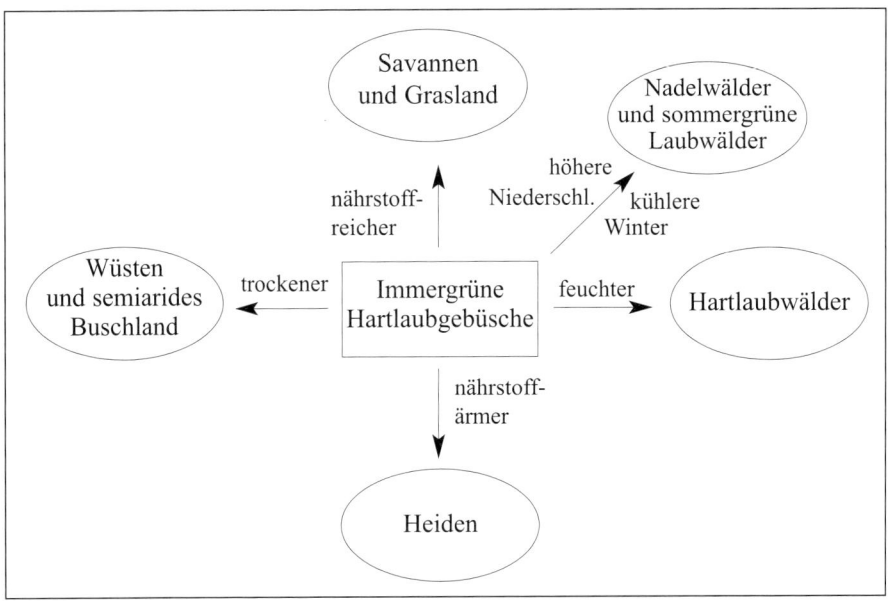

Abb. – Nr. 56: Ökologische Charakterisierung einiger Pflanzenformationen in mediterranoiden und angrenzenden Gebieten unter Berücksichtigung von Temperatur, Feuchte und Nährstoffen (nach DI CASTRI 1981 in RUNDEL 1998: 4; verändert); die Verteilung der Gesellschaften wird allerdings zusätzlich durch land- und forstwirtschaftliche Nutzung und weitere ökologisch relevante Parameter bestimmt. Da diese wiederum mit einigen der hier dargestellten Parameter wechselwirken, ist die konkrete Verteilung von Vegetationseinheiten bisweilen nicht leicht zu erklären.

In den Blättern der Hartlaubgewächse lassen die starren Zellwände bei Wasserstress im Sommer kein Schrumpfen des Zellraumes zu. Die Spaltöffnungsdichte ist zumeist sehr hoch (400–500 pro mm^2 Blattfläche). Bei erschwerter Wasseraufnahme kann die Transpiration durch Spaltenschluss – in Verbindung mit einer extrem geringen cuticulären Transpiration – sehr stark eingeschränkt werden. Ändern sich die Verhältnisse durch eine bessere Wasserzufuhr, so können Hartlaubgewächse sofort reagieren und reichlich transpirieren, indem sie nur die Spalten öffnen.

Die Urwälder des Mediterranraumes sind vernichtet. Nur kleinste Flächen repräsentieren – genau wie in der temperaten Zone Mitteleuropas – alte, wenig beeinflusste Wälder. Die meisten Wälder sind Forsten, in denen Exoten wie *Eucalyptus globulus* aus Australien, einheimische oder fremde Kiefern *(Pinus* div. spec.), verschiedene Eichenarten *(Quercus* div. spec.), Esskastanien *(Castanea sativa)* u.a.. kultiviert werden oder auch spontan wachsen.

Zu den typischen Vegetationseinheiten des Mediterranraumes gehören Gebüschgesellschaften, die **Macchien**, die maximal wenige Meter hoch werden können; entsprechende Formationen heißen in Kalifornien **Chaparral**, in Chile

Matorral und im Kapland **Fynbos** (niederländisch, wörtlich übersetzt „Heidewald"). Viele Hartlaubgewächse sind in den Macchien zu finden. Die **Garrigue** ist ein kaum jemals meterhohes Buschland, das zumeist beweidet wird; in Spanien werden entsprechende Vegetationseinheiten unter dem Begriff **Tomillares** subsummiert, in Griechenland als **Phrygana** bezeichnet. In den offenen Formationen herrschen Therophyten, Geophyten, Hemikryptophyten, niedrige Sträucher und Zwergsträucher, die sehr dornig sein können und dann **Dornpolsterformationen (Igelpolsterformationen)** bilden.

Die Biomasse mediterraner Hartlaubgesellschaften variiert je nach Alter, Wuchshöhe und Intensität der Nutzung beträchtlich. Sie reicht von 10 t/ha bei Degradationsstadien bis zu mehr als 300 t/ha in den immergrünen Eichenwäldern. Die Nettoproduktion liegt in aller Regel zwischen 2 und 10 t/ha x a. Bei einem Vergleich dieser Werte mit entsprechenden Daten aus dem boreal-arktischen Raum zeigt sich, dass diese bisweilen in derselben Größenordnung liegen. So wurden beispielsweise die Biomassevorräte eines immergrünen Eichenwaldes in Frankreich mit 300–350 t/ha ermittelt. Ganz ähnliche Biomassen wurden in borealen Nadelwäldern Skandinaviens festgestellt. Auch die Primärproduktion ist ähnlich hoch (6-10 t/ha x a). Biomassen und Primärproduktion von einer Phrygana (Griechenland) und einer Zwergstrauchtundra in Skandinavien sind ebenfalls vergleichbar (nach Angaben in LERCH 1991: 398, 419 ff., 454 ff.).

Die meisten mediterranen gehören ebenso wie die boreal-arktischen Gebiete zu den weniger produktiven Regionen der Erde, die sich durch eine kurze Vegetationsperiode auszeichnen. Beide Räume unterscheiden sich aber deutlich in Bezug auf ihre Vielfalt an Habitaten, Landschaften, Biotopen und Arten. Eine einfache Korrelation zwischen Produktivität oder Biomasse und Vielfalt lässt sich damit ausschließen.

Viele Wälder und Gehölze, Ginstergebüsche und trockene Weiden können sich im Sommer sehr leicht entzünden. Der mit dem Feuer spielende Mensch und Blitzschläge sind wohl die häufigste Ursache für Brände in allen mediterranen Gegenden. Die Entzündungsgefahr wird noch dadurch verstärkt, dass viele Pflanzen Harze und **ätherische Öle** produzieren.

Wenn sich in einem Ökosystem oberirdisch totes organisches Material ansammelt, weil bei großer Trockenheit der Abbau durch Destruenten gehemmt ist, so kann ein Feuer die Mineralisierung in kürzester Zeit bewirken und damit die Produktivität entscheidend verbessern. Im Mediterranraum sind viele Pflanzen **Pyrophyten**. Diese zeichnen sich dadurch aus, dass sie direkt oder indirekt durch Feuer gefördert werden. Ob allerdings die Produktion ätherischer Öle und Harze auch die Funktion hat, das Feuer zu fördern, ist zunächst eine offene Frage. Auffällig ist der Reichtum von Harzen in Kiefern *(Pinus* div. spec.) und Kiefernwäldern, die großflächig und regelmäßig in den borealen Gegenden und im Mediterranraum brennen – einige Arten können ihre Zapfen erst nach einem Feuer öffnen. Die vielen *Eucalyptus*-Arten und Wälder Australiens brennen oft und die Blätter vieler Arten sind reich an ätherischen Ölen. Der wunderbare Duft im Mediterranraum stammt von Pflanzen der Gattungen

Lavendel *(Lavandula)*, Salbei *(Salvia)*, Thymian *(Thymus)*, Oregano *(Origanum)*, Zistrose *(Cistus)* u.v.a.m. aus Offenlandschaften, die häufig brennen. Diese Inhaltsstoffe dienen kaum dem Fraßschutz, wie verschiedentlich gemutmaßt wurde; denn dafür sind sie nicht giftig genug und viele Pflanzen, die reich an ätherischen Ölen sind, gehören zu der von Weidegängern und Insekten bevorzugten Nahrung. Auch Menschen schätzen den durch diese Stoffgruppe bedingten Geschmack und Geruch vieler Gewürze und Teepflanzen. Eine ganze Reihe dieser vielfach weitergezüchteten und kultivierten Pflanzen stammt aus dem Mediterranraum. Allein eine gewisse bakteriostatische und fungizide Wirkung bestimmter ätherischer Öle konnte im Labor nachgewiesen werden (HEß 1981: 134). Durch diese Wirkung sind einige Pflanzen als Heilpflanzen interessant geworden. Es bleibt die Frage, ob diesem Effekt in der Natur eine bedeutende Rolle zukommt.

Ätherische Öle sind sehr leicht flüchtig, wenn die Pflanze sie denn entweichen lässt, brennbar, mehr oder weniger wasserabweisend (hydrophob), häufig riechbar (charakteristischer Geruch) und liegen meist in Gemischen von einigen 100 Verbindungen vor.

Durch den Dampf von ätherischen Ölen wird die Oberflächenspannung des Wassers herabgesetzt. Dieser Effekt spielt interessanterweise erst oberhalb von 15–18 °C eine nennenswerte Rolle. Bei den Gattungen *Syringa* und *Cytisus* konnte eine Verringerung des Transpirationsverlustes durch Dämpfe ätherischer Öle vom Wermut *(Artemisia absinthium)* erreicht werden. Darüber hinaus wird bei der Chemosynthese dieser Stoffe Wasser zurückgewonnen. Die Produktion ätherischer Öle dient auch der Anlockung von Insekten, wie für Orchideen des Regenwaldes *(Catasetum* spec., *Stanhopea* spec.) nachgewiesen werden konnte. Allerdings darf die Funktion der Anlockung für solche (mediterranen) Pflanzen bestritten werden, die diese in den Blättern und Stängeln produzieren, nicht dagegen in den Blüten (vgl. FROHNE & JENSEN 1985: 322, hier auch Nennung weiterer Literatur, HEß 1981: 133 ff., HEß 1983: 151 ff., 164 ff.).

Alle Gebiete mit mediterranem Klima gehören zu den sehr artenreichen Räumen der Erde. Die Flora des Mediterranraumes umfasst ca. 25.000 Arten von Blütenpflanzen und Farnen. Diese Zahl ist sehr hoch im Vergleich zu den 6000 Arten des nicht-mediterranen Europa. 4 von 5 endemischen Pflanzenarten in Europa sind mediterrane Arten. Von den etwa 419 in Europa brütenden Vogelarten brüten 345 auch oder ausschließlich im Mediterranraum. Von den 184 Säugetierarten der Mediterraneis sind etwa 25 % endemisch. Es gibt 179 Reptilienarten und 62 Amphibien mit 62 bzw. 56 % Endemiten (vgl. BLONDEL & ARONSON 1995: 49 ff.).

Die Kapregion erreicht sogar eine den tropischen Regenwäldern vergleichbare Pflanzenartenvielfalt (vgl. MEDAIL & QUEZEL 1997, BARTHLOTT & al. 1996: Karte der globalen Biodiversität der Gefäßpflanzen, SCHROEDER 1998: 231 ff., WESTHOFF 1996: 36). Eine einfache Erklärung für dieses Phänomen wurde noch nicht gefunden und wahrscheinlich gibt es diese auch nicht. Aber es lassen sich doch einige gute Argumente zusammenfassen.

Keines der Gebiete war durch die Eiszeiten direkt betroffen und durch Temperaturänderungen ausgelöste Wanderungsbewegungen konnten in allen medi-

Anis *(Pimpinella anisum*, Apiaceae), östl. Mittelmeergebiet: Anethol, Isoanethol, Anisaldehyd + weitere ätherische Öle

Basilikum *(Ocimum basilicum*, Lamiaceae), Vorderindien: Methylchavicol + weitere äth. Öle

Boretsch *(Borago officinalis*, Boraginaceae), Südosteuropa: noch unbek. äth. Öle

Cummin = Schwarzkümmel *(Nigella sativa*, Ranunculaceae), Südosteur. bis Indien: div. äth. Öle + Nigellin (Bitterstoff)

Dill *(Anethum graveolens*, Apiaceae), Südeuropa: d-Carvol + div. andere äth. Öle

Gartenfenchel *(Foeniculum vulgare*, Apiaceae), Südeuropa bis Westasien: Anethol, Fenchon + weitere äth. Öle

Kapern *(Capparis spinosa*, Capparaceae), Mediterranraum: Senföle + Senfölderivate

Kreuzkümmel = Cumin *(Cuminum cyminum*, Apiaceae), Mediterranraum: Cuminalkohol, Cuminaldehyd

Kümmel *(Carum carvi*, Apiaceae), Europa: äth. Öle

Lavendel *(Lavandula angustifolia*, Lamiaceae), Mediterranraum: div. äth. Öle

Liebstöckel *(Levisticum officinale*, Apiaceae), Iran/Afghanistan: div. äth. Öle

Lorbeer *(Laurus nobilis*, Lauraceae), Medit.-Atl. Region bis Südirland: Cineol + div. weitere äth. Öle

Majoran *(Origanum majorana*, Lamiaceae), Östl. Mittelmeergeb.: div. äth. Öle

Perlzwiebeln *(Allium porrum* var. *sectivum*, Liliaceae), Mediterranr.: Alliin + Derivate (schwefel- und stickstoffhaltige aliphatische Verbindungen)

Petersilie *(Petroselinum crispum*, Apiaceae), Südeuropa: Apiol, weitere äth. Öle + Myristicin

Rosmarin *(Rosmarinus officinalis*, Lamiaceae), Südeuropa: Pinen, Campher, Borneol, Cineol + div. weitere äth. Öle

Salbei *(Salvia officinalis*, Lamiaceae), Dalmatien: Thujon, Cineol, Linalool + div. andere äth. Öle

Thymian *(Thymus vulgaris*, Lamiaceae), westl. Mediterranraum: Thymol + div. andere äth. Öle

Ysop *(Hyssopus officinalis*, Lamiaceae), Kleinasien: ätherische Öle.

Box – Nr. 57: Auswahl von Gewürz- und Teepflanzen aus dem Mediterranraum mit Angabe einiger Inhaltsstoffe (nach FROHNE & JENSEN 1985 und FRANKE 1992). Viele der mediterranen Pflanzen, die als Kulturpflanzen genutzt und weitergezüchtet werden, sind aufgrund ihrer ätherischen Öle geschätzte Bestandteile unserer Nahrung. Einige werden auch als Heilpflanzen verwendet.

Fotos – Nr. 58, 59 (rechts): Der Mediterranraum ist sehr vielgestalt. Der geologische Untergrund repräsentiert die verschiedensten geologischen Epochen; saure und basische Fest- und Lockergesteine wechseln sich ab, die kleinklimatischen Unterschiede sind groß.
Der Sandstein von Les Ocres bei Roussillon in Südfrankreich ist durch verschiedene Eisenverbindungen bunt gefärbt. Zwischen den Felsen wachen Kiefern *(Pinus* div. spec.).
Ackerbau findet zum Teil auf Terrassen statt (auf dem Foto mit Gerste, *Hordeum sativum*, und Mohn, *Papaver rhoeas* in den südlichen Pyrenäen, Nordspanien).

terranen und mediterranoiden Gebieten aufgrund einer reichen geomorphologischen Gliederung der Landschaften in der näheren Umgebung stattfinden. Der Meeresspiegel war während der Eiszeiten global bis zu 100 m abgesenkt. Durch diesen Effekt stand zusätzliches Ausbreitungsgebiet zur Verfügung. Alle Räume dieses Klimatyps liegen sehr nah am Meer. Temperaturänderungen, die das Großklima betreffen, werden meeresnah durch die Wärmekapazität des Wassers abgepuffert.

Der Wechsel von niederschlags- und wolkenreichen Phasen im Winter (nach Einwanderung der winterlichen Tiefs aus Gebieten höherer Breite) und Trockenheit und Sonnenschein im Sommer (Einfluss der Hochs nach Einwanderung aus Gebieten geringerer Breite) ist ein ausgesprochen stabiler. Die Phasen der Sommertrockenheit bzw. die Phasen mit Regen können in der Länge und Intensität variieren. Dass sie sich regelmäßig ablösen, ist dagegen eine sehr sichere Angelegenheit. Als wichtigen Grund für den extremen Artenreichtum der Kapregion betrachtet WESTHOFF (1996: 37) vor allem das durch zwei Meeresströmungen stabilisierte Klima: „Am Kap der guten Hoffnung begegnen sich zwei entgegengesetzte Umwelten: Im Westen die Benguela-Strömung, die von der Antarctis nach Norden fließt und die die Namib-Wüste bedingt, und im Osten die warme Agulhas-Strömung, die aus den Tropen nach dem Süden fließt und die tropischen Mangroven an der Küste Natals ermöglicht. Beeftink (1965) hat zuerst darauf hingewiesen, daß derartige uralte und stabile grossräumige Divergenzen oder auch Diskordanzen, bisweilen mit einer relativ reichen Flora verbunden ist."

Feuer können auf der einzelnen konkreten Fläche kurz nacheinander stattfinden oder auch über Jahrhunderte fernbleiben. Dagegen ist für große Räume sicher, dass sie jedes Jahr auftreten. Ein bestimmter Prozentsatz der mediterranen Flächen wird in jedem Jahr brennen. Für das Nebeneinander von verschiedenen Vegetationseinheiten und deren Sukzessionen bedeutet das Feuer so etwas wie einen Motor fremdbestimmter Mosaikzyklen und damit eine Bereicherung der Habitatdiversität en minature.

Fotos – Nr. 60, 61 (rechts): Die Camargue ist ein ausgedehntes Dünen- und Salzwiesengebiet im Süden von Frankreich (hier mit Flamingos, *Phoenicopterus ruber*, und Pferden, *Equus caballus*).
Barlia robertiana ist eine circummediterrane Orchideenart lichter Wälder, Macchien und Garriguen (hier wächst sie im Luberon-Gebirge, Südfrankreich).

5.6   Wüsten

„Die Sahara", schrieb E.-F. GAUTIER in einem Brief vom 15. Februar 1925, „ist eine echte Wüste, die American Desert ist eine Steppe, die sind nicht vergleichbar . . ." (MONOD & DUROU 1992: 27). Genau wie der englische und französische Begriff desert ist der deutsche Ausdruck Wüste sehr unscharf. Nach LERCH (1991: 465) nehmen die Wüsten und Halbwüsten zusammen 22 % der Festlandsfläche ein, nach MONOD & DUROU (1992: 12) sind 31 % „mehr oder weniger als Wüste zu bezeichnen."

Um weit verbreiteten Missverständnissen und Vorurteilen, die sich auch von biologischer Seite mit dem Begriff der Wüste verbinden, vorzubeugen, wird dieser hier auf vollaride Gebiete mit weniger als 150 mm Jahresniederschlag begrenzt (vgl. MONOD & DUROU 1992: 41 ff., MÜLLER 1981: 417 ff.). Dies hat den Vorteil der Klarheit und leichten Beurteilbarkeit, aber auch den Nachteil, dass einige Gebiete, die den Namen Wüste tragen, nach dieser Definition bestenfalls noch als Halbwüsten, Steppen o.ä. aufzufassen sind. Große Bereiche der Australischen Wüste zeichnen sich beispielsweise durch Niederschläge von mehr als 150 mm und Halbwüstencharakter aus. Spinifex-Halbwüsten, einzelne Akazien und lockerer Kasuarinenbusch prägen dort die Landschaft.

Die folgenden Wüstenzonen der Erde beinhalten einen oder mehrere extrem niederschlagsarme Bereiche mit weniger als 150 mm Niederschlag im Jahr (vgl. MÜLLER 1996).

Nordpolarregion
1. Boreal-arktische Polarwüsten der Nordhalbkugel (z.B. Teile von Alaska, von Kanada, der NE Grönlands, russische Inseln im Polarmeer, nördliches Sibirien); kalt

Afrika, W- und Zentralasien
2. Sahara; heiß
3. Arabische Wüste (inkl. Afar-Somali-Wüste, Rub al Khali und Nafud); heiß
4. Iranisch-Indische Wüstenzone (inkl. Thar); heiß
5. Zentralasiatische Wüsten (inkl. Takla Makan, Gobi, Tibetanisches Hochland); winterkalt
6. Namib; heiß

Nordamerika
7. Great Basin, Mojave, Sonora, Chihuahua, heiß

Südamerika
8. Peruanisch-chilenische Küstenwüste (inkl. Atacama); winterkalt

Australien
9. Simpson Desert, heiß

Antarktis
10. Polarwüste der Antarktis; kalt

Über die hier aufgelisteten Wüstengegenden der Erde hinaus gibt es noch eine Reihe kleinerer vollarider Gebiete, so z.B. auf der Iberischen Halbinsel die Region bei Cabo de Gata mit etwa 120 mm Niederschlag oder die Gegend um San Juan im nordwestlichen Argentinien mit etwa 90 mm Niederschlag pro Jahr.

Es gibt kein Leben ohne Wasser; extreme Trockenheit über lange Zeiträume ist ein das Leben in der Wüste beherrschender Faktor. Ein zweiter Faktor ist ebenfalls sehr bedeutsam: die Temperatur, genauer gesagt, hohe Temperaturen. Denn Proteine und andere organische Verbindungen werden oberhalb bestimmter Temperaturen zerstört oder geschädigt. Einige Tiere und Pflanzen sorgen für Abkühlung durch Transpiration; doppelt problematisch wird es dann, wenn das Wasser knapp wird. Beiden Problemen – der Wasserknappheit und Überhitzung – begegnen sowohl Pflanzen als auch Tiere in der Wüste im wesentlichen durch Fernbleiben. Dies ist der Grund, warum echte Wüsten großflächig vegetationsfrei – wüst – sind und auch Tiere nur in geringer Arten- und Individuenzahl vorkommen.

Wer sind denn nun die echten „Deserteure" und was zeichnet sie aus? Diese Frage lässt sich nicht mit einem Satz beantworten und die durch entsprechende Filme immer wieder genährte Vorstellung, dass in der Wüste Kakteen oder andere Sukkulente verbreitet sind, dass sich die Wüste kurz nach einem Regenschauer in ein Meer von Blüten verwandelt, dass Beduinen mit ihren Kamelen über von Palmen gesäumte Dünen ziehen, hat mit der Realität in einer echten Wüste zumeist nicht sehr viel zu tun.

Die beiden äußerlich hervorstechendsten strukturellen Merkmale der meisten Wüstenpflanzen sind eine stark reduzierte transpirierende Oberfläche und ein ausgedehntes Wurzelwerk. Steigt unter Wasserstress in den oberirdischen Pflanzengeweben die Zellsaftkonzentration ein wenig an, so wird das Sprosswachstum in aller Regel durch Hormonfluss stärker gehemmt als das Wurzelwachstum, welches z.T. anfangs sogar gefördert wird.

Da Wüstenpflanzen innerhalb der Wüste generell die mit Wasser überdurchschnittlich gut versorgten Böden und Felsspalten besiedeln, ist die individuelle Wasserversorgung meist wesentlich besser als man beim Anblick der Landschaft anzunehmen geneigt ist. Wird der Wasserverbrauch von Pflanzen nicht auf die Bodenoberfläche bezogen, sondern auf die transpirierende Pflanzenoberfläche, so ergeben sich keine signifikanten Unterschiede zur Vegetation in humiden Klimaten. Auch die Zellsaftkonzentration ist in aller Regel nicht wesentlich erhöht. Eine Ausnahme von dieser Regel stellen Halophyten dar, die aber in den Wüsten der Erde kaum großflächig in Erscheinung treten, da sie an Böden mit stark elektrolythaltigem Wasser gebunden sind. Viel häufiger sind sie in den eurasiatischen Salzsteppen und an den Küsten zu finden.

Es sind vor allem Gehölze und Stauden (mehrjährige, unverholzte Pflanzen), letztere auch mit allen Übergängen zu den Geophyten, die das Bild beherrschen. Therophyten und sukkulente Arten haben einen ihrer Verbreitungsschwerpunkte eher in Halbwüsten und anderen Gebieten, die sich zwar durch kleine Niederschlagsmengen, aber durch regelmäßige, alljährlich stattfindende Niederschlagsereignisse auszeichnen. Einjährige Arten und vor allem CAM-Mechanismus betreibende Sukkulente sind in den hyperariden Kernzonen der Wüsten nur sehr untergeordnet vertreten, wenn sie nicht sogar ganz ausbleiben.

Die meisten Wüstenpflanzen gehören zu den C_3- und C_4-Pflanzen. Dabei sind die C_3-Pflanzen in ihrer Nettophotosytheseleistung den C_4-Arten durchaus ebenbürtig; ihre Transpirationsverluste sind allerdings aufgrund der größeren stomatären Leitfähigkeit meist deutlich größer. Dass C_3-Pflanzen trotz dieser „unökonomischen" Art und Weise des Wasserverbrauches sogar in hyperariden Wüstengebieten in nennenswerter Zahl vorkommen, zeigt einmal mehr, dass die Wasserversorgung auch hier kleinräumig sehr günstig sein kann (LERCH 1991: 465 ff.). Die Biomassen sind üblicherweise gering (mit Werten, die zumeist unter 20 Tonnen pro Hektar liegen). Die Primärproduktivität kann dagegen vergleichsweise hohe Werte annehmen (bis zu 10 Tonnen pro Hektar und Jahr). Die Erneuerungsrate (Produktivität durch Biomasse) kann daher Werte von bis zu 44 % pro Jahr annehmen; d.h. bis zu 44 % der Biomasse wird pro Jahr im Durchschnitt netto produziert und auch wieder abgebaut (nach Angaben in LERCH 1991: 398).

Wüsten sind arten- und individuenarme Gebiete und ihre Nahrungsnetze sind i.d.R. recht übersichtlich geknüpft. Ein Teil des pflanzlichen Materials wird von Insekten, Allesfressern oder z.B. auch von sich rein pflanzlich ernährenden Säugern gefressen. Eidechsen und Vögel, z.T. auch Nagetiere vertilgen einen Teil der Insekten. Wüstenfuchs, Schakale, Schlangen, aber auch Greifvögel leben wiederum – zumindest in der Sahara – von kleinen Beutetieren oder sie fressen sich gegenseitig auf.

In der Sahara gibt es Gebiete, in denen auf mehreren 100 Quadratkilometern keine einzige Pflanze existiert. Wenn man hier dennoch Käfer, Schlangen oder sogar Greifvögel beobachten kann, dann ist anzunehmen, dass diese Tiere von einer Nahrung leben, die von außen in das System hereingebracht, hereingeweht wird, oder selbst hineinfliegt – Insekten und kleine Vögel etwa –, die dann hier verenden und als Aas zur Verfügung stehen oder bereits aufgefressen werden, bevor sie verenden.

Reg	=	steinige Oberfläche, Steinwüste; kaum Vegetation, z.T. Therophytenfluren (Acheb = Ergrünen) nach Regen
Erg	=	Sandwüste, Dünengebiet; psammophile (d.h. sand-liebende) Vegetation (Gräser, Gebüsche, Dattelpalmen)
Chott	=	Salzsee, Salzwüste; halophile, halogypsophile Vegetation
Wadi	=	Tal (mit Grundwasser nahe der Oberfläche); Wüstensavanne *(Acacia raddiana, Tamarix articulata)*
Hamada	=	Felswüste; Gehölze, Geophyten, Stauden in Felsspalten (z.B. mit *Olea laperrini)*
Oase	=	Siedlung (Stadt) an Wasserstelle; Palmerien, Gärten (Ackerbau), Parks

Box – Nr. 62: Landschaften bzw. Landschaftselemente der Sahara (vgl. MONOD & DUROU 1992: 61 ff.).

Der Mensch mit seinen Haustieren, der diese Gegenden seit Urzeiten besiedelt, sollte nicht unerwähnt bleiben. Heutzutage führt allerdings ein gewaltiger Input von Wasser und Energie dazu, dass viele der Wüstenlandschaften in extremer Weise genutzt werden können. Dies hat in der Sahara u.a. dazu geführt, dass große Bereiche besonders intensiv durch Kamele (gemeint sind Populationen von *Camelus drome-darius)*, Ziegen und andere Haustiere beweidet werden. Die Intensivierung eines produktionsschwachen Raumes hat – wie fast überall – zu einer starken Einschränkung des Nomadismus geführt. Kleinste Wasserstellen, die von den Nomaden ehemals in mühevoller Arbeit offen gehalten, aber nur gelegentlich genutzt worden waren, sind versandet; sie stehen deshalb auch anderen Nutznießern nicht mehr zur Verfügung. Einige Arten sind aus diesem Grunde nur noch an wenigen entlegenen Stellen oder – im Gegenteil – inmitten der Oasen, an zentralen Plätzen, sofern diese nicht beweidet sind (z.B. die Poacee *Dactyloctenium aegyptiacum* in El Golea), zu finden.

Die am Südrand der Sahara in mageren Steppen-, Wüsten- und Halbwüsten-gebieten lebende Säbelantilope *(Oryx dammah)* wurde durch rücksichtslose Bejagung bis auf kleinste Reste ausgerottet.

Foto – Nr. 63: Nicht nur die Sahelzone ist extrem überbeweidet. Auch in vielen zentralen Teilen der Sahara ist die Beweidungsintensität so hoch wie nie zuvor. Das Bild zeigt einen Solitärbaum der Gattung *Acacia*, der von unten intensivst von Dromedaren *(Camelus dromedarius)* befressen wurde.

5.7 Tropische Regenwälder

Tropische Regenwälder kommen in Zentral- und Südamerika, in Westafrika und im indopazifischen Raum von SW-Indien bis nach NE-Australien sowie auf einigen Inseln der Karibik (z.B. Kuba, Dominika, Hispaniola), im Indischen Ozean (Madagaskar) und im Pazifik (Hawaii u.a.) zwischen 30° S und 30° N vor. Mit einer Fläche von 4 x 10^6 Quadratkilometern umfassen die neotropischen (amerikanischen) Regenwälder fast die Hälfte aller Regenwaldvorkommen und nahezu ein Sechstel aller Laubwaldgebiete der Erde. Das zweitgrößte Regenwaldgebiet liegt in den Osttropen und beinhaltet ein Fläche von 2,5 x 10^6 Quadratkilometern. Afrika weist mit einer Fläche von 1,8 x 10^6 Quadratkilometern das kleinste Regenwaldvorkommen auf (TERBORGH 1991: 22 ff.).

Die Niederschläge liegen generell oberhalb von 1300 mm (Atherton in Australien 1318 mm, Manaus in Brasilien 1771 mm), meistens aber deutlich darüber (2000 – 7000 mm). Der absolute Spitzenwert wurde auf Hawaii mit über 12.000 mm gemessen (vgl. MÜLLER-DOMBOIS & FOSBERG 1998: 464 ff., WHITMORE 1993: 22 ff.). Sie fallen entweder ganzjährig, nahezu jeden Tag; dies ist der seltenere Fall. Oder es findet regelmäßig eine bis zu zwei Monaten dauernde Trockenphase statt. Dauert die Trockenphase länger an, so können immergrüne Regenwälder nicht mehr existieren. Die Niederschläge fallen, wenn sie fallen, mit sehr unterschiedlicher Intensität. Mal ist es nur ein kurzer (Hamburger) Nieselregen, der kaum 1 oder 2 mm bringt. Ein anderes Mal schüttet es mehrere Stunden so sehr, „daß selbst die Vögel zu Fuß gehen" (WEISCHET 1990: 65). Niederschläge und ganzjährig hohe Temperaturen führen insbesondere in den unteren Etagen zu ganzjährig feucht-warmen Bedingungen wie in einem Treibhaus. Besonders in den oberen Bereichen der Baumkronen können die Werte der relativen Luftfeuchte dagegen stark schwanken. So wurden beispielsweise in einem Tieflandregenwald in Pasoh, Malaysia, in 53 m Höhe Tagesgänge der relativen Luftfeuchte gemessen, deren Kurvenverläufe regelmäßig zwischen 100 % nachts und 50 % nachmittags hin- und herpendelten (nach AOKI & al. 1978, zit. in GOLDAMMER 1993: 33). Die im Kronenraum vorkommenden Epiphyten können in dieser Höhe eine längere Trockenphase, die stets mit großer Sonneneinstrahlung einhergeht, in aller Regel nur überdauern, wenn sie entsprechend durch Transpirationsschutzeinrichtungen, Wasservorratsbehälter o.ä. gegen Austrocknung und Überhitzung geschützt sind oder wenn sie, wie viele Kryptogamen, austrocknungstolerant sind.

Das für den Naturwald optimale Wuchsklima ist zugleich auch der Grund für maximale chemische Mineralverwitterungsraten, für rasche Auswaschung wasserlöslicher Ionen und für die schnelle Zersetzung organischer Substanzen.

Bis hierhin sind die allgemeinen Rahmenbedingungen des tropischen Regenwaldes unstrittig. Dagegen trifft die Schlussfolgerung, dass die Böden deshalb eine extrem niedrige Kationenaustauschkapazität (KAK) haben, sauer und arm an Nährstoffen sind, dass sich der größte Teil der Nährelemente in der lebenden Biomasse befindet, durchaus nicht auf alle Regenwaldgebiete zu. Kationenaustauschkapazität ist die Fähigkeit des Bodens, positiv geladene Ionen wie K^+, Ca^{2+}, Na^+, Fe^{2+}, Fe^{3+}, Zn^{2+} u.a. an bestimmte Teilchen im Boden vorübergehend anzulagern, so dass sie nicht sofort ausgewaschen werden und für das Pflanzenwachstum damit weiterhin zur Verfügung stehen. Die Erforschung der klimazonalen Abhängigkeit dominierender Tonmineralbildung hat ergeben, dass Smectite (Montmorillionite; mit einer vergleichsweise hohen KAK) gewöhnlich bei relativ geringen Niederschlagsmengen, Kaolinite und Gibbsite (mit einer sehr niedrigen KAK) dagegen vor allem in Gebieten mit hohen Niederschlagsraten vorkommen. Die Freisetzung von Tonmineralien ist aber auch vom Ausgangsgestein abhängig, die Nährstoffverfügbarkeit darüber hinaus von weiteren Faktoren, u.a. der Häufigkeit und Intensität natürlicher und anthropogener Feuer. Die Nährstoffverfügbarkeit ist also ein multifaktorieller Parameter. TERBORGH (1991: 44 f.) geht unter Berücksichtigung der Verbreitung bestimmter Bodentypen davon aus, dass sich 7,3 % der tropischen Regenwälder weltweit durch eine sehr niedrige, 6,6 % durch eine niedrige, 63 % durch eine mäßige bis sehr niedrige, 8,1 % durch eine veränderliche und 15 % durch eine mäßige Bodenfertilität auszeichnen. WHITMORE (1993: 170 ff.) hat einige Angaben für vertikale Verteilungsmuster ausgewählter Nährelemente zusammengetragen. Danach lässt sich die These, dass in tropischen Regenwäldern so gut wie alle Nährstoffe in der Biomasse gebunden sind, nur in Bezug auf die wasserlöslichen Kationen K^+, Ca^{2+} und Mg^{2+} in den brasilianischen Wäldern aufrecht erhalten. Welche Bedeutung den z.T. hohen Anteilen von Stickstoff und Phosphor im Boden zukommt, ist nur schwer abzuschätzen, da ein Großteil dieser Nährstoffe wahrscheinlich in für die Pflanzen nicht verwertbarer Form vorliegt.

Die Nährstoffverfügbarkeit ist vor allem im Amazonastiefland großflächig als extrem niedrig zu bezeichnen. Das westliche, andennahe Amazonastiefland und auch einige andere Randbereiche Amazoniens weisen eine etwas bessere Nährstoffverfügbarkeit auf und inselhaft begrenzte Vorkommen von ultrabasischen und basischen Tiefen- und Ergussgesteinen zeichnen sich durch pH-Werte des Bodens im Neutralbereich (> pH 6) und durch sehr viel höhere Calcium- und Magnesiumgehalte aus (WEISCHET 1990: 72 ff.). In den altweltlichen Tropen Afrikas und SE-Asiens sind viele Regenwälder deutlich besser mit Nährstoffen versorgt als dies bei dem Großteil der Regenwälder Amazoniens der Fall ist, da Gebiete mit jungen vulkanischen Böden und nährstoffreicheren Sedimenten weiter verbreitet sind. TERBORGH (1991: 176 ff., 185 ff.; vgl. auch REICHHOLF 1991: 133 ff.) skizzierte in beeindruckender Weise den Zusammenhang von Nährstoffgehalt des Bodens, Eiweißgehalt in Früchten, Blättern und anderen Pflanzenorganen, durchschnittlicher und maximaler Körpergröße und Individuendichte der im Regenwald lebenden Säugetiere und der Entwicklung des Gehirns bei den Primaten. Die geringe Körpergröße und die geringe Individuendichte der Säugetiere Amazoniens lassen sich danach auf den extremen Nährstoffmangel der Böden zurückführen.

In diesem Augenblick brennen in den Regenwäldern der Erde einige tausend Buschfeuer. Viele von ihnen werden von Menschen entfacht und dienen dem **Wanderfeldbau (slash and burn**; vgl. GOLDAMMER 1990: 9, auch im folgenden: 6 ff., 26 ff., 44 ff.). Überall in den Tropen haben sich unabhängig voneinander verschiedene

Varianten des Wanderfeldbaues entwickelt, die seit vielen Jahrhunderten, in einigen Regionen seit Jahrtausenden betrieben werden. In Asien stellen Trockenreissorten *(Oryza sativa)* die Hauptanbaufrucht dar, in Neuguinea und Melanesien sind es Süßkartoffeln *(Ipomoea batatas)* und Taro *(Colocasia esculenta)*, in Afrika und Amerika werden vielfach Mischkulturen aus Mais *(Zea mays)*, Bohnen *(Phaseolus div. spec.)*, Kürbis *(Cucurbita* spec.) u.v.a.m. angebaut. Wenn sich der Boden allmählich erschöpft, sich Schädlinge und Unkräuter (unerwünschte Kräuter) ausbreiten und der Ertrag der Nutzpflanzen zurückgeht, wird die Parzelle verlassen und eine neue gerodet. Da **Sekundärwald** i.d.R. einfacher zu fällen und zu brennen ist als **Primärwald**, ziehen die Bauern oft die wiederholte Rotation durch dasselbe Gebiet dem ständigen Auswandern in neue Regionen vor.

Es gibt aber auch natürliche Ursachen für die Entstehung von Waldbränden in den Tropen. Die bedeutendste ist sicherlich Blitzschlag, denn Regenfälle kommen in den Tropen häufig als Gewitterregen. Gelegentlich spielen auch Feuer, die durch vulkanische Aktivitäten ausgelöst werden, eine Rolle und auf Borneo brennen regelmäßig Kohleflöze, die sich nahe der Bodenoberfläche befinden.

Die meisten Brände finden kleinflächig statt und sind von kurzer Dauer. Besonders aber in Jahren ungewöhnlicher Trockenheit können sich die Waldbrände ausdehnen und dann – wie z.B. 1998 in Indonesien – zu einem überregionalen Problem werden.

Tab. – Nr. 64: Prozentuale Anteile von Nährelementen in der lebenden Biomasse verschiedener Regenwälder nach Angaben in TERBORGH (1991: 48 f.), REICHHOLF (1991: 160), WHITMORE (1993: 171). Es wurden die sich in oberirdischen Biomassen und Wurzeln befindlichen Mengen geteilt durch die Gesamtmassen (oberirdische Biomasse, Wurzeln, Streuauflage und mineralische Anteile im Boden; gemessen als Trockenmassen).

Anteile in der lebenden Biomasse	N	P	K	Ca	Mg
Tiefland Brasilien	27 – 40 %	32 – 50 %	90 %	90 – 100 %	90 – 92 %
Tiefland Ghana	35 %	80 %	50 %	50 %	50 %
Submontane Stufe Puerto Rico	10 – 15 %	55 – 60 %	80 %	40 – 50 %	50 %
Submontane Stufe Neuguinea	4 – 5 %	50 – 61 %	67 %	30 – 40 %	27 – 30 %

Durch Feuer ändern sich insbesondere bodenchemische Vorgänge und der Nährstoffhaushalt. Durch das Verbrennen von Biomasse erfolgt eine rasche Freisetzung großer Mengen pflanzenverfügbarer Nährstoffe in Ionenform, vor allem von Calcium, Magnesium, Kalium und Phosphor. Stickstoff, Schwefel und Kohlenstoff werden zu einem nicht unbeträchtlichen Teil in Form von Gasen in die Atmosphäre ausgetragen. Der pH-Wert des Bodens steigt an. Besonders stark verändert sich das Lichtklima. Durch die plötzliche hohe Einstrahlung kann es auch zu einem oberflächlichen Abtrocknen des Bodens kommen. Je nach Intensität des Feuers wird auch die Bodenlebewelt beeinträchtigt oder der Boden mit seinen Samenvorräten völlig sterilisiert.

Finden Feuer kleinflächig statt, z.B. in Form von Brandrodungsparzellen inmitten großflächiger Waldlandschaften, dann sind diese für die Vielfalt kaum als bedrohlich anzusehen. Stoffe, die aus den Brandflächen ausgewaschen werden, kommen den benachbarten Wäldern zugute und gehen dem Regenwald insgesamt kaum verloren. Umgekehrt lässt sich beobachten, wie der Regenwald diese Flächen nach Aufgabe der Nutzung – zunächst als Sekundärwald – zurückerobern kann. Auch werden Pflanzen- und Tierarten umso weniger bedroht, je kleinflächiger das Feuer stattfindet.

Feuer, die großflächig und über Wochen oder Monate brennen, und solche, die den Regenwald von den Rändern her angreifen, sind dagegen anders zu bewerten. Sowohl das Energie- und Stoffflussgeschehen als auch die Komposition der Pflanzen- und Tierarten können nachhaltig, im Wiederholungsfalle final geschädigt werden (vgl. Whitmore 1993: 166 ff., Grammel 1990: 143 ff., Steinlein 1990: 169 ff., Goldammer 1990: 119 ff.).

Tropische Regenwälder zeichnen sich gegenüber allen anderen Wäldern der Erde durch extrem große Biomassen ((150–) 400–700 t/ha) aus (vgl. Lerch 1991: 398, Terborgh 1991: 48, 51, 56, Goldammer 1990: 32). Eine dichtere Packung von lebender Substanz (gemessen als Trockensubstanz, d.h. der Wasseranteil wird subtrahiert) gibt es nirgends.

Wenn tropische Regenwälder zugleich aus den höchsten Bäumen der Erde zusammengesetzt wären, so würde dies sicherlich kaum jemanden wundern. Sie sind es aber nicht und das ist zunächst doch erstaunlich. Die höchsten Bäume in Regenwäldern sind maximal 80 m hoch. Dies sind aber bereits seltene Ausnahmeerscheinungen. Die meisten Bäume in den Tieflandregenwäldern erreichen Wuchshöhen zwischen 25 und 45 m. In den tropischen Regenwäldern der submontanen Stufe sind Bäume zumeist kleiner als 33 m und in der montanen Stufe sind sie im typischen Fall 1,5–18 m hoch (Whitmore 1993: 30). In anderen Gebieten der Erde werden Bäume über 100 m hoch, z.B. Vertreter von *Eucalyptus regnans* in Australien, Mammutbäume *(Sequoiadendron giganteum)* und Küstenmammutbäume *(Sequoia sempervirens)* in Kalifornien, N-Amerika.

Tropische Regenwälder zeichnen sich aber nicht nur durch große Biomassen aus, sondern bedingt durch ganzjährig hohe Temperaturen und ein ausreichendes Wasserangebot auch durch hohe Primärproduktivität (10–33 Tonnen pro Hektar und Jahr). Wie nirgendwo sonst werden in Regenwäldern also Wachstumsraten und entsprechende Abbauleistungen von pflanzlichem Material erreicht. Und dennoch kommen die Bäume großflächig nicht über eine bestimmte Wuchshöhe hinaus. Woran mag dies liegen?

Bäume können nicht in den Himmel wachsen. Eine absolute Obergrenze bei etwa 150 m ist physikalisch gesetzt: Wasser kann in den Leitgefäßen gegen die Schwerkraft nicht unendlich hoch „gesaugt" werden. Die Aufrechterhaltung des Wasserstromes bis in die obersten Blätter eines jeden Baumes ist aber notwendige Bedingung des Stoffwechsels, letztlich Bedingung des Pflanzenwachstums.

Es gibt aber auch gute Gründe für die Tatsache, dass das Höhenwachstum einer Pflanze üblicherweise weit unterhalb der physikalischen Obergrenze endet. Die vertikale Anordnung der Pflanzenteile, die Verteilung grüner und nicht-grüner Gewebe im Raum ist eine Folge auch biologisch vorgegebener Konstruktionszwänge. Je höher ein Baum ist, desto größer muss im allgemeinen die Krone sein, um die „Kosten" für die Erhaltung von Stamm, Ästen und Wurzelsystem aufbringen zu können. Je größer die Krone ist, desto kräftiger müssen auch die Stützen, vor allem die Holzkonstruktionen entwickelt sein, damit der Baum mechanische Belastungen ertragen kann und nicht umfällt. Hat ein Baum einmal eine Höhe erreicht, die eine ausreichende Lichtmenge garantiert, so kann er neue Prioritäten setzen und in die Bildung von Samen und Früchten investieren. Häufig fällt die Zeit des Blühens von Tropenbäumen mit der, von Art zu Art verschiedenen, Zeit des Laubabwurfes zusammen. Von da an nehmen Höhe und Umfang nur mehr mit verringerter und manchmal kaum wahrnehmbarer Geschwindigkeit zu.

Die hohen Produktionsraten kommen einerseits dadurch zustande, dass die Vegetationsperiode kaum durch Trockenheit und nie durch Frost verkürzt wird, andererseits ist die Blattfläche in einem Regenwald pro Hektar etwa doppelt so groß wie die Blattfläche eines entsprechenden Laubwaldes in den gemäßigten Breiten. Aber auch die Atmungsverluste sind größer, so dass die Holzzuwächse in den tropischen Regenwäldern sogar niedriger sind als die Holzzuwächse vergleichbarer Wälder in den gemäßigten Breiten (vgl. LERCH 1991: 444 ff.).

Möglicherweise ist auch der Reichtum (IBISCH 1996) und die Üppigkeit an Epiphyten bedeutsam. Es sind ja nicht nur wenige Orchideen, die sich in einigen Astgabeln ansiedeln. Da die Blätter von Bäumen im Regenwald nicht selten mehrere Jahre alt werden, können sich Moose, Algen, Flechten und sehr kleine Farne auf ihnen ansiedeln. Viele Kletter- und Schlingpflanzen leben zunächst als Epiphyten, bevor sie sich „abseilen" und den Kontakt zum Boden suchen. Viele Epiphyten sam-

---

Fotos – Nr. 65, 66 (rechts): Auf Mauritius sind weniger als 5 % der ehemaligen Wälder erhalten; der größte Teil der verbliebenen Regenwälder ist inzwischen durch staatlichen Naturschutz gesichert. Durch von Menschen eingebrachte Arten - Wildschweine, Ratten, Damhirsche, einige Neophyten u.a. - sind verschiedene endemische Pflanzen- und Tierarten, die bis heute überdauert haben, aber sehr selten geworden und ihr Überleben ist auch innerhalb der Primärwälder noch nicht garantiert.
Die Fotos zeigen einen von Sapotaceen (Breiapfelgewächsen) beherrschten Hang-Regenwald und einen Baumfarn *(Cyathea* cf. *borbonica)* im Süden der Insel.

meln in eigens dafür entwickelten Vorratsbehältern Regenwasser und siedeln auf selbst gesammeltem Humus. Auf diese Weise haben Bäume in den Regenwäldern ein zusätzliches Gewichtsproblem. Allein die Massen an Humus, die den Epiphyten als Unterlagen dienen, werden auf mehrere Tonnen pro Hektar Regenwald geschätzt (LERCH 1991: 171). In Bergregenwäldern können die Moosauflagen bzw. organischen Auflagen der Äste eine Mächtigkeit von 15–25 cm erreichen; die Trockengewichte der lebenden Moose und Flechten (in g/dm^2) nehmen bisweilen denselben Zahlenwert ein (WOLF 1993: 93 ff.) Dieses Gewicht „zwingt die Bäume nicht in die Knie"; dieser Parameter ist aber möglicherweise mit anderen Faktoren zusammen in der Lage, das Längenwachstum der Bäume in der beschriebenen Weise zu begrenzen.

Die allermeisten Baumarten gehören zu den C_3-Pflanzen. Sie sind auch unter ganzjährig warm-feuchten Bedingungen offensichtlich konkurrenzfähig. Zu den C_4-Pflanzen gehören einige baumförmige Wolfsmilchgewächse (*Euphorbia* spec.), die die lichten Regenwälder auf Hawaii besiedeln; ansonsten spielt dieser Photosynthesetyp in tropischen Regenwäldern überhaupt keine Rolle. CAM-Pflanzen sind gehäuft unter den Epiphyten, vor allem bei den Orchideen (Orchidaceae) und Bromelien (Bromeliaceae) zu finden. Diese häufige Erscheinung ist möglicherweise weniger als Anpassung an die zeitweilig ariden Verhältnisse im Kronendach des Waldes als vielmehr im Zusammenhang mit einem angespannten CO_2-Haushalt zu sehen (vgl. LERCH 1991: 170 f., 445).

Eine der im Zusammenhang mit dem Thema Biodiversität meist diskutierten Fragen ist die nach der Artenvielfalt tropischer Regenwälder. Genau genommen handelt es sich bei dieser Frage um einen gewaltigen Fragenkomplex mit sehr vielen Einzelfragen, die sich zumindest zwei großen Themenkreisen zuordnen lassen.

Der erste beschäftigt sich mit der Verteilung von Populationen, Arten, Gattungen und Familien im Raum. Wie groß ist denn die Vielfalt? Um wieviel ist die Vielfalt größer als in anderen Biomen? Gibt es Unterschiede in der Artenvielfalt von Regenwald zu Regenwald oder von Organismengruppe zu Organismengruppe? Falls dies zutrifft: Welche Lokalitäten und Regionen innerhalb des Regenwaldareals sind artenreicher, welche artenärmer?

Der zweite Fragenkomplex betrifft die Ursachen und ökologischen Rahmenbedingungen der Vielfalt. Welches sind beispielsweise die Gründe für die große Baumarten-, Epiphyten- und Insektenartenvielfalt, welches die Gründe für die Artenarmut anderer Gruppen von Lebensformen, Organisationsformen oder taxonomischen Gruppen.

Die feuchten Tropen sind sehr reich an Samenpflanzen und Farnen. Etwa 85.000 Arten höherer Pflanzen kommen in der tropischen Region Amerikas, 35.000 im tropischen Afrika, 8.500 auf Madagaskar, 40.000 im tropischen Asien vor. Diese Zahlen basieren allerdings zum großen Teil auf Schätzungen. Auch ist nicht auszuschließen, dass das Spezieskonzept, das gewöhnlich im Zusammenhang mit der Pflanzenartenvielfalt in Südamerika angewendet wird, zur Differenzierung von mehr Arten tendiert als dies bei Botanikern in Südostasien der Fall ist (WOLTERS 1995: 12).

Auf einem Hektar Regenwald wurden bei Yanamomo, Peru, 283, auf der Malaiischen Halbinsel 160–180 Gehölzarten mit einem Stammdurchmesser von mehr als 10 cm gefunden. Bei Horquetas, Costa Rica, wurden immerhin 265 Gefäßpflanzen- und Moosarten auf einem Hektar gezählt (TERBORGH 1991: 43 ff.). Es gibt allerdings auch baumartenarme Regenwälder in den Tropen. Zu diesen gehören beispielsweise die sehr jungen und gleichzeitig sehr isolierten Regenwälder auf Hawaii. Aber auch innerhalb großer geschlossener Regenwaldgebiete gibt es offensichtlich Bereiche mit hohen und weniger hohen Konzentrationen an endemischen Käfern, Ameisen, Schmetterlingen, Vögeln, Pflanzen und anderen Organismengruppen (vgl. HAFFER 1969: 131 ff., RIEDE 1990: 100, 105 f., TERBORGH 1991: 120 ff., MÜLLER-DOMBOIS & FOSBERG 1998: 511 f.). Für sehr viele Organismengruppen gibt es aber bis heute entweder kaum empirische Daten oder die Artenzahlen werden auf Breitengrade bezogen, aber nicht auf Flächen oder es stehen keine vergleichbaren Zahlen zur Verfügung. ERWIN (1983: 73) geht davon aus, dass es weltweit 30 Millionen Insekten gibt und die meisten von diesen in tropischen Regenwäldern beheimatet sind; allerdings ist die Art und Weise, mit der dieser Wert extrapoliert wurde, umstritten und mit großen Unsicherheiten behaftet.

Viele der Arten des tropischen Regenwaldes sind auf Untersuchungsflächen der üblichen Größenordnung (Hektare bis Quadratkilometer) so verteilt, dass die Abstände zwischen den Individuen möglichst groß sind. Darauf weisen viele Beobachtungen und auch die wenigen, hohen Shannon-Indizes, die bisher ermittelt worden sind (vgl. u.a. REICHHOLF 1991: 29), hin. Häufungen von Individuen derselben Baumart an einer Stelle sind selten. Auf der hektargroßen Probefläche bei Yanamomo gehörte fast jeder zweite Baumstamm zu einer neuen Art; 606 Stämme verteilten sich auf 283 Arten! Entsprechende Phänomene lassen sich nicht mit dem Hinweis auf eine irgendwie geartete Habitatvielfalt erklären. Auch HUBBELL & FOSTER (1983: 25 ff.) konnten zeigen, dass die Verteilung der Baumarten in einem 50 ha großen Regenwald viel mehr durch die Distanz zwischen den Bäumen als durch Topographie und Geomorphologie bestimmt wird. Vielleicht gibt es gute Gründe dafür, dass die Individuen einer Art nicht zu dicht beieinander leben. Wenn es einen oder mehrere Mechanismen gibt, die dafür sorgen, dass die Individuen einer Art „auseinander gedrängt werden", so haben diese gleichzeitig zur Folge, dass andere Arten derselben Gilde bzw. desselben Lebensformtyps sich dazwischen etablieren können. Etablieren bedeutet in diesem Falle: durch Evolution entstehen oder einwandern.

Welche Mechanismen könnten dies sein? Zu den hochspezifischen Schädlingen gehören bespielsweise Pilze und Insekten. Beide Organismengruppen sind im tropischen Regenwald reichlich vertreten und – wie für andere Schädlinge auch – ist es für sie günstig, wenn die Individuen der zu schädigenden Art nicht zu weit voneinander entfernt sind. Die Seltenheit oder das „Sich rar machen" kann eine wirksame Abwehr gegen Schädlinge oder Räuber sein. Seltenheit und „Sich-verstecken" machen es aber auch den Artgenossen schwer, sich zu finden. Laute Rufe oder auffällige Signale können gefährlich sein. So hat sich beispielweise die Fledermaus *Trachops cirrhosus* auf die Jagd nach rufenden Fröschen spezialisiert.

Es gibt in tropischen Regenwäldern häufig **Artenschwärme**, deren Vertreter ähnlich aussehen und sich ähnlich verhalten. Die Heliconiinae sind auffällig gefärbte

Schmetterlinge, die sehr schlecht schmecken, weil sich ihre Raupen von giftigen, alkaloidhaltigen Passionsblumen *(Passiflora* spec.) ernähren. Andere Arten (Ithomiinae) sind äußerlich kaum von diesen zu unterscheiden. Sie profitieren von der Ungenießbarkeit ihrer Vorbilder. Dieses Phänomen wird als Mimikry bezeichnet. Viele Artenschwärme unter den Blütenpflanzen sind mit den Blüh- und Fruchtphasen zeitlich gestaffelt. Auf diese Weise können die Bestäuber und Tiere, die die Samen ausbreiten, das ganze Jahr über Nahrung finden. RIEDE (1990: 111) nennt für die Regenwälder Amazoniens weitere Tiergruppen mit morphologisch kaum unterscheidbaren Arten, z.b. Heuschreckenarten der Gattung *Galidacris* und Pfeilgiftfrösche (Dendrobatinae). Nicht immer ist klar, aus welchem Grunde die Arten eines Schwarmes sich so ähnlich sehen. Zum Teil. handelt es sich vermutlich um gerade beginnende Artbildungsprozesse. Nach FEDOROV (1966: 9) fördern entsprechende Verbreitungsbilder von Artenschwärmen mit geringen Individuendichten den Prozess der genetischen Drift und damit die Artbildung.

Unter den vielgestaltigen Nahrungsbeziehungen mit sehr dicht übereinander gepackten trophischen Ebenen ist die Konkurrenz zwischen den Arten oder innerhalb der Arten möglicherweise ein ganz unbedeutender Wechselwirkungsprozess.

Landwirtschaftliche Nutzung ist die Hauptursache für die Abholzung der Regenwälder. Die Umwandlung von Waldflächen in Viehweiden ist besonders in den mittel- und südamerikanischen Regenwaldgebieten verbreitet. Die Regenwälder entlang der brasilianischen Atlantkküste sind auf diese Weise seit 1950 zu über 99 % vernichtet worden.

Ein Teil der Regenwaldnutzung dient auch der Vermarktung von Holz und Holzprodukten. 65 % des gesamten weltweit vermarkteten Brennholzes (bzw. der Holzkohle) stammt von Harthölzern aus dem tropischen Regenwald. Über 80 % der gefällten Bäume des Regenwaldes werden verheizt. Der geringere Teil wird zu Bauzwecken und zur Herstellung von Möbeln, Fensterrahmen, Klobrillen etc. verwendet. In Japan werden Baugerüste aus Tropenholz hergestellt. In Deutschland ist der Tropenholzimport inzwischen auf sehr kleine Mengen zurückgegangen. Etwa 70 % des weltweit verwendeten Nutzholzes stammen von Nadelbäumen, die vor allem in den gemäßigten Breiten und in der borealen Region geschlagen werden, kommen also nicht aus den Tropen. Einige Teile des tropischen Regenwaldes, z.B. auf Borneo, werden inzwischen genutzt, indem einzelne Bäume mit Hilfe von Hubschraubern dem Wald entnommen und dann vermarktet werden. Der Wald kann auf diese Weise zumindest als Wald erhalten bleiben; der Straßenbau wird bewusst vermieden, Tierarten werden kaum zusätzlich bedroht. Diese Möglichkeit der Inwertsetzung des Waldes ist sicherlich geeignet, den Markt mit kostbaren und teuren Furnieren und Holzprodukten zu beliefern. Andererseits wächst die regionale Bevölkerung in allen Erdteilen mit tropischen Regenwäldern immer noch an – mit einem jährlichen Bevölkerungswachstum in Kenia von 3,8 %, in Nigeria von 3,0 %, in Brasilien, Mexiko, Indien und Thailand von 1,8–2,1 % (zwischen 1980 und 1992) – und auch die Nachfrage nach Brennholz steigt (vgl. SACHS 1991: 32 ff., MANSHARD & MÄCKEL 1995, WHITMORE 1993: 189 ff., 206 ff.).

Zu den weiteren Nutzungen, die derzeit Regenwälder vernichten, gehören z.b. der Abbau von Bodenschätzen, der Bau von Staudämmen, Straßenbau- und Siedlungsprojekte.

Um tropische Regenwälder zumindest teilweise wirksam schützen zu können, bedarf es einer finanziellen Interaktion auf mindestens zwei Ebenen: der oberen und der unteren. Es wird kaum genügen, nur auf der obersten politischen Ebene tätig zu werden, wenn die lokale Bevölkerung, die in direkter Nachbarschaft zum Regenwald wohnt, außerhalb des Regenwaldes nicht genügend Nahrung und Brennholz findet. Andererseits wird die bloße Empfehlung reicher Nationen, aus ethisch-moralischen Gründen auf die Umwandlung des Waldes in Weideland und auf die Tropenholznutzung zu verzichten, kaum fruchtbar sein können, wenn Staaten extrem hoch verschuldet sind und sie die Zinszahlungen an die Weltbank zu leisten kaum mehr in der Lage sind.

6 Zur Theorie der Artenvielfalt

In den vorangegangenen Kapiteln wurden viele empirische Daten zusammengetragen, geordnet und besprochen und an vielen Stellen blieben Fragen offen. Offene Fragen, Rätselhaftes und Kuriositäten können Vermutungen stimulieren. **Hypothesen, Theorien, Konzepte** und **Thesen** haben gemeinsam, dass sie mehr oder weniger gut gesicherte wissenschaftliche Vermutungen zum Ausdruck bringen. **Modelle** und mathematische Beschreibungen von Phänomenen offener Systeme, deren Rahmenbedingungen wechseln und nicht wie in den Reagenzgläsern, Phytokammern oder Aquarien vorgegeben werden können, sind mehr oder weniger gut in der Lage, natürliche Abläufe quantifizierend nachzuzeichnen oder vorherzusagen.

Über die Faszination an Computersimulationen (Modellierungen) wird aber gelegentlich auch bei Publikationen in „hochkarätigen" internationalen Zeitschriften der Abgleich mit den empirischen Daten unterschlagen, vergessen, viel zu knapp mitgeliefert, oder aber angegeben und wenn man sich dann die Mühe macht zu prüfen, darf man sich mitunter wundern, wie wenig das Eine mit dem Anderen zu tun hat. Zum Teil haben Herleitungen von mathematischen Formeln eine nur spärliche empirische Datenbasis. So wurde beispielsweise der SHANNON-Index informationstheoretisch begründet – von einer Herleitung kann kaum die Rede sein – und die wenigen Beispiele, die in der Originalschrift angeführt werden, stammen aus technischen Bereichen der Informationsübertragung bzw. aus der Sprachanalyse (vgl. SHANNON & WEAVER 1949, deutsch 1976; Herr WEANER wurde fälschlicherweise in WEAVER „umgetauft").

Sehr viele Biologen aus ganz unterschiedlichen Herkünften haben sich zum Thema Artenvielfalt geäußert. Eine chronologische Reihung verschiedener Theorien, Konzepte, Modelle und mathematischen Beschreibungen ist – ohne Anspruch auf Vollständigkeit – mit den folgenden Namen (in Klammern die Namen der Theorien bzw. Arbeitstitel) verbunden:

DARWIN 1859 **(Evolutionstheorie)**
  ARRHENIUS 1921 (Artenzahl und Fläche)
    LOTKA 1925, VOLTERRA 1926, GAUSE & al. 1934 **(Konkurrenzausschlussprinzip)**
      THIENEMANN 1939 (1957) **(Biocoenotische Grundregeln I und II)**
        NORDHAGEN 1939/40 **(Vicinismus)**
          CAIN 1944 (Endemitenarmut ehemals vergletscherter Gebiete)
            FRANZ 1952/53 **(Biocoenotische Grundregel III)**
              HUTCHINSON 1959 **(Species energy-hypothesis)**
                MACARTHUR & WILSON 1967 **(Inseltheorie)**
                  HAFFER 1969 **(Refugium-Hypothese)**
                    ROSENZWEIG 1971 **(Paradox of enrichment)**
                      CONNELL 1978 **(Intermediate disturbance hypothesis)**
                        TILMAN 1982 **(Equilibrium model of plant resource competition)**

HENDRYCH 1982 (Habitatdiversität)

SHMIDA & WILSON **(Ecological equivalency)**

PATTERSON & ATMAR 1986 (Beziehung Endemiten- und Artenreichtum)

Diese Aufzählung markiert einige Stationen in der theoretischen Auseinandersetzung, welche sich mit Fragen der Verteilung von Arten, der resultierenden Artenvielfalt, mit den Wechselbeziehungen zwischen Individuen, Arten und zwischen den Ökosystemen befasst. Einige der Titel und Thesen beziehen sich auf Rahmenbedingungen, z.B. solche, die eine hohe Artenvielfalt in kleinen Räumen ermöglichen, andere behandeln die Prozesse, die zu einer Zu- oder Abnahme der Artenvielfalt führen können.

Zu den Rahmenbedingungen gehören u.a.

raumbezogen:
Fläche, Distanz
Habitatvielfalt, Verteilung von Nährstoffen, Wasser, Licht und Temperaturen
Morphologie von Zellorganellen, Zellen, Geweben, Organen und Organismen
Artenzusammensetzungen

zeitbezogen:
Dauer, Konstanz und Wechselhaftigkeit
Verteilung von Nährstoffen, Licht, Wasser und Temperaturen
Physiologie von Zellorganellen, Zellen, Geweben, Organen und Organismen

Als Prozesse, die einen Einfluss auf die Artenvielfalt haben, können z.B. die
Evolution
Wanderungen, Zerstörungen, Auslöschungsereignisse
intra- und interspezifische Wechselwirkungen
genannt werden.

Auch diese Aufzählung erhebt nicht den Anspruch auf Vollständigkeit.

Die raum-zeitliche Dimensionierung der Betrachtungen oben und unten genannter Autoren ist naturgemäß sehr unterschiedlich. Einige beschäftigen sich mit sehr kleinen Proberäumen (Aquarien, Phytokammern), andere mit Florenreichen oder gar der Erde in toto. Dasselbe gilt für die zeitliche Skalierung. Und nicht wenige Autoren betrachten die mittlere Etage im Raum-Zeitgeschehen, indem sie sich mit der Artenvielfalt einer Landschaft oder Region der vergangenen 100 oder 200 Jahre beschäftigen.

Vielfach werden heutzutage – besonders in der anglo-amerikanischen Wissenschaftsgemeinde – **Gleichgewichts-Hypothesen** (equilibrium hypotheses) und **Ungleichgewichts-Hypothesen** (non equilibrium hypotheses) unterschieden. Vereinfacht ausgedrückt gehen erstere von der Entstehung großer Artenvielfalt nur unter Gleichgewichtsbedingungen, letztere unter Nicht-Gleichgewichtsbedingungen aus. Inzwischen ist es schwierig geworden, diese Differenzierung zwanglos weiter aufrecht zu erhalten. Denn selbst Konzepte wie die Inseltheorie von MACARTHUR & WILSON (1967), die nach dem Selbstverständnis der Autoren und nach HUSTON

(1994: 101 ff.) sicherlich den Gleichgewichts-Hypothesen zuzurechnen wäre – sie wurde von SIMBERLOFF (1974) als **„equilibrium theory of island biogeography and ecology"** bezeichnet –, beinhalten z.B. dort, wo sie sich auf Erholungsphasen und Sukzessionsprozesse nach katastrophalen Ereignissen beziehen, Anteile, die eindeutig zu den Ungleichgewichts-Hypothesen zu stellen sind. Die Euphorie der besonders in den 1960er und 1970er Jahren vorgetragenen Entdeckungen von – besser: Enthüllungen von vermeintlichen – Gleichgewichten überall in der Natur ist einer Ernüchterung gewichen. Dies hängt vor allem mit dem Problem zusammen, das Gleichgewicht so zu definieren, dass es in der freien Natur noch auffindbar bleibt ohne mit den empirischen Daten zu kollidieren.

Im Folgenden werden die einzelnen Thesen aus Gründen der Übersichtlichkeit zu Themenblöcken zusammengefasst. Es lässt sich dabei nicht vermeiden, dass strenge Gliederungsmodi nicht konsequent durchzuhalten sind. Die gewählte Art und Weise hat aber den Vorteil, unterschiedliche Mechanismen und Rahmenbedingungen der verschiedenen Betrachtungsebenen miteinander zu verbinden, Wechselwirkungen und Überlagerungen in der Natur zu identifizieren, sich widersprechende Konzepte und Thesen verschiedener Autoren gegenüberzustellen.

Bei dieser Vorgehensweise, sollen – nach dem Prinzip „Maurer- vor Stukkateurarbeiten" – zunächst überregional bedeutsame Faktoren, z.B. Aspekte der Evolution, diskutiert werden. Auf der regionalen und lokalen Ebene werden wanderungsgeschichtliche Ereignisse, ausbreitungsbiologische Mechanismen und die Habitatvielfalt bedeutsam. In sehr kleinen Räumen schließlich spielen Standort, Nachbarschaftsverhältnisse und Wechselwirkungen eine unübersehbare Rolle.

Die Artenzahl hängt von der untersuchten Flächengröße ab. Diese Beziehung wurde von ARRHENIUS bereits 1921 erstmals mathematisch beschrieben. Sie ist erstaunlicherweise nahezu überall und vor allem skalenunabhängig zu beobachten. Warum wird so gut wie nie eine Sättigung erreicht? Fast immer, wenn man irgendwo auf der Erde die betrachtete Fläche vergrößert, kommen neue Arten hinzu. Wenn die Beziehung zwischen Artenzahl und Fläche eine so generelle ist, ist dann auch eine einzige Ursache anzunehmen oder gibt es für die lokale Ebene einen anderen Grund als für die regionale, die überregionale, die globale?

Es schließt sich die Frage an, ob Areale mehr als die Summe ihrer Teile repräsentieren? Ist es möglich, dass die Arealgröße einer Pflanzengesellschaft zu einer positiven Rückkoppelung auf die lokale Artenzahl führt, eine großflächig entwickelte Pflanzengesellschaft oder Landschaft auf einer gleichgroßen Probefläche deshalb artenreicher ist als eine nur kleinflächig entwickelte? Die auf kleine Räume bezogenen Untersuchungsergebnisse von HOBOHM & HÄRDTLE (1997: 22 ff.) scheinen darauf hinzudeuten.

6.1 Stammesgeschichtlich-genetische Betrachtungsebene

Schon DARWIN (1859, deutsch 1995: 75 ff., 188 ff.) machte sehr genaue Aussagen auch zur Artenvielfalt. In seinem Hauptwerk finden neben entwicklungsgeschichtlichen Aspekten Beobachtungen, die die Herkunft der Arten auf Inseln betreffen, ebenso Berücksichtigung wie ökologische Betrachtungen. Vor allem aber wird die Zunahme der Arten mit der Zeit als natürlicher Prozess dargestellt; dabei stehen die immer größere Aufspaltung und immer stärkere Verästelung der Stammbäume im Vordergrund seiner Betrachtung. Man tut Darwin Unrecht, wenn man den Begriff **„Darwinismus"** ausschließlich im Sinne von Selektionismus, Reduktion der Vielfalt, Verlust an Arten verwendet. Zwar werden das Aussterben und der Kampf ums Dasein an verschiedenen Stellen in seinem Hauptwerk genannt. Dabei darf aber nicht übersehen werden, dass das Ergebnis aller von DARWIN beschriebenen Mechanismen stets die Zunahme der Arten, die Vergrößerung der Vielfalt ist.

Die großen berühmten Radiationen – man denke beispielsweise an die Darwin-Finken auf Galapagos, die Buntbarsche in den großen afrikanischen Seen, die Landschnecken der Gattung *Achatinella* und die Lobeliengewächse (Lobeliaceae) auf Hawaii (vgl. u.a. GIVNISH 2000: 67 ff.), die Gattungen *Aeonium, Argyranthemum* und *Echium* im Raum Makaronesien, *Eucalyptus* in Australien, die Ericaceen der Kapflora – haben sich auf größeren, zusammenhängenden oder nur wenig voneinander getrennten Landmassen oder in großen Seen abgespielt. Die Verteilung von Land und Wasser bestimmt möglicherweise die Verteilungsmuster von Teilarealen einer Gattung in entscheidender Weise. Hier soll die These vertreten werden, dass nur ein großer, möglichst zusammenhängender Lebensraum, der sich sehr lange kontinuierlich entwickeln kann, große adaptive Radiationen ermöglicht.

Einige „kritische" Floren und Faunen zeigen über die Angabe von Hybriden und Subspezies sehr deutlich, innerhalb welcher Gattungen und Arten von einem noch vorhandenen Genfluss bzw. von genetischen Brücken auszugehen ist. Sofern ein genetischer Fluss noch zu erkennen ist, kann nicht davon ausgegangen werden, dass der Prozess der adaptiven Radiation innerhalb eines Taxon abgeschlossen ist. So können bei den meisten Gattungen der umfangreichen Radiationen höherer Pflanzen in Makaronesien noch viele Hybriden und Unterarten in der Natur gefunden bzw. durch Kreuzung im Gewächshaus erzeugt werden. Lediglich die Radiation der Gattung *Euphorbia* scheint bereits abgeschlossen zu sein oder kurz vor dem Abschluss zu stehen.

Für die Vorstellung, dass die Radiation besonders intensiv vonstatten geht, solange die Nischen einer Insel noch unbesetzt sind, dass sie erlahmt, wenn sich die Vegetationsdecke einer Insel durch Zuwanderung immer neuer Arten langsam schließt, gibt es nach eigener, intensiver Literaturrecherche keine verlässlichen, empirischen Hinweise.

Nicht alle Zweige des Stammbaumes einer Radiation bleiben endemisch und nicht alle Endemiten eines Gebietes sind das Ergebnis einer adaptiven Radiation. Es ist daher immer interessant zu sehen, ob und innerhalb welcher Gattungen sich größere Anteile endemischer Arten entwickelt haben.

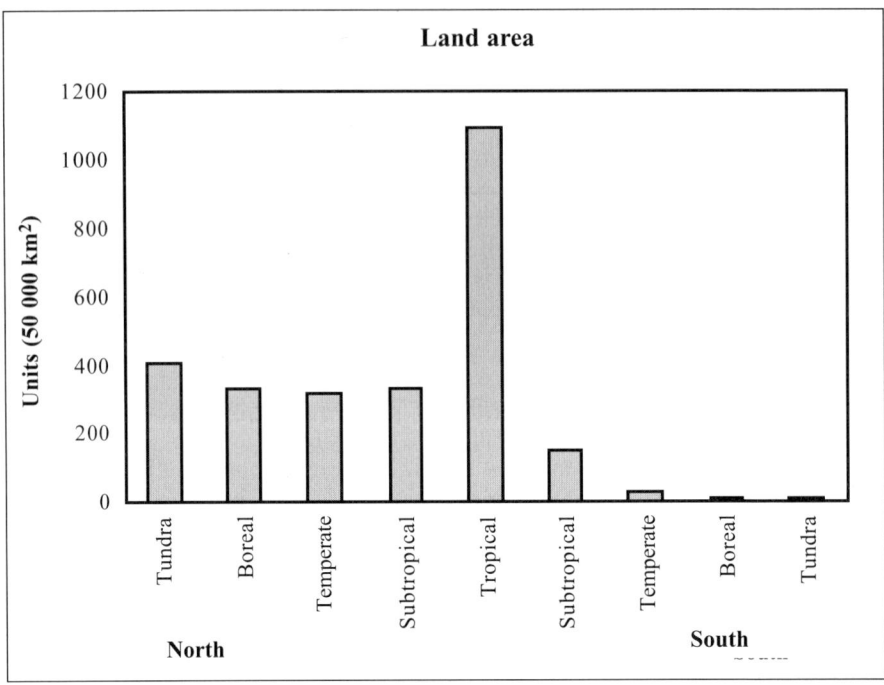

Abb. – Nr. 67: Flächenanteile verschiedener Klimabereiche (nach ROSENZWEIG 1992, in ROSENZWEIG 1995: 287; unwesentlich verändert). Die für die Besiedlung verfügbare Fläche ist in den Tropen deutlich größer als in den gemäßigten Breiten oder im boreal-arktischen Raum. In den Tropen steht aber nicht nur mehr Fläche je Breitengrad zur Verfügung, sondern die tropischen Gebiete nördlich und südlich des Äquators hängen auch zusammen, während die übrigen Vegetations- und Klimazonen der Nord- und Südhalbkugel in aller Regel weit voneinander entfernt liegen. Für die Erklärung des ungeheuren Artenreichtums vieler taxonomischer Gruppen in den Tropen sind allein arealgeographische Begründungen allerdings kaum ausreichend, da eine überdurchschnittliche Vielfalt häufig auch auf sehr kleinen Flächen realisiert ist.

6.2 Wanderungsbiologisch-wanderungsgeschichtliche Betrachtungsebene

6.2.1 Vicinismus

Der Terminus Vicinismus wurde zum ersten Male in einer pflanzensoziologischen Arbeit von NORDHAGEN (1939/40: 31, 53, 73 f., 89, 98, 107, damals „Vizinismus") gebraucht. Er hatte festgestellt, dass die Artenzusammensetzung in Spülsaumgesellschaften der norwegischen Küste unter anderem davon abhängt, welche Arten in der Nähe wachsen. Dort, wo Menschen am Strand lagern und Tomaten essen, kann es passieren, dass später Tomatenpflanzen wachsen, oder, wo Äcker sehr nah an das Ufer heranreichen, finden sich vermehrt Ackerpflanzen auch auf den Spülsäumen. NORDHAGEN (1939/40: 31 ff.) hatte den Ausdruck allerdings – ohne ihn zu definieren – stets so benutzt, als wäre er ein gängiger und weithin bekannter.

Wenngleich entsprechende Nachbarschaftseffekte schon häufiger beschrieben wurden (vgl. u.a. WEBER 1967: 64 f., HOBOHM 1994: 14, KRUMBIEGEL & KLOTZ 1996: 157 ff. u.v.a.m.), so hat sich der Begriff Vicinismus bisher weder im deutschsprachigen Wissenschaftsraum etablieren können, noch wurde in größerem Umfang die Forschung gezielt auf das Augenmerk von Nachbarschaftseffekten gelenkt. Es war im Wesentlichen die Arbeitsgruppe niederländischer Pflanzensoziologen um WESTHOFF (vgl. u.a. WESTHOFF & VAN OOSTEN 1991: 275, ZONNEVELD 1995: 441 ff.; dort auch Nennung weiterer Literatur), die stets die Bedeutung des Vicinismus für die Vergesellschaftungen in der Natur betont hat. WESTHOFF arbeitet bereits seit mehreren Jahrzehnten an dem mit diesem Begriff verbundenen Forschungsgegenstand. Nach der Definition in WESTHOFF & VAN OOSTEN (1991: 275) ist unter Vicinismus das Erscheinen einer Pflanzenpopulation an einem bestimmten Ort zu verstehen, wenn es aus der Einwanderung von direkt benachbarten Flächen resultiert bzw. wenn die Populationsdichte von der direkten Nachbarschaft gleichartiger Individuen profitiert.

Der Begriff „Masseneffekt" **(mass effect** sensu SHMIDA & WHITTAKER 1981 und SHMIDA & ELLNER 1984 in SHMIDA & WILSON 1985: 6) deckt sich im Wesentlichen mit dem Begriff Vicinismus:

„With a high rate of propagule influx, some individuals of a species will become established in sites in which they cannot maintain viable populations. This flow of individuals from areas of high success (core areas) to unfavourable areas we call the mass effect." ZONNEVELD (1995: 441) weist aber darauf hin, dass der Begriff des Masseneffektes aus mehreren Gründen unglücklich gewählt ist. Deshalb soll hier der ältere Ausdruck beibehalten werden.

In der Regel ist die Zahl der von einer Art produzierten Nachkommen, Samen oder Sporen größer als die der Keimlinge oder Jungtiere, diese wiederum größer als die der Jungpflanzen, die Zahl der Jungpflanzen oder Jungtiere größer als die der Adulten. Adulte Pflanzen oder Tiere sind zahlreicher vorhanden als fertile Adulte, denn ein gewisser Anteil der Populationen bleibt in aller Regel steril. Und die Zahl der fertilen Pflanzen und Tiere, von denen in ungünstigen Perioden ein Teil abstirbt, ist größer als die Zahl der fertilen Lebewesen einer Art, die auch ungünstige Situationen überdauern. Bei der Untersuchung des Vicinismus wird das Hauptaugenmerk nun auf diejenigen Individuen bzw. Populationen einer Art gelegt, die in Bereichen zu finden sind, von denen anzunehmen ist, dass der Entwicklungszyklus an diesen „suboptimalen Standorten" langfristig nicht ohne Zuwanderung von Individuen der eigenen Art aufrechterhalten werden kann.

Eine Reihe natürlicher, z.T. kurioser und amüsanter Erscheinungen lässt sich zwanglos nur durch Vicinismus erklären. So berichtet ZONNEVELD (1995: 441) von einem Sand-Trockenrasen in einem Dünengelände, an das eine Buchenpflanzung angrenzt. Regelmäßig erscheinen in diesem von Moosen und Winterannuellen beherrschten Kleingrasrasen Keimlinge und Jungpflanzen der Buche *(Fagus sylvatica)*. Diese Gesellschaft könnte nach ZONNEVELD (a.a.O.) als „*Tortulo-Phleetum fagetosum*, das für Pflanzensoziologen keinen Sinn machen würde!" (Übersetzung C. H.), bezeichnet werden.

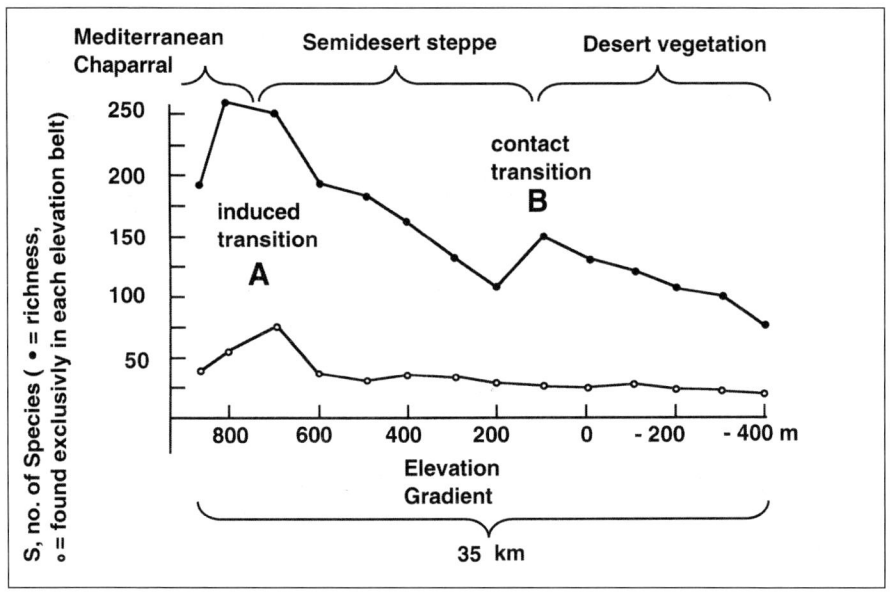

Abb. – Nr. 68: Transektuntersuchung nach SHMIDA & WILSON (1985: 15, verändert). Die Artenzahlen beziehen sich auf höhere Pflanzen, deren Zusammensetzung auf 0,1 ha großen Flächen untersucht wurde. Der „Induktionsübergang" zeichnet sich aus durch einen Peak in der Gesamtartenzahlkurve und durch einen Peak in Bezug auf die Arten, die nur in einem bestimmten Höhenintervall gefunden wurden (durch geomorphologische Vielfalt induziert), während der „Kontaktübergang" nur einen Peak in der Gesamtartenzahlkurve aufweist.

Die Frage, ob und in welcher Weise Vicinismus auch die Diversität bestimmt, ist bislang kaum untersucht worden. Möglicherweise führt Vicinismus in geomorphologisch reich gegliederten Landschaften durch das Nebeneinander von sehr vielen Pflanzengesellschaften und die damit verbundene große Zahl von Kontaktbereichen zu höheren Artenzahlen auch auf lokaler Ebene als dies in weniger reich gegliederten Landschaften der Fall wäre.

Erste quantitative Analysen zum Einfluss des Vicinismus auf die Artendiversität wurden von SHMIDA & WILSON (1985: 6 ff.) durchgeführt. Sie vertreten die These, dass Vicinismus grundsätzlich zu einem Anstieg der Artenzahl führt. Die empirischen Daten, die von ihnen vorgelegt werden, stützen diese These. HOBOHM (1998b: 297 ff.) konnte zeigen, dass eine besonders große Artenvielfalt auf Watteninseln häufig im Grenzbereich von Salzwiese und Düne oder von feuchtem Dünental und trockener Dünenvegetation zu finden ist. Auch dieses Phänomen lässt sich durch einen Anstieg der Artenvielfalt aufgrund von Vicinismus erklären.

6.2.2   Störungen, Zerstörungen und gap dynamics

Ein noch vergleichsweise junges Forschungsobjekt sind freie Flächen und Lücken (gaps) in der Vegetation, die durch Stürme, Feuer oder einfach durch umstürzende Bäume entstehen. Das Augenmerk wird bei der Untersuchung von **„gap dynamics"** bevorzugt auf sehr kleine Flächen und auf stochastische Prozesse und mathematische Modelle zur Neubesiedlung gelegt. Vergleicht man die empirischen Daten mit den Modellen, so lassen sich die Ergebnisse im Wesentlichen wie folgt zusammenfassen: Die Vertreter der Pioniervegetation setzen sich bevorzugt aus solchen Arten zusammen, die als Samen oder Sporen im Boden überdauern können bzw. als adulte Pflanzen in der direkten Umgebung vorhanden sind. Die Verteilung der Individuen im Raum wird – wie in den meisten Pionierbeständen – durch stochastische Prozesse bestimmt.

6.2.3   Inseltheorie

Eine Theorie mit dem Namen Inseltheorie, die eine als Kurzformel darzustellende, einfache Vorstellung repräsentiert, gibt es nicht. Im entsprechenden Buch mit dem Titel **„The Theory of Island Biogeography"** (MACARTHUR & WILSON 1967) ist ein Unterkapitel mit der Überschrift „Theory" (S. 68 ff.) zu finden. In diesem Kapitel geht es vor allem um die Erfolgschancen einer eine Insel kolonisierenden Art und um die Wahrscheinlichkeit der Aufenthaltsdauer bis zur Auslöschung. Als Inseltheorie wird aber üblicherweise der Zusammenhang von Einwanderung (colonization) und Auslöschung (extinction), die Annahme eines Gleichgewichtszustandes unter Berücksichtigung von Inselgröße, Abstand zum Festland und einigen weiteren Parametern (!) bezeichnet, wie er an verschiedenen Stellen des Buches unter Berücksichtigung unterschiedlicher Einflüsse und Kenngrößen diskutiert wird, geht also über dieses Kapitel deutlich hinaus.

Die Ausführungen von MACARTHUR & WILSON (1967) beziehen sich im Wesentlichen auf wanderungsgeschichtliche Phänomene. Die Kritik an dieser „Theorie", besser *an Teilen des Buches* ist vielschichtig und bezieht sich auf ganz unterschiedliche Aspekte (vgl. die Diskussion in HAEUPLER 1998: 39 ff., KRATOCHWIL 1998: 7 ff., PARTZSCH & MAHN 1997: 97 ff., COCKBURN 1995: 260 f.): auf die Kurvenverläufe und mathematischen Beschreibungen der zu erwartenden Artenvielfalt inklusive der Prognosen, die Krakatau betreffen, auf die Annahme eines Gleichgewichtszustandes, auf die starke Betonung von Zuwanderung und Auslöschung ohne Berücksichtigung weiterer Parameter, die für die Gesamtartenzahl einer Insel entscheidend sein können, und auf begriffliche Unschärfen. Die im Zusammenhang mit dieser Theorie (MACARTHUR & WILSON 1967: u.a. 8 ff., 19 ff., 68 ff., 123 ff.) aufgezeigten Tendenzen sind dagegen zumeist unstrittig. So ist MAC-ARTHUR & WILSON (1967: Abb. 8 auf S. 22) beispielsweise zu entnehmen, dass große Inseln üblicherweise größere Artenzahlen erzielen als kleine, dass weit vom Festland entfernte Inseln i.d.R. nicht so artenreich sind wie nah gelegene.

An dieser Stelle soll vor allem der in diesem Buch mehrfach behauptete Gleichgewichtszustand, der auch in vielen Diagrammen durch die empirisch überhaupt nicht gesicherte Form der Kurvenverläufe von Zuwanderungsrate und Extinktion dargestellt ist, diskutiert werden. Um den Autoren nicht Unrecht zu tun, muss auf die bereits im Original vorhandene diesbezügliche, sehr kritische und selbstkritische Diskussion (S. 64 ff.) hingewiesen werden.

Die Begründung für den von MACARTHUR & WILSON (1967: 32 ff.) formulierten Zusammenhang zwischen Zuwanderung und Auslöschung, in deren Wechselspiel der Anstieg der Artenzahl irgendwann zum Erliegen kommen soll, ist einfach und bestechend:

Eine Art kann regional nur aussterben, wenn sie vorher eingewandert ist. Jede Art bringt daher bereits am Tage der erfolgreichen Besiedlung ihre eigene Aussterbemöglichkeit, damit auch eine gewisse Aussterbewahrscheinlichkeit mit sich. Jede neu zuwandernde Art erhöht die Gesamtartenzahl, aber eben auch die Wahrscheinlichkeit, dass eine von ihnen ausstirbt. ROSENZWEIG hat noch 1995 die zwingende Logik dieser Theorie betont.

Es gibt allerdings mindestens zwei Faktoren, die von den genannten Autoren nicht ins Kalkül gezogen wurden. Zum einen ist zu fragen, ob Auslöschungsprozesse – verstanden als natürliche Vorgänge jenseits gewaltiger Katastrophen – überhaupt eine nennenswerte Rolle spielen, wenn Arten sich einmal etabliert haben. (Das ephemere Erscheinen von Irrgästen unter den Vögeln beispielsweise wird auch von MACARTHUR & WILSON 1967: 64 ff. nicht als Extinktion nach Einwanderung bezeichnet). Zum zweiten – und dieses Argument ist vielleicht gewichtiger – hat der Prozess der kontinuierlichen Zuwanderung möglicherweise für alle beteiligten Arten einen stabilisierenden Effekt, wirkt sich positiv auf das Zusammenleben aus, erhöht die Habitatvielfalt auf kleinstem Raum, so dass die Wahrscheinlichkeit, dass eine Art ausstirbt, insgesamt eben nicht größer wird.

Der Vorstellung des Gleichgewichtes stehen inzwischen auch empirische Daten (vgl. die ausführliche Erörterung in HAEUPLER 1998: 39 ff.) und die **Theorie von der Bedeutung der Artenvielfalt für die Artenvielfalt** (die hier vertreten wird) entgegen. Möglicherweise wird also die Zunahme der Artenvielfalt – beispielsweise auf einer Insel – im Laufe der Zeit nicht gebremst, so dass irgendwann eine Sättigung erreicht ist. Es gibt im Gegenteil gute Gründe für die Annahme, dass unter konstanten klimatischen Bedingungen die Artenvielfalt durch Zuwanderung und Radiationen kontinuierlich anwächst, dass umgekehrt Klimawechsel oder andere katastrophale Ereignisse die Artenvielfalt einer Region schlagartig vernichten kann, so dass der Prozess der Zuwanderung und Artbildung nach der Katastrophe von neuem beginnt. So hat sich beispielsweise auf einigen Inseln im Indischen Ozean auch nach einigen Jahrmillionen offensichtlich noch kein Gleichgewicht eingestellt.

Denn wie anders sollte erklärt werden können, dass die Insel Reunion, obwohl wesentlich höher (3069 m), größer (2512 km^2) und näher an Madagaskar (700 km) bzw. Afrika (1600 km) gelegen, weniger endemische (189) und nicht-endemische Pflanzenarten (375) bzw. Pflanzenfamilien (89) beherbergt als Mauritius (828 m hoch, 1865 km^2, 900 km bzw. 1800 km entfernt, 311 Insel-Endemiten, 374 indigene Nicht-Endemiten, 100 Pflanzenfamilien). Beide Inseln sind vulkanischen Ursprungs und liegen in den von Zyklonen beeinflussten feuchten Tropen (mit Niederschlägen bis 8000 mm auf Reunion, 5000 mm auf Mauritius) etwa auf derselben geographischen Breite (DAVIS & al. 1994: 282 ff.). Mauritius ist mit 8 Millionen Jahren deutlich älter als Reunion (3 Millionen) und hatte somit viel mehr Zeit, um erfolgreich besiedelt werden zu können bzw. sich eigenständig zu entwickeln.

Verschiedentlich wurde beobachtet, dass Artenreichtum und Endemiten-Reichtum unter bestimmten Bedingungen, z.B. in den mediterranoiden Gebieten der Erde und in den tropischen Regenwäldern, positiv korreliert sind. „If taxon distribution of different extent showed a high degree of concentric nestedness (PATTERSON & ATMAR 1986; CUTLER, 1991) or orderedness (RYTI & GILPIN, 1987) then areas of extreme endemism would indicate areas of extreme richness" (GASTON & WILLIAMS 1986: 207). Je mehr Arten koexistieren, um so schmaler wird die für jede Art zur Verfügung stehende reale Nische, umso geringer sind häufig auch die Unterschiede in den Lebensäußerungen der am Aufbau einer Schicht beteiligten Arten (Wuchsformen, phänologische Aspekte etc.), um so reicher sind häufig Schichtenbau und Trophodiversität entwickelt. Mögliche Effekte einer Zunahme der Artendichte, die sich positiv auf die Entstehung und Erhaltung endemischer Arten auswirken könnten, sind zum einen die Bereicherung der Struktur- und damit Habitatdiversität en miniature und zum anderen ein durch Nischenverengung reduzierter Genfluss. Da jede neue endemische Art wiederum die Artenvielfalt insgesamt bereichert, ist davon auszugehen, dass Endemismus und Artenvielfalt in der Regel positiv miteinander in Beziehung stehen.

6.3   Ökologische Betrachtungsebene

6.3.1   Habitatdiversität und Konkurrenzvermeidung

HENDRYCH konnte bei seiner Analyse der europäischen Flora feststellen, dass endemische Pflanzenarten nicht gleichmäßig verteilt sind. Das von ihm publizierte Kartenmaterial zeigt, dass besonders die Hochgebirge – Alpen, Pyrenäen, Karpaten u.a. – reich an Endemiten sind. Er formulierte die These, dass sowohl für die Erhaltung endemischer Arten als auch deren Evolution eine reiche Habitatdiversität förderlich sei: „. . . better possibility . . . of thriving (both preservation and evolution) of endemics in the more divided . . . territories than in the undivided (both vertically and horizontally) and open ones" (HENDRYCH 1982: 339).

Eine mögliche Begründung ist die des Nischenreichtums und damit verbunden die Möglichkeit für Individuen, Populationen, Arten und Lebensgemeinschaften, sich aus dem Wege zu gehen und damit Konkurrenz zu vermeiden (Konkurrenzausschlussprinzip).

Die Bedeutung der geomorphologischen, geologischen, hydrologischen Vielfalt für den Artenreichtum ist offenkundig. Diese These ist daher auch kaum umstritten.

Eine zumeist hinreichende und überzeugende Erklärung für Unterschiede in der Artenvielfalt leistet der Hinweis auf geomorphologische, edaphische und/oder kleinklimatische Vielfalt besonders auf der Ebene von Landschaften und Regionen, von Flächen in der üblichen Größe durchschnittlicher Landkreise, Bundesländer, Nationen. Unterschiede in der Artenvielfalt beispielsweise zwischen einem großen und einem kleinen Bergmassiv mögen sich daher plausibel mit dem Hinweis auf die Vielgestaltigkeit der Lebensräume erklären lassen.

Möglicherweise ist die Bedeutung der Habitatvielfalt für die Artenvielfalt aber durchaus abhängig von der räumlichen Skalierung. Denn das Argument der Habitatvielfalt scheint häufig kaum zu überzeugen, wenn es um die Erklärung von Unterschieden in der Artenvielfalt von sehr kleinen Flächen – „within-habitat-diversity" – einerseits, von extrem großen Räumen – z.B. Kontinenten bzw. großen Teilen davon – andererseits geht.

Die gewaltigen Unterschiede in der Pflanzenartenvielfalt z.B. zwischen Halbtrockenrasen und Fettwiesen oder zwischen Röhrichten und Flachmooren sind plausibel nicht allein durch Unterschiede in der Habitatvielfalt zu erklären. VAN DER MAAREL (1970: 218 ff.) u.v.a.m. konnten zeigen, dass auf lokaler Ebene innerhalb eines mehr oder weniger einheitlichen Biotopes die Gesamtzahl der Sippen von der Flächengröße abhängt. ZACHARIAS & al. (1988: Abb. 3) setzten die Zahl von Pflanzenarten in Beziehung zur Größe der Flächen – in diesem Fall Wiesen – und konnten zeigen, dass sich bei doppelt logarithmischer Darstellung tendenziell ein linearer Zusammenhang ergibt. Die Autoren betonen, dass diese Beziehung nicht allein als Funktion der standörtlichen Vielfalt zu erklären ist; Unterschiede hinsichtlich Nutzungs- und Entstehungsgeschichte werden als mögliche Einflussgrößen in

Betracht gezogen. Aber auch andere Gründe sind denkbar. Die Wahrscheinlichkeit aller in einem Bestand vergesellschafteten Arten sehr ungünstige Einflüsse zu überdauern, ist mit Sicherheit nicht unabhängig von der Flächenausdehnung.

Auch die großen Unterschiede in der Pflanzenartenvielfalt zwischen boreal-arktischen und tropisch-subtropischen Gebieten (vgl. Barthlott & al. 1996: Karte zur globalen Artenvielfalt der Gefäßpflanzen) sind kaum hinreichend durch Unterschiede in der Habitatvielfalt zu begründen. Es ist in diesem Falle notwendig, weitere Einflussgrößen zu betrachten.

6.3.2 Synchronisation der Regeneration

Cain schreibt 1944 (zit. in Hendrych 1982: 338): „. . . the lands of the northern hemisphere which were covered by the Pleistocene ice sheets seem to be conspicuously low in endemics."

Positiv formuliert bedeutet dies, dass Landschaften, die nicht vereist waren, i.d.R. höhere Endemitenanteile aufweisen. Eine vernichtende Wirkung auf die Vegetation mit ihren Endemiten kann auch von anderen die Landschafts- und Klimageschichte einer Region betreffenden Faktoren verursacht werden: durch Vulkanismus, anhaltende Trockenphasen über mehrere Jahre (Kapverden), verheerende Brände und Vieles mehr. Räume mit einer sehr langen weniger wechselvollen Entwicklung müssten nach dieser These reicher an Arten und Endemiten sein. Diese Vorstellung wird auch als „**stability-time hypothesis**" bezeichnet (Sanders 1969, Huston 1994: 99 ff.).

Viele Beobachtungen auch in Kulturlandschaften bestätigen diese These. So resümiert z.B. Trepl (1987: 39): „Vielfalt im Raum und Vielfalt (Verschiedenheit, Dynamik) in der Zeit stehen gleichsam senkrecht aufeinander. Je geringer die zeitliche Dynamik, der ein System ausgesetzt ist, um so vielfältiger ist dieses in räumlicher Hinsicht. Je höher die zeitliche Dynamik (je unbeständiger also die Umweltbedingungen), um so einfacher, monotoner sind die räumlichen Verhältnisse. . . . Die alte Kulturlandschaft war . . . von Ökosystemen des Typs zeitliche Konstanz/räumliche Vielfalt geprägt. Man hat sie eine divergente Landschaft genannt. Die moderne, ausgeräumte, ständigem Wechsel der Umweltbedingungen – in dem Fall künstlich hervorgerufenen – ausgesetzte Landschaft ist demgegenüber von konvergentem Charakter."

Nach Hobohm & Härdtle (1997: 37 f.) ist davon auszugehen, dass sich eine große (extrem große) Artenvielfalt in einem Ökosystem nur unter langfristig konstanten standörtlichen Bedingungen einstellen kann, da keine von außen erzwungene Unterbrechung und damit **Synchronisation der Regenerationsmöglichkeiten** stattfindet, dass andererseits sehr artenarme Verhältnisse stets auf große Schwankungen oder schlagartige Veränderungen in Bezug auf mindestens einen Standortsfaktor hinweisen. Eine intermediäre Position nehmen zyklische Veränderungen mit kleiner Amplitude ein. Das Hauptaugenmerk wird bei dieser Hypothese auf die Regeneration gelegt, d.h. auf die Phasen des Lebens, die mit der Keimung bzw. einem erneuten Austrieb oder mit der Geburt und Aufzucht von Jungtieren verbunden sind.

Verschiedentlich wurde festgestellt, dass alte Lebensräume oft artenreicher sind als junge, dass die Artenvielfalt beispielsweise der tropischen Regenwälder nur in langen Zeiträumen entstanden sein kann, oder dass historisch alte Wälder in Bezug auf die Waldartenzusammensetzung reicher sind als junge Wälder (HÄRDTLE 1994: 88 ff., ZACHARIAS 1994: 79 ff.). Dies bedeutet, dass die ökologischen Bedingungen lange Zeit nicht durch einen Wandel in der Nutzung (oder Nicht-Nutzung), des Klimas o.ä. einschneidend verändert worden sind. Um die Bedeutung dieses historischen Faktors zum Ausdruck zu bringen, formulierte FRANZ (1952/53: 38, 41 f.) das dritte biocoenotische Grundprinzip: „Der Erscheinung der Lückenhaftigkeit des Artenbestandes gestörter Standorte steht der Reichtum an Arten an allen jenen Standorten gegenüber, die durch lange Zeit gleichbleibende Milieuverhältnisse aufgewiesen haben. . . . Je kontinuierlicher sich die Milieubedingungen an einem Standort entwickelt haben, je länger er gleichartige Umweltbedingungen aufgewiesen hat, um so artenreicher ist seine Lebensgemeinschaft, um so ausgeglichener und um so stabiler ist sie." Es sei bereits an dieser Stelle darauf hingewiesen, dass auch die konträre These vertreten wird.

Die größten Artenzahlen wären demnach in Gebieten ohne Schwankungen oder nur mit sehr kleinen Schwankungen in den Jahres- und Tagesgängen der einzelnen ökologischen Faktoren zu erwarten. Gebiete mit relativ geringen Licht- und Temperaturschwankungen im Jahresverlauf finden sich nahezu ausschließlich in den feuchten Tropen. Je weiter man sich von dieser Zone entfernt, umso stärker wird das Tageszeitenklima durch den Einfluss der Jahreszeiten überlagert.

Unterschiede in der Artenvielfalt korrelieren nicht selten mit mehr oder weniger großen Unterschieden der eingestrahlten Lichtmengen bzw. der entsprechenden Kurven im Jahresverlauf. So unterliegen Pflanzengesellschaften mit einem im Jahresverlauf annähernd konstanten Schichtenaufbau (z.B. Trockenrasen) den von außen vorgegebenen Tages- und Jahresschwankungen, ohne dass ein gravierender Umbau der Biomasse zusätzlich das Lichtklima im Bestandesinneren oder an der Oberfläche verändern würde. Im auffälligen Gegensatz dazu ändert sich bei Pflanzengesellschaften – vor allem auf nährstoffreichen Substraten –, die regelmäßig im Jahresverlauf große oberirdische Biomassen bei zunehmender Deckung produzieren, das Lichtklima gravierend (z.B. bei vielen Ruderalgesellschaften, Hochstaudenfluren und Röhrichten).

Zumindest in Lebensräumen der gemäßigten Breiten koinzidiert ein ausgeglichener Nährstoffhaushalt i.d.R. mit nährstoffarmen Verhältnissen. Die Jahreszeiten führen in allen Bereichen mit Vegetation und Bodenleben bzw. Wasserleben zu einem Wechsel von Auf- und Abbau von Biomasse, damit auch zu einem Wechsel von Einbau und Freisetzung von Nährstoffen. Nahezu in allen eutrophen Bereichen gibt es daher „oligotrophe" Phasen, in denen nicht alle Nährelemente in einer für Pflanzen verfügbaren Form vorhanden sind. Nur in hypertrophen Böden oder Gewässern können Nährstoffe permanent im Überschuss vorhanden sein; es ist aber davon auszugehen, dass die entsprechenden Kurvenverläufe auch dieser Lebensräume große Schwankungen aufweisen. Nur in nährstoffarmen Bereichen unterliegt die Kurve der verfügbaren Nährstoffe keinen größeren Schwankungen, da sie sich immer nahe der Nulllinie bewegt.

Die Verfügbarkeit der Nährstoffe hängt überdies sehr stark vom Wasserhaushalt ab. Interessanterweise sind besonders jene tropischen Regenwälder deutlich ärmer an höheren Pflanzenarten, für die eine ausgeprägte Trockenzeit von wenigen Monaten charakteristisch ist. In dieser Zeit ist die Bioproduktion reduziert, der Laubfall findet deutlich stärker als in der Regenzeit statt (WHITEMORE 1993: 21 ff.). Möglicherweise ist die absolute Höhe des Niederschlages für die Existenz artenreicher tropischer Regenwälder weniger wichtig als die Kontinuität, mit der diese Niederschläge im Jahresverlauf fallen.

Vergleicht man genutzte und ungenutzte Flächen im Hinblick auf die mechanische Belastung der (ober- und unterirdischen bzw. submersen) Biomasse (z.B. durch Mahd, Beweidung, Tritt, Wind und Wasser), so unterscheiden sich diese in ihrer Wirkung nicht generell. Man kann nicht grundsätzlich sagen, dass genutzte Flächen stärker mechanisch belastet sind als ungenutzte. Insbesondere Salzwiesen, noch wandernde Dünen, aber auch submerse Pflanzengesellschaften der Küsten und Binnengewässer sind häufig, – aber nicht unbedingt regelmäßig (!) – vernichtenden Belastungen ausgesetzt: natürlicherweise z.b. durch Stürme, unnatürlicherweise z.B. durch Entkrautungsmaßnahmen.

Auch die Größe eines Bestandes ist für den Artenreichtum nicht unwesentlich. Ein großer Bestand (bzw. eine große Teilfläche) einer Pflanzengesellschaft ist in der Regel artenreicher als ein kleiner Bestand (bzw. eine kleinere Teilfläche) derselben Pflanzengesellschaft. Hierfür gibt es mehrere Gründe. Individuen brauchen Raum. Je kleiner der Raum, desto weniger Platz gibt es für die Individuen. Da andererseits jedes Individuum nur eine Art repräsentieren kann, bedeutet Platzmagel auch Begrenzung der Artenvielfalt. Auch aus stochastischen Gründen wird eine Teilfläche tendenziell weniger Arten enthalten als die größere Gesamtfläche, wenn die Teilareale der Arten sich überlappen. Ein wesentlicher Grund betrifft aber auch populationsdynamische Aspekte der beteiligten Arten. Die Auslöschung einer Metapopulation in einem großen Bestand ist aus stochastischen Gründen unwahrscheinlicher ist als in einem kleinen. Darüber hinaus müssen Populationen für die Aufrechterhaltung genetischer Variabilität und zur Vermeidung von Inzuchteffekten eine gewisse Mindestgröße haben. Populationen, die diese Mindestgröße unterschreiten, sind daher aus genetischen Gründen stärker vom Aussterben bedroht als solche mit einer größeren Individuenzahl. Einen „allenthalben zu beklagenden Arten- und Lebensgemeinschaftsschwund in inselhaft über die Landschaft verteilten Schutzgebieten" führt DIERSSEN (1989: 18) u.a. auf das „lokale Aussterben individuenarmer Populationen in (meist zu kleinen) Reservaten" zurück, „beispielsweise ausgelöst durch Witterungsschwankungen, ohne dass ein Neueinwandern möglich ist." Der Faktor Flächengröße ist zwar primär unabhängig von der Konstanz ökologischer Faktoren. Umgekehrt aber werden Ereignisse, die nur eine gewisse räumliche Ausdehnung erfahren, auf großen Flächen in ihrer Wirkung leichter abgepuffert als auf kleinen.

Konstante Verhältnisse als Voraussetzung für Artenreichtum sind nach dieser Hypothese in flachen Binnen- und Küstengewässern kaum jemals verwirklicht. Auch amphibische und nährstoffreiche Lebensräume weisen die für die Etablierung von Artenreichtum notwendigen ausgeglichenen Kurvenverläufe der ökologisch relevanten Faktoren in aller Regel nicht auf. Der Artenreichtum von Trockenrasen und magerem Wirtschaftsgrünland dagegen ist unter anderem auf das Fehlen von „Katastrophen", die die Vernichtung eines Großteils der Biomasse zur Folge haben, und die Unterbindung der Sukzession zurückzuführen. Die empirischen Daten der eigenen Untersuchungen bestätigen diese Tendenz (HOBOHM & HÄRDTLE 1997).

Dass es unter Kulturbedingungen überhaupt möglich ist, enormen Artenreichtum zu inszenieren – beispielsweise auf Friedhöfen, in Gewächshäusern oder botanischen Gärten – ist nach HOBOHM & HÄRDTLE (1997: 37 f.) auf die gärtnerische Leistung zurückzuführen, die darin besteht, Kontinuität in den ökologischen Bedingungen (durch regelmäßiges Gießen, Düngen, Spritzen, Unkraut jäten etc.) zu schaffen: vor allem in Bezug auf die empfindlichen Jungpflanzen, die in der Regel mehr Fürsorge beanspruchen als die ausgewachsenen Individuen.

Die Vermutung, dass klimatische oder andere drastische Veränderungen in den ökologischen Rahmenbedingungen durchaus einen positiven Effekt auf die Artenvielfalt einer Landschaft haben können, stehen zu der oben beschriebenen Vorstellung im

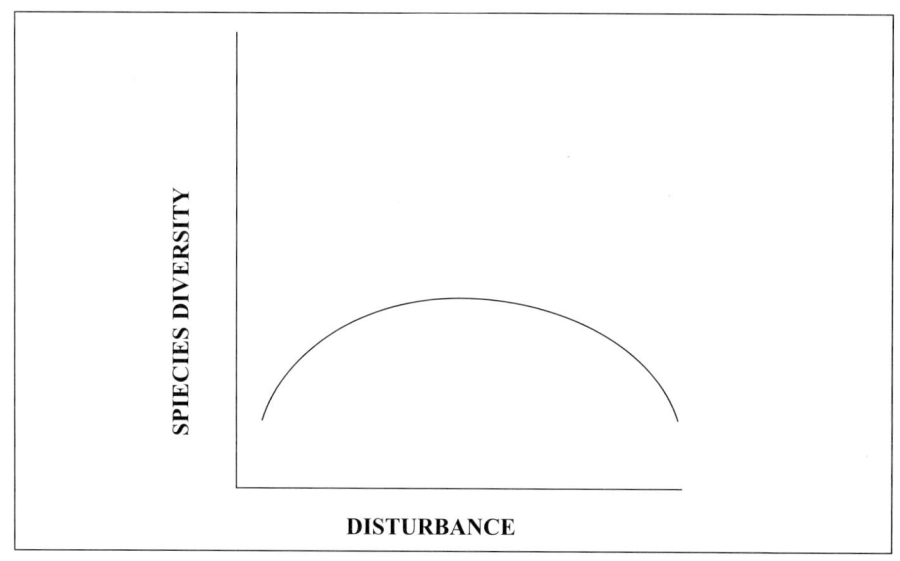

Abb. – Nr. 69: Wirkung von Zerstörungen auf die Artendiversität (nach CONNELL 1978, in HOBBIE & al. 1994: 393; unwesentlich verändert); weder nach massiven Zerstörungen (in kurzer Folge), noch nach langer Ruhezeit werden Artenzahlen pro Fläche erreicht, wie dies in Bereichen mit „moderaten" Zerstörungsraten der Fall ist.

Widerspruch. Entsprechende Hypothesen sind verschiedentlich formuliert worden. So geht HAFFER (1969) beispielsweise davon aus, dass eine glazigene Habitatfragmentierung in den Tropen dazu geführt hat, dass inselhafte Populationen einer (Vogel-) Art entstanden sind, aus denen in den entsprechenden Refugien dann neue Arten hervorgehen konnten. Auch CARDONA & CONTANDRIOPOULOS (1979), die die Verteilung endemischer Pflanzenarten im Mediterranraum studiert haben, vertreten diese als Refugium-Theorie (vgl. RIEDE 1990: 105 ff.) bezeichnete These. Nach CARDONA & CONTANDRIOPOULOS ist die räumliche Trennung von Populationen der wesentliche Faktor bei der Entstehung endemischer Arten im Mediterranraum.

„The geographical distribution of endemics and corresponding taxa indicates these areas which have had species in common, isolation being the principal factor in speciation" (CARDONA & CONTANDRIOPOULOS 1979: 140).

Eigene Untersuchungen haben allerdings ergeben, dass die Dichte endemischer Pflanzenarten auf Inseln und Archipelen – nicht zu verwechseln mit dem

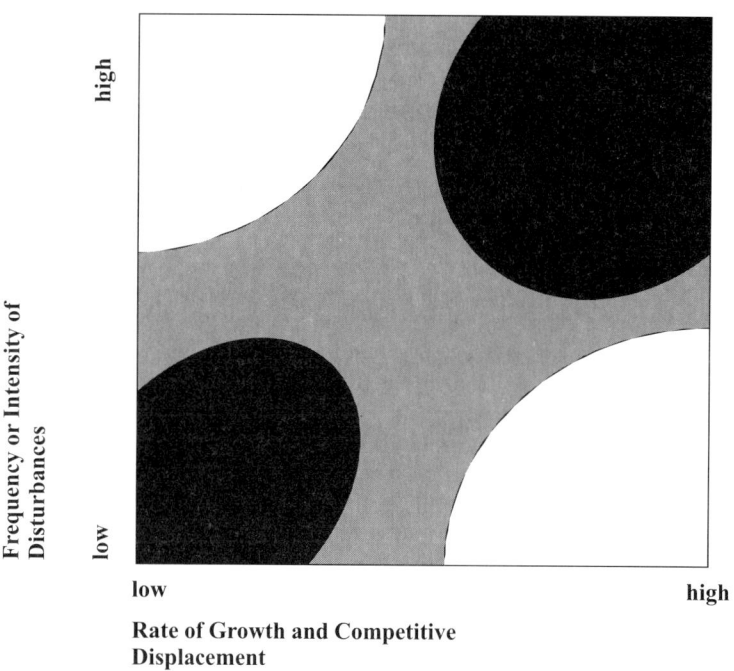

**Rate of Growth and Competitive
Displacement**

Box – Nr. 70: Anfälligkeit gegen Invasionen (nach HUSTON 1994: 333; unwesentlich verändert); je dunkler die Flächer, desto anfälliger sind entsprechende Lebensräume gegen Invasionen. Nach dieser These finden erfolgreiche Invasionen von Tieren und Pflanzen vor allem in sehr nährstoffreichen, produktiven Lebensräumen mit einer hohen Frequenz bzw. einer großen Intensität von Zerstörungen – an Flussufern eutropher Gewässer, auf Schuttplätzen o.ä. – statt. Aber auch ungestörte unproduktive Lebensräume werden nach dieser These hin und wieder erfolgreich von Invasoren erobert.

Endemitenanteil – global nahezu unabhängig von der Entfernung zur nächsten Landmasse bzw. zum Festland ist (HOBOHM 2000).

CONNELL (1978) stellte fest, dass extremer Artenreichtum in tropischen Regenwäldern und Korallenriffen nur dort zu finden ist, wo moderate Zerstörungen (durch Stürme, Brandung etc.) in nicht zu engen und in nicht zu großen Abständen zu beobachten sind. Diese Theorie wird auch als **„moderate disturbance-hypothesis"** bezeichnet. Wenngleich sie sich auf deutlich kleinere Räume bezieht als die Refugium-Hypothese, so steht doch auch sie im Widerspruch mit der oben formulierten Vorstellung, dass besonders konstante Verhältnisse Artenreichtum ermöglichen. Allerdings sind nach der Definition der Zerstörung von CONNELL (Einbuße an lebender Biomasse) auch der Laubabwurf in temperaten Wäldern oder aus Altersgründen absterbende Bäume als Zerstörungen bzw. Folgen von Zerstörungen aufzufassen. Ferner ist an der Theorie von CONNELL zu kritisieren, dass er in der oben zitierten Publikation die Datenbasis, auf die er sich bezieht, nur vage und in kaum reproduzierbarer Form angegeben hat. Inzwischen haben sich viele Ökologen mit dem Faktor Zerstörungen bzw. dem daraus resultierenden Faktor „Lücke", den „gap dynamics", auseinandergesetzt. Die Vorstellungen, die aus entsprechenden Forschungsarbeiten resultieren, werden ausführlich z.B. in HUSTON (1994: 106, 133 ff., 147 ff., 217, 333 ff., 404 ff.) in Form von Diagrammen veranschaulicht. Resümierend lässt sich zum einen feststellen, dass die Pioniervegetation einer Lücke vor allem nach dem Zufallsprinzip zusammengesetzt ist und den Diasporenvorrat des Bodens und der näheren Umgebung repräsentiert, dass andererseits eine Sukzession stattfindet, bei der die Artenzusammensetzung der einstigen Lücke der Artenzusammensetzung der Umgebung immer ähnlicher wird.

Die biozönotischen Grundregeln I und II (THIENEMANN`sche Regeln; vgl. THIENEMANN 1956: 44, 78 f.) geben Auskunft über die Bedingungen artenreicher und artenarmer Lebensstätten:

„Es gibt Lebensstätten optimaler günstiger Lebensentwicklung – das Flachwasser warmer Meere, überhaupt die feuchten Tropengebiete, bei uns durchsonnte ruhige Buchten der Seen usw. –, an denen eine artenreiche Lebensgemeinschaft" (hier Tiergemeinschaft; C. H.) "sich entwickeln kann. Hier sind die Lebensbedingungen ausgeglichen, harmonisch, kein Übermaß nach irgendeiner Seite hin; daher Lebensmöglichkeiten für viele Organismenarten . . . Je variabler die Lebensbedingungen einer Lebensstätte, um so größer die Artenzahl der zugehörigen Lebensgemeinschaft . . . Beginnt aber nun ein lebensnotwendiger Faktor in geringer Stärke oder Menge aufzutreten (z.B. der Sauerstoff) oder gewinnt ein anderer eine übermächtige Entwicklung . . . dann nimmt die Artenzahl der Biozönose immer mehr ab; und schließlich bleiben nur noch wenige Arten übrig. Diese können sich allerdings . . . zu gewaltigen Individuenzahlen entwickeln . . . Dann erst kann man von einer extremen Lebensstätte sprechen; dann fallen die euryöken und daher eurytopen Organismen mehr und mehr aus, es bleiben schließlich nur die für das einseitige Milieu charakteristischen . . . stenöken und stenotopen Formen übrig . . . Je mehr sich die Lebensbedingungen eines Biotops vom Normalen und für die meisten Organismen Optimalen entfernen, um so artenärmer wird die Biozönose, um so charakteristischer wird sie, in um so größerem Individuenreichtum treten die einzelnen Arten auf."

WILMANNS (1998: 32) führt dazu aus: „Im mittleren Teil des in der Natur verwirklichten Gesamtbereichs der Faktoren können im Experiment die meisten Arten leben; hier ist die Konkurrenz daher am schärfsten; in Extrembereichen (an sog. Grenzstandorten, LÖTSCHERT 1969) fallen viele Konkurrenten schon aus physiologischen Gründen aus. Die entsprechenden Gesellschaften sind daher artenarme Spezialistengesellschaften."

Dies mag einleuchten. Mehrere Aspekte der THIENEMANNschen Regeln und Erklärungen dazu bleiben dennoch problematisch (vgl. auch HOBOHM 1994: 13). Begriffe wie „normale" oder „variable", „für die meisten Organismen optimale Lebensbedingungen" sind kaum eindeutig zu definieren. Wieso wird insbesondere bei artenreichen Lebensräumen von scharfer Konkurrenz ausgegangen? Spricht nicht gerade der Artenreichtum selbst für ein Milieu von geringer Konkurrenzkraft? Wäre es nicht sogar denkbar, dass hier eine gegenseitige Förderung stattfindet, dass also Mechanismen wirken, die zu einer Artenzahlsteigerung führen? Auch der mittlere Bereich, in dem die meisten Arten „im Experiment" leben können, erweist sich als ausgesprochen problematisch: 20 °C, ausreichend Wasser, mittlere Nährstoffversorgung, lockerer Boden (und gelegentlich Einsatz von Pestiziden); unter diesen Verhältnissen können möglicherweise tatsächlich viele Pflanzenarten gedeihen, unabhängig davon, ob sie aus dem borealen oder tropischen Bereich kommen, aus der alpinen oder aus der planaren Stufe. Die Böden, auf denen Vegetation sehr artenreich ist, sind allerdings nicht selten sehr nährstoffarm, und zwar so nährstoffarm, dass isolierte Pflanzenindividuen auf entsprechendem Substrat möglicherweise nur schwerlich zu kultivieren sind. Darüber hinaus erhalten sie an ihrem natürlichen Wuchsort häufig nicht einen Bruchteil des Wassers, das unter Kulturbedingungen hinzugefügt werden muss. Jedenfalls ist nicht apriori davon auszugehen, dass der mittlere Bereich in der Natur mit dem optimalen Bereich „im Blumentopf" zusammenfällt. Die biozönotischen Grundregeln sind insbesondere zu kritisieren, weil Verbreitungsbilder von artenreichen und artenarmen Landschaftsausschnitten dem von THIENEMANN skizzierten Bild häufig nicht entsprechen, weil sie begrifflich unscharf sind und kaum zu einer Erklärung beitragen.

In neuerer Zeit hat GIGON (u.a. 1999: 321 ff.) immer wieder betont, dass die Vergesellschaftung von Pflanzenarten wesentlich durch **positive Interaktionen** gestützt wird, dass Konkurrenz dagegen häufig keine oder nur eine sehr untergeordnete Rolle spielt. In einem alpinen Blumenpolster fand er (a.a.O.) eine Reihe von positiven Interaktionen, also solche, in denen mindestens ein Partner gefördert und keiner beeinträchtigt wird; als Beispiele nennt er die Humusanreicherung, Wasserspeicherung im Humus, den „Nährstofflift" aus tieferen Bodenschichten, die Dämpfung des extremen Mikroklimas, Anlockung von Bestäubern, Entstehung von Schutzstellen für die Etablierung von Keimlingen und einige mehr.

Die Beziehungen von ökologischen Eckdaten und Artenvielfalt der in HOBOHM & HÄRDTLE (1997) analysierten Pflanzengesellschaften Mitteleuropas lassen sich wie folgt zusammenfassen:

Sowohl sehr artenarme als auch sehr artenreiche Pflanzengesellschaften sind in Bezug auf einen oder mehrere Faktoren häufig an „extremen Standorten" zu finden. Mit dem Ausdruck „extrem" sind in diesem Falle sehr trockene, sehr nasse, sehr magere, sehr nährstoffreiche – usw. – Standorte gemeint. Dagegen zeichnen sich Pflanzengesellschaften „mittlerer Standorte" i.d.R. durch nicht-extreme Artenzahlen aus.

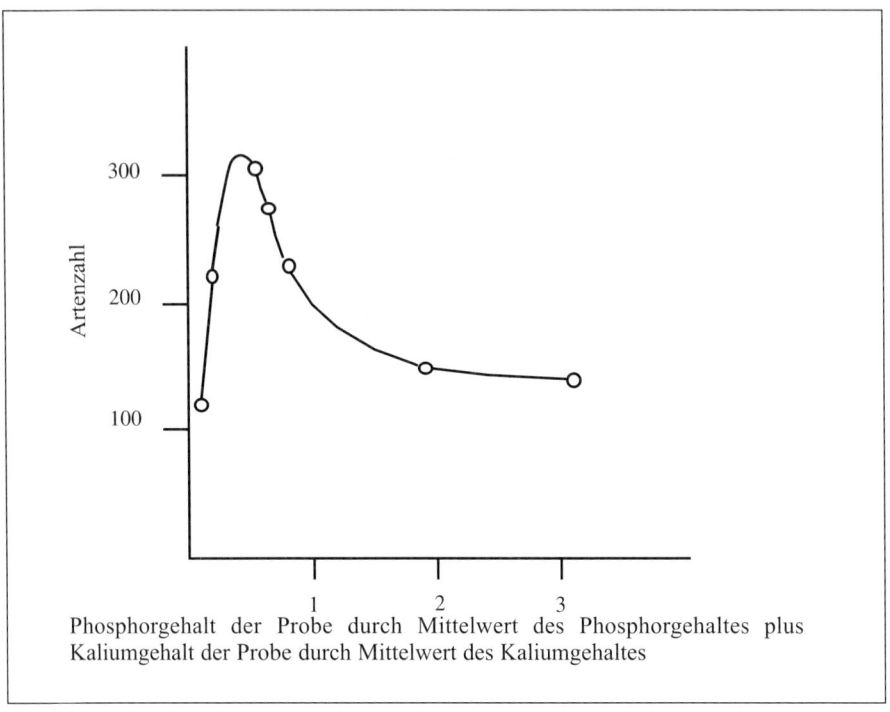

Abb. – Nr. 71: Artenreichtum der Holzgewächse im malayischen Regenwald und die Verfügbarkeit von Nährstoffen, gemessen am Phosphor- und Kaliumangebot im Boden (nach Ashton 1977, zit. in Tilman 1982: 120; unwesentlich verändert).

Die Beziehung zwischen Artenreichtum und beliebigem Standortsfaktor entspricht i.d.R. einer Normalverteilung (Tilman 1982: 108, 110, 119 ff., Rosenzweig 1995: 38, 42 ff., 348 ff.). Interessant und in vielen terrestrischen und aquatischen Ökosystemen zu beobachten ist, dass die Kurve für die Beziehung von Artenvielfalt und Nährstoffgehalt sehr weit nach links verschoben ist (links-schiefe Verteilung, Poisson-Verteilung).

Als „paradox of enrichment" bezeichnet ROSENZWEIG (1971: 385 ff.) den häufig zu beobachtenden Effekt, dass eine Zugabe von Nährstoffen auf vielen Versuchsflächen in der Landschaft vor allem einen deutlichen Effekt hat: den Verlust an Arten, die Reduktion der Artendiversität. Die Rothamsted-Experimente erlangten einige Berühmtheit, weil sie bereits 1856 begonnen wurden und als Dauerversuch immer noch betrieben werden (vgl. TILMAN 1982: 157 ff.) Auf verschiedenen Untersuchungsflächen werden bestimmte Nährstoffe zugegeben, auf einigen Kontrollflächen findet keine Düngung statt. Auf diese Weise kann die Veränderung der Deckungsanteile aller beteiligten Arten – hauptsächlich Wiesenarten – über lange Zeiträume verfolgt werden. Dabei zeigte sich, dass Düngung einerseits zu deutlichen Verschiebungen in den Deckungsanteilen führt, so dass einige oder wenige Arten, die vorher schon vorhanden waren, zur Dominanz gelangen, andererseits Arten völlig verdrängt werden können.

Der Artenreichtum variiert mit der Verfügbarkeit von Ressourcen in verschiedener Weise. Das „equilibrium model of plant resource competition" (TILMAN 1982: 98 ff.) besagt, dass Pflanzenarten sich in ihren Ansprüchen an eine optimale Zusammensetzung der Ressourcen unterscheiden und dass allein dieser Aspekt ausreicht, um auch stabilen Artenreichtum vor allem in nährstoffarmer Umgebung erklären zu können; nach dieser These ist an extrem armen Standorten die Diversität grundsätzlich gering, da nur wenig Biomasse aufgebaut werden kann und folglich auch nur sehr wenige Arten koexistieren können. Wenn die Ressourcen-Verfügbarkeit bis zu einer „moderaten" Größenordnung ansteigt, wächst die Artendiversität, weil durch verschiedenartige Überlebensstrategien die Ressourcen effektiver ausgenutzt werden können. Bei einer großen Verfügbarkeit von Bodenressourcen wird Licht schließlich der begrenzende Faktor. Weil die Anzahl der Möglichkeiten, um Licht zu konkurrieren, stark begrenzt ist, fällt die Artenzahl rapide ab (vgl. auch HOBBIE & al. 1994: 392). Anders ausgedrückt: Bei großem Nährstoffangebot nimmt die Bioproduktion zu, die Bestände werden hochwüchsiger und/oder dichter und die damit verbundene Beschattung führt zu einer relativ geringen Verfügbarkeit von Licht; das Problem wird damit auf den Energieumsatz verlagert.

Das Rätsel wird durch dieses Modell, das empirische Anteile und spekulative Anteile beinhaltet, allerdings nicht gelöst, sondern lediglich verschoben. Denn wie soll es möglich sein „Strategien" oder „Konkurrenzmöglichkeiten" statistisch oder auch nur qualitativ miteinander zu vergleichen, ohne die beteiligten Arten zu berücksichtigen? Wenn aber die beteiligten Arten zugrundegelegt werden, dann ist dies nichts anderes als eine Tautologie.

Eine andere Erklärungsmöglichkeit mag zur Diskussion gestellt werden. Natürlicherweise sind nährstoffreiche Standorte immer nur an besondere ökologische Situationen gebunden und kleinflächig vorhanden, z.B. in Sedimentationsbereichen der Flussmündungen und Wattgebiete, in Brut- und Rastgebieten von Vogelkolonien und Säugetierherden. Ansonsten zeichnen sich ungedüngte Landschaften großflächig durch saisonale oder permanente Nährstoffknappheit aus. Als wichtigste Prozesse der Reduktion von Nährstoffen können die Auswaschung und Versickerung mit dem Wasserstrom, die Aufnahme durch die Pflanzendecke und die Festlegung in Sedimenten (z.B. in Mooren oder limnischen Sedimenten) genannt werden. Die Evolution der Pflanzen verlief daher großflächig in einem Milieu dauernder oder saisonaler Nährstoffknappheit und es ergibt sich zwangsläufig, dass auch die allermeisten Pflanzenarten an diese Situation angepasst sind. Dieser Tatbestand mag erklären, warum die Vegetation nährstoffarmer Standorte nach Eutrophierung durch einige wenige unduldsame Nitrophyten ersetzt werden kann. Sie erklärt dagegen nicht, warum häufig lange vor der Zuwanderung wuchskräftiger Arten bereits die schwächsten Mitglieder – das sind zumeist niedrigwüchsige Arten mit geringer Konkurrenzkraft – verschwinden. Es scheint so zu sein, dass die Möglichkeit der Verdrängung in den eigenen Reihen durch Zugabe von Nährstoffen initiiert wird (vgl. TILMAN 1982: 164 ff.). Arten, die unter nährstoffarmen Verhältnissen „friedlich" koexistieren, beginnen unter nährstoffreicheren Bedingungen in den eigenen Reihen mit der „Verdrängung".

Einige Labor- und Freilandexperimente haben zu diesem Sachverhalt wichtige Erkenntnisse beigetragen. Sie werden in TILMAN (1982: 61 ff.) diskutiert. Ein Gleichgewicht mehrerer Arten mit unterschiedlichen Ansprüchen, die denselben Lebensraum besiedeln und dieselben Ressourcen nutzen, kann sich demnach theoretisch einstellen, wenn die ressourcenabhängige Reproduktionsrate jeder Art (in Individuen/Zeit x Raumeinheit) exakt denselben Betrag wie die Mortalitätsrate einnimmt. Bereits für zwei Arten mit unterschiedlichen Ansprüchen – die eine Art mit einem höheren Mindestanspruch in Bezug auf einen Nährstoff, die andere mit einem höheren Mindestbedarf an einem anderen Nährstoff – konnte unter bestimmten Bedingungen eine stabile Koexistenz erreicht werden (TILMAN 1982: 86 ff.). Je stärker die Ressourcen dabei verbraucht werden, umso geringer wird die Wachstumsrate der beteiligten Arten und umso geringer wird auch die Möglichkeit der Verdrängung. Umgekehrt kann die Zugabe eines Nährstoffes dazu führen, dass eine Art vollkommen verdrängt wird, weil ein anderer lebenswichtiger Nährstoff durch das plötzliche Wachstum aller beteiligten Arten sehr schnell unter einen kritischen Wert sinken kann.

Vielfach wird WALLACE (1878, z.B. nach SCHEINER & REY-BENAYAS 1994: 331, CURRIE & PAQUIN 1987: 326) als erster Beobachter einer kontinuierlichen Zunahme der Artenzahl pro Fläche von den Polen bis zu den Tropen angegeben. Doch bereits DARWIN (1859, deutsche Übersetzung 1995: 109) hatte das Phänomen der unterschiedlichen Artenvielfalt nicht nur beobachtet, sondern auch in Ansätzen versucht zu erklären:

„Reisen wir gegen Süden und sehen wir da eine Art der Zahl nach" (Individuenzahl, C. H.) „abnehmen, so können wir sicher sein, dass die Ursache ebenso darin besteht, dass andere Arten begünstigt werden, wie darin, dass diese Art benachteiligt wird. Ebenso ist es, wenn wir nordwärts reisen, nur im geringeren Grade, denn die Zahl der Arten und damit auch die der Mitbewerber nimmt gegen Norden hin ab. Daher stoßen wir, wenn wir nach Norden reisen oder einen Berg besteigen, viel häufiger auf verkümmerte Formen, die eine Folge der unmittelbaren schädlichen Einwirkung des Klimas sind. Erreichen wir das arktische Gebiet, schneebedeckte Berggipfel oder vollkommene Wüsten, so wird der Kampf ums Dasein fast nur gegen die Elemente geführt."

Viele Gründe für globale Muster des Artenreichtums wurden bisher diskutiert (vgl. die Zusammenstellung in PIANKA 1966: 65 ff.). Die Möglichkeit, dass Verfügbarkeit von Energie die Zahl der in einer Pflanzengesellschaft koexistierenden Arten bestimmen könnte, wurde erstmals von HUTCHINSON (1959, in IWASA & al. 1994: 436; als „species-energy hypothesis") diskutiert.

Besonders in jüngerer Zeit wurden daraufhin Korrelationsanalysen durchgeführt (CURRIE & PAQUIN 1987: 326 f., SCHREINER & REY-BENAYAS 1994: 332 ff., WRIGHT & al. 1993: 66 ff.), die insbesondere in einem Punkt übereinstimmen: Sie zeigen eine enge Korrelation von Artenreichtum der Bäume und Energieumsatz (gemessen als Produktion in g C/m^2 x a bzw. als aktuelle Evapotranspiration in mm).

Obwohl die Autoren, wie sie selbst einräumen, Unschärfen und Unwägbarkeiten in den Prämissen hinnehmen mussten, da sonst ein Vergleich nicht zustandegekommen wäre – es wurden beispielsweise Flächen unterschiedlicher Größe miteinander verglichen (CURRIE & PAQUIN 1987: 327) –, konnte gezeigt werden, dass die Kompositionen der Baumarten Nordamerikas und die der Britischen Inseln ohne Berücksichtigung historischer Faktoren allein als Funktion durchschnittlicher klimatischer und topographischer Bedingungen zu erklären sind. Die häufig geäußerte Vorstellung, dass die Eiszeiten in Europa wegen der besonderen Situation der quer zur Ausbreitungsrichtung des Eises verlaufenden Gebirgsriegel zu einer, im Vergleich mit Nordamerika, artenarmen Flora geführt haben, konnte auch von ADAMS & WOODWARD (1989: 699 ff.) nicht bestätigt werden; die Zahl von Baumarten in Europa und Ost-Asien stimmt sehr genau mit derjenigen überein, die auf Flächen Nordamerikas unter klimatischen Bedingungen, die zu einer entsprechenden Evapotranspirationsrate führen, zu beobachten ist. Inzwischen wurde der enge Zusammenhang von Baumarten-Vielfalt und Wasser-Energie-Verfügbarkeit bzw. Netto-Primärproduktion für große Teile der Erde bestätigt (O`BRIEN 1998: 379 ff.).

Welche Gründe können die Beziehung von Evapotranspiration und Artenreichtum nun erklären und könnte diese auch für die α-Diversität der Pflanzen auf kleinsten Flächen bedeutsam sein?

Zunächst einmal ist festzustellen, dass die Evapotranspirationsrate nicht nur eine Funktion der Sonnenstrahlung respektive des Breitenkreises ist, sondern in hohem Maße auch durch das verfügbare Wasser bestimmt wird. CURRIE & PAQUIN (1987: 326) konnten nur deshalb auch relativ hohe Korrelationskoeffizienten mit dem Breitenkreis und der Durchschnittstemperatur errechnen, weil sie sich auf Flächen mit Waldwachstum beschränkt hatten, deshalb beispielsweise Wüsten und Halbwüsten unberücksichtigt blieben.

Ein größerer (aktueller!) Energieumsatz führt nach CURRIE & PAQUIN (1987: 327) deshalb zu einer größeren Artenzahl, da mehr Energie auf mehr Arten verteilt werden kann. Dieses Argument kann in dieser allgemeinen Form allerdings kaum überzeugen. Denn zum einen haben verschiedene Pflanzen unterschiedliche Ansprüche in Bezug auf die notwendige bzw. gerade noch tolerierbare Strahlungsenergie, zum anderen bedeutet ein Mehr einer Ressource nicht automatisch ein Mehr an Arten pro Fläche, wie im Zusammenhang mit den Nährstoffen ausgeführt wurde.

Die enge Beziehung von Evapotranspiration und Pflanzenartenzahl lässt sich aber auch anders begründen: Letztlich wird sich diejenige Artenzusammensetzung einfinden, die das Energie- und Wasserangebot am effektivsten ausnutzt. Eine weniger effektive Pflanzengesellschaft wird im Laufe der Zeit verdrängt werden. Der Blattflächenindex (Summe der Blattflächen pro Flächeneinheit Boden in senkrechter Projektion) weist nach SMITH & HUSTON (1989 in SCHEINER & REY-BENAYAS 1994: 342) eine sehr enge Korrelation mit der Artenvielfalt auf; die These vom Zusammenhang von Artenvielfalt und Umsatz von Wasser und Energie wird somit durch empirische Daten unterfüttert.

6.4 Hierarchisches Puzzle

Eine nahzu unübersehbare Zahl von Theorien, Konzepten und Modellen zur Artenvielfalt ist inzwischen publiziert worden. Ein Teil dieser Publikationen wurde vorgestellt und diskutiert. Damit aus diesen vielen Mosaiksteinen ein Bild entstehen kann, bedarf es einer Strukturierung und Hierarchisierung. Welche Bedingungen und Mechanismen sind für das Zustandekommen von Artenzusammensetzungen und Artenvielfalt wichtig, welche sind weniger wichtig, welche sind prioritär?

Es gibt notwendige Voraussetzungen für die Entstehung von Leben und es gibt absolute Grenzen. Diese betreffen insbesondere den Aufbau organischer Moleküle, deren Haltbarkeit und die für den Ablauf biochemischer Prozesse notwendigen Rahmenbedingungen.

Für aktives Leben – im Gegensatz zum Überdauern – ist es beispielsweise absolut notwendig, Nährstoffe oder Nahrung und Energie aufzunehmen. Diese Aufnahme findet ihre Grenze zum Beispiel in den Gebieten mit ewigem Eis. Die niedrigen Temperaturen, die von verschiedenen Flechten, Vögeln und Säugetieren durchaus ertragen werden, sind hier viel weniger problematisch als das Fehlen flüssigen Wassers. Flüssiges Wasser ist für die pflanzliche Aufnahme von Nährstoffen und als Baumaterial und Reaktionsmedium aller Organismen lebenswichtig. Wenn also einige Säugetiere und Vögel auf Gletschern und Eisschollen in Gebieten, in denen es nur selten oder überhaupt nicht regnet, aktiv leben, dann können sie dort nur existieren, weil sie sich Nährstoffe und flüssiges Wasser auf Umwegen, z.B. über ihre Nahrung bzw. aus dem unvereisten Meer, besorgen.

Es gibt also für das Leben bedeutsame Ober- und Untergrenzen chemischer und physikalischer Parameter.

Innerhalb dieser Grenzen können Pflanzen, Tiere und andere Organismen leben und es fragt sich, welche der einzelnen Faktoren und Mechanismen, die oben diskutiert wurden, die Biodiversität der verschiedenen Räume maßgeblich bestimmen.

Freie Nischen können in kurzer Zeit durch Zuwanderung, in langen Zeiträumen durch Neuentstehung von Arten besetzt werden. Der Nischenreichtum wächst wiederum mit der Artenvielfalt. Eine nach wie vor offene Frage ist die nach der Evolutionsgeschwindigkeit in Abhängigkeit vom Breitengrad bzw. von der Sonneneinstrahlung und von der Temperatur. Es ist aber nicht auszuschließen, dass die Evolution dort, wo die genetischen Prozesse nicht durch eine physiologische Ruhephase mit stark reduzierten biochemischen Vorgängen unterbrochen sind – nämlich in den feuchten Tropen –, durchaus schneller ablaufen kann, als in den Gebieten mit kurzer Vegetationszeit oder langen Ruhephasen.

Wanderungen von Populationen oder Teilpopulationen, die durch veränderte Umweltbedingungen ausgelöst werden, können in geomorphologisch reich gegliederten Landschaften (mit einer großen Habitatdiversität) über viel kürzere Wanderwege zum Ziel, zu den ökologisch angemessenen Bedingungen, führen als im wenig gegliederten Raum. Eine größere Habitatvielfalt wirkt sich somit positiv – stabilisierend – auf die Artenvielfalt aus.

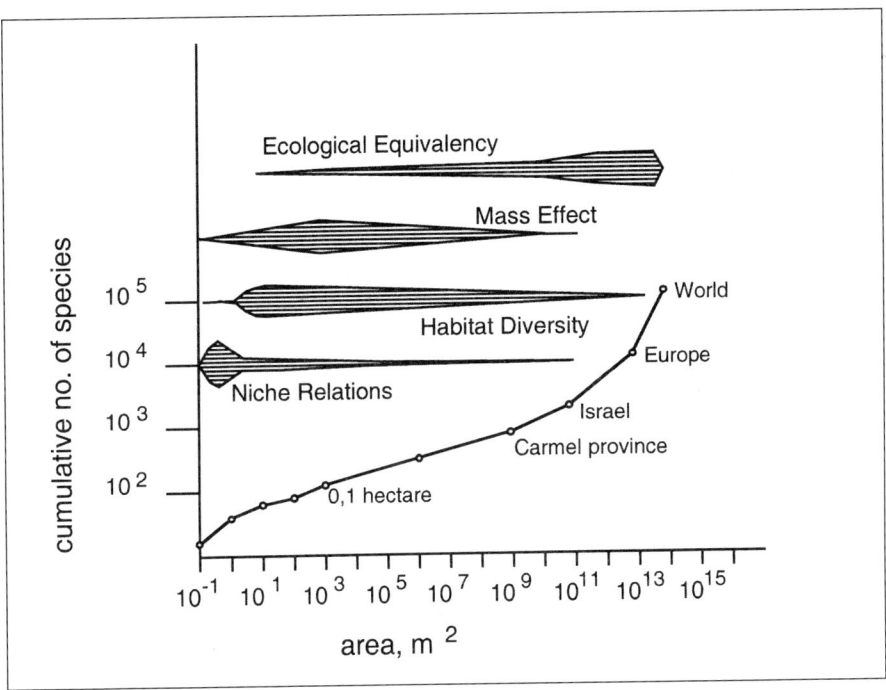

Abb. – Nr. 72: Artenzahl-Areal-Beziehung verschiedener Größenordnungen; die empirischen Daten kleinerer Probeflächen (< 10^9 m²) wurden in der mediterranoiden Region der Carmel-Provinz Israels gewonnen (nach SHMIDA & WILSON 1985: 17; unwesentlich verändert).
Die Breite der über die Kurve gelegten Balken soll die Bedeutung des Faktors, den die Autoren diesem beimessen, symbolisieren. Ecological equivalency bedeutet ökologische Gleichartigkeit, mass effect ist Vicinismus und bezieht sich auf durch Nachbarschaft bedingte Einwanderungseffekte. Mit dem Begriff niche relations sind interspezifische Wechselwirkungen wie Konkurrenz etc. gemeint.

Lücken innerhalb der ansonsten geschlossenen Vegetation und Grenzlebensräume unterscheiden sich nicht unbedingt hinsichtlich der zerstörerischen Kräfte, die sie verursacht haben. Sie unterscheiden sich vor allem in Bezug auf das Wiederbesiedlungspotential, das unter anderem durch die Nähe zu ökologisch ähnlichen Biotopen bestimmt wird. Die Artenvielfalt wird durch das Potential der Diasporen und Tiere in der näheren Umgebung in aller Regel viel entscheidender beeinflusst als durch entfernte Diasporenvorräte und Tiergemeinschaften, selbst wenn letztere deutlich artenreicher sind.

SHMIDA & WILSON (1985: 17) gehen davon aus, dass überregional die Artenzahl insbesondere von der Evolution, die allopatrisch zu ökologisch äquivalenten oder ähnlichen Arten führen kann, abhängig ist, dass auf der regionalen und überregionalen Ebene die Habitatdiversität als ökologischer Rahmen und der Vicinismus als Prozess wichtig sind, dass interspezifische Wechselwirkungen vor allem lokal bedeutsam sind für die Regulation der Artenzusammensetzung.

Der Aspekt der Habitatvielfalt ist sicherlich ein gewichtiger. Es zeichnet sich allerdings immer stärker ab, dass er nicht ausreicht, um Unterschiede in der Artenvielfalt allein erklären zu können. So beziehen sich einige der extrem hohen Werte, die für die Artendichte in der Vegetation ermittelt wurden, auf Räume, deren Habitatvielfalt gering bzw. vernachlässigbar ist; die große Pflanzenartendichte dieser Flächen – dazu gehören kleinste Flecken (von einem Quadratmeter) in den Tundren der Arktis ebenso wie magere Wiesen und Weiden der temperaten Zone (Teilflächen z.b. 10 bis 100 m^2 groß) und auch tropische Regenwälder des Tieflandes (Flächen z.b. wenige Quadratkilometer groß) – ist also nicht auf die Vielfalt an geologischen, hydrologischen oder reliefbedingten Unterschieden zurückzuführen.

Von der Pioniergesellschaft über Staudenfluren und Gebüsche zum Wald nimmt das Verhältnis von autotrophen zu heterotrophen Geweben bei den Pflanzen in der Regel ab, die Biomasse pro Fläche zu. Bei gleichen Startbedingungen werden die Lebensformtypen aufgrund der Konkurrenz um Licht entsprechend zeitlich aufeinanderfolgen, wo Waldwachstum möglich ist. Aber weder Produktivität noch Biomasse oder gar die jährliche Erneuerungsrate (Produktivität geteilt durch die Biomasse) stehen – überregional betrachtet – mit der Artenvielfalt in direktem Zusammenhang.

Sofern eine totale Vernichtung des Lebens großer Landschaftsausschnitte nicht mehr stattfindet, führen verschiedene abiotische und biotische Stressoren sowie Alterungsprozesse regelmäßig oder unregelmäßig dazu, dass Lücken (gaps) in die Vegetation gerissen werden. Stressoren können vergleichsweise unspezifisch wirksam werden (z.b. polyphage Schädlinge), sie können aber auch artspezifisch sein (monophage Schädlinge). Je weiter die Individuen einer Art durch Stressoren auseinandergedrängt werden, desto unwahrscheinlicher wird ein massiver Angriff auf die gesamte Population. In den Lücken können weitere Arten siedeln.

Durch das Auseinanderweichen der Individuen einer Art wird auch der Genfluss verlangsamt. Im Extrem kann es zu inselähnlichen Situationen kommen, durch die eine Neubildung von Arten stimuliert wird. Eine so stimulierte Speziation spiegelt nicht die Habitatvielfalt im Sinne geologischer, geomorphologischer, bodenkundlicher oder hydrologischer Unterschiede wider.

Auf der lokalen Ebene, besonders innerhalb kleiner Flächen entsteht großer Artenreichtum vor allem dort, wo Populationen nicht allzu sehr schwanken, wo das Pflanzenwachstum aufgrund von Nährstoffarmut oder durch andere das Wachstum begrenzende Umstände ein moderates bleibt. Viel Licht, hinreichend Wasser, aber keine Überflutungen und relativ geringe Nährstoffverfügbarkeit sind die ökologischen Bedingungen, unter denen weltweit hohe Artendichten innerhalb der Habitate (within habitat diversity) entstehen können.

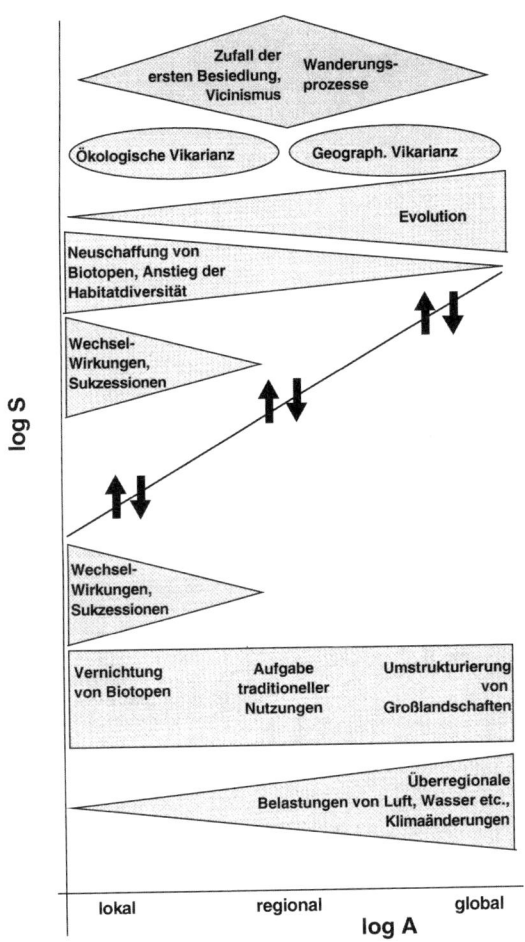

Abb. – Nr. 73: Mechanismen und Rahmenbedingungen, die die Artenvielfalt an einem Ort, in einer Region bzw. global bestimmen (S = Artenzahl, A = Fläche).

7 Praktischer Schutz der biologischen Vielfalt

7.1 Emotionspsychologische Aspekte der Bewertung von Natur – Dimensionen des sozial-ökologischen Spannungsfeldes

Die Wahrnehmung der Natur in Abhängigkeit von Kultur und Religion bestimmt den Umgang mit derselben maßgeblich. In einem Biologiekompendium heißt es zwar: „Wahrnehmung ist eine Form der Widerspiegelung der objektiven Realität in unserem Bewußtsein" (DIETRICH & al. 1984: 367). Dies mag hin und wieder tatsächlich geschehen. Sollte dieser Satz allerdings wenigstens für die Dauer des Auftritts von *Homo sapiens* Allgemeingültigkeit beanspruchen, dann darf getrost widersprochen werden.

Noch bis in das 18. Jhdt. galt beispielsweise der Biber *(Castor fiber)* als Fisch. Der Jesuitenpater CHARLESVOIX schrieb 1754: „Bezüglich seines Schwanzes ist er ganz Fisch, und er ist als solcher gerichtlich erklärt durch die Medizinische Fakultät in Paris" (MAKOWSKI 1985: 151). Zur Fastenzeit hatte diese Erkenntnis den positiven Nebeneffekt der legalen Ernährung mit zusätzlichem, nach Fleisch schmeckendem Fisch. Die Elbfischer waren davon überzeugt, dass Biber pflanzenfressende Raubtiere sind und andere Fische fressen. Um 1925, zum zweiten Mal 1948, als man längst wusste, dass Biber Säugetiere sind, gab es im Bereich der Elbe nur noch etwa 100 Tiere – eine Folge der starken Bejagung und Lebensraumzerstörung. Heute ist allgemein bekannt, dass Biber an der Elbe in Ausbreitung begriffene Vegetarier sind und man darf gespannt sein, wann die nächste Erkenntnis auch diese Vorstellung widerlegen wird.

Nach dem Bundesnaturschutzgesetz (§ 1 Abs. 1) sind u.a. die „Eigenart und Schönheit" von Natur und Landschaft „zu pflegen und zu entwickeln". Hier wird die Wahrnehmung gleichermaßen als Perzeption und Perspektive instrumentalisiert.

Diese Beispiele mögen zeigen, dass es nicht unwichtig sein kann, wie Natur betrachtet, empfunden und begriffen wird.

Über Vulkanausbrüche, Sturmschäden, Hungersnöte, Seuchen, über die Bedrohung durch gefährliche Tiere und giftige Pflanzen stehen Menschen mit der sie umgebenden Natur seit jeher in einem angstvollen Verhältnis. Mit dem drückenden Bewusstsein von periodischen Veränderungen und plötzlichen Krisen ist der Mensch bereits seit Urzeiten belastet. Unter dem Eindruck dieser Last wurden die Naturgewalten zunächst wohl zu mächtigen menschenähnlichen Gestalten ausgedeutet; mit der eigenen Angst konnte man sich dadurch auf bestimmte, ritualisierte Weise in ein Schutzverhältnis der Götter oder des Göttlichen begeben. Heilerfolge konnten unter anderem als Beweis für den richtig gewählten Weg verstanden werden.

Religionsstifter und Priester haben dann aus diesem tiefsitzenden Furcht- und Ehrfurchtgefühl moralische Forderungen und Systeme entwickelt. Das Hoffen war die Grundlage, auf der sich ein Glauben, später dann der wahre Glaube entwickeln konnte. Aus dem wahren Glauben wurde schließlich das Glaubensgebot transformiert – ein Ding der Unmöglichkeit, da nicht anzuweisen ist, was geglaubt werden soll. Schutz und Sicherheit zu erwirken ist sicherlich eine wertvolle Aufgabe praktizierender Religionsvertreter. Und in diesem Sinne schaffen sich Religionen auch die Legitimationsbasis für den Umgang mit Naturen und Kreaturen. Nicht selten entwickelte sich aus dieser Aufgabe eine Eigendynamik mit handgreiflichen Folgen für Natur und Umwelt.

Vielfach werden die Industrialisierung, Intensivierung und Technisierung der Umwelt als deren Bedrohung entlarvt. Aber immerhin ist auffällig, dass die christliche Religion gegen diese Entwicklung kaum etwas einzuwenden hatte. Es fragt sich daher, ob die historische und gängige Praxis der Verkündung biblischer Textstellen und christlicher Gebote nicht zumindest zum Teil als tragendes Element der Bedrohung und Vernichtung globaler Biodiversität aufzufassen ist.

Das Christentum ist zum großen Teil eine Konstruktion von Ideen und Begriffen, die eine Eigendynamik ohne echte Beziehungen zur realen Welt entwickelt haben: Worte lassen sich beliebig definieren und verwenden (Bsp.: Päpste als Hirten), gruppieren und voneinander trennen. Das Wort Liebe lässt sich vom Wort Angst ebenso leicht trennen wie Freud und Leid, Lust und Schmerz, Leben und Tod. Auf diese Weise wurde es möglich, Sehnsüchte nach Zuständen zu erzeugen, in denen es ein Leben ohne Tod, Gut ohne Böse, Licht ohne Finsternis gibt.

Der Verrat der Kirche am Menschen besteht vor allem darin, das Problem- und Betätigungsfeld Angst zu schüren und zu erhalten, sich selbst dagegen als Vermittler der wahren Liebe darzustellen, einer Liebe, die überdies auf äußerst unnatürliche Art definiert wird: als Nächstenliebe, unabhängig von Erscheinung und Eigenheit der „zu liebenden" oder geliebten Person.

Die künstliche Entflechtung natürlicher Gegensatzpaare wie Gut und Böse ist bereits ein erster Schritt der Abwendung von natürlichen Gegebenheiten. Nicht, dass eine gute Tat notwendigerweise eine böse Handlung bedingt, aber was „gut" ist, ist es stets nur in Relation zum Bösen. Die Inuit kannten bis zu ihrer Entdeckung durch Walfänger keinen Krieg; sie regelten kleinere Streitigkeiten durch Gesangsduelle. Aber entsprechend hatten sie auch kein Wort für Frieden. Was hätte ein solches Wort auch bedeuten können?

Der architektonische, artifizielle Stil des Christentums, der auch geeignet ist, Machtansprüche zu definieren und zu stabilisieren, tritt besonders klar in der Vorstellung von Gott als dem Schöpfer der Welt zutage. Die Welt ist selbst nur ein Werk, das nach einem Plan konstruiert wurde und daher einen Zweck und eine Erklärung hat. Und Gott sprach: Die Erde möge Gras und Kraut aufgehen lassen, damit sie Samen produzieren können und fruchtbare Bäume mit ihren charakteristischen Früchten und Samen. Und Gott sah, dass das Ergebnis seiner Arbeit gut war. Und er schuf große Wale und allerlei Getier und eine ganze Menge von Vögeln. Er sah, dass das Ergebnis gut war, segnete die Tiere und sprach: „Seid fruchtbar und mehret euch." Und schließlich schuf er Menschen, damit diese über die Fische im

Meer, die Vögel unter dem Himmel, über die ganze Erde und alles Gewürm herrschen (1. Buch Mose, Genesis), was sie ja nun langsam erreicht haben.
Gott ist inhaltlich Allwissenheit und Allmächtigkeit. Kraft seiner Allwissenheit kümmert er sich gleichzeitig um alle Dinge und kraft seiner Allmacht kann er sie jederzeit seinem Willen unterwerfen. Auf den ersten Blick mag diese Vorstellung faszinierend sein – ein unendlich bewusster Geist, der sich gleichzeitig auf jede Galaxie und auf jedes Atom mit voller Aufmerksamkeit konzentrieren kann. Auf den zweiten Blick aber erscheint diese Vorstellung eher ungeheuerlich als wunderbar – als eine Art intellektueller Gigantomanie, eine monströse Wucherung der bewussten, analytischen Denkweise. Vielleicht möchte der zivilisierte Mensch selbst so sein: eine Person, die sich perfekt selbst beherrscht, sich kennt bis in die tiefsten, dunklen Gewölbe, mit dem kompletten Unrat und Morast innerer Regungen und Zwänge, bis zum letzten Atom erforschbar und vollkommen mechanisiert. Und in dem Maße, in dem er sich selbst verstehen und bewusst kontrollieren will, kann und muss er Abstand nehmen von seinen inneren Ungereimtheiten und seinen leibhaftigen Bedürfnissen. Es kommt zum Konflikt zwischen körperlichen Regungen und rücksichtslosem Macht- und Freiheitsstreben, zwischen tiefer emotio und höchster ratio. Und es fragt sich, ob Menschen, die genötigt werden, mit ihrer eigenen Natur in Zwiespalt zu leben, ein natürliches Verhältnis zur umgebenden Natur entwickeln können.

Angst kann man definieren als ein unangenehmes Gefühl der Nähe. Sinn und Zweck der Angst ist die Vermeidung von Schmerzen. Angst ist zugleich eine Aufforderung, die Distanz zu einem möglichen Gefahrenherd zu vergrößern. Sollte Flucht oder Vergrößerung der Distanz nicht möglich sein, so kann Angst umschlagen in Zorn oder Hass. In diesem Fall geht es darum, die Gefahrenquelle selbst, den Gegner zu vernichten. Auch eine Distanzverringerung kann also der Gefahrenabwehr, der Vermeidung von Schmerz dienen.
Die hier beispielhaft skizzierte Beziehung von Emotion und Distanz bzw. Emotion und Motivation ist möglicherweise eine universelle. Die Begriffe Sympathie, Langeweile, Heimweh und Zuneigung bringen das Bedürfnis nach räumlicher Veränderung zum Ausdruck. Emotionen sind im biologischen Sinne Beweggründe, Ursache für Bewegungen (vgl. ULICH & MAYRING 1992: 44 ff., 138 ff.).
Man darf umgekehrt davon ausgehen, dass die allermeisten Tiere, jedenfalls solche, die Sinnesorgane haben, Reize im Organismus über ein Nervensystem weiterzuleiten und zu verarbeiten in der Lage sind, auch sehr differenzierte Emotionen haben können.
Wenn die Beziehung von Emotion und Motivation, von Gefühl und Bewegung relevant sein sollte, dann darf auch gefragt werden, ob das Streben nach Harmonie in und mit der Natur, das Streben nach dem Einssein mit der Natur überhaupt gelingen kann. Harmonie in seiner totalen romantisiert-meditativen Ausprägung, also nicht im Sinne von Harmonie in der Kunst oder in der Musik, meint maximale Ausgeglichenheit, also eben Distanzlosigkeit, Ruhe in Kombination mit höchster Glückseligkeit. Hier wird die These vertreten, dass es Harmonie in dieser Ausprägung, nämlich der totalen, nicht geben kann, da ein Hochgefühl, das nicht zu Handlungen Anlass gäbe,

biologisch kaum sinnvoll wäre. In der Psychologie der Emotionen von ULICH & MAYRING (1992) wird eine entsprechende Emotion nicht besprochen: vermutlich, weil empirische Daten zu diesem Themenkomplex fehlen.

Menschen sind Teile der Natur – auch wenn sie sich in abendländisch-christlicher Tradition als nicht dazugehörig betrachten, aber eben nicht einer harmonischen Natur. Dass Menschen die wilde Natur dagegen verstohlen und skeptisch beäugen, ist durchaus sinnvoll, wenn es um die Abwehr von Gefahren, wenn es um die Ernährung der Familie und das eigene Wohlbefinden geht. Differenziertes, abstraktes Betrachten der Natur war und ist überlebensnotwendig, übrigens nicht nur für Menschen.

Der im Schnabel des Adlers zappelnde Fisch bekundet mit seinen letzten kraftvollen Bewegungen eindringlich, dass er mit diesem Segment der Nahrungskette kaum einverstanden sein kann. Es ist deshalb auch kaum anzunehmen, dass ein Tier, das Schmerzen ausgesetzt ist, sich selbst als Teil einer harmonischen Gesamtnatur betrachten könnte.

Wenn der Wald stirbt, stirbt der Mensch!
Artenvielfalt ist Lebensqualität!
Wenn alle Bohrinseln versenkt sind und alle Tankstellen geschlossen, werdet Ihr feststellen, dass Greenpeace und die Fahrradläden nachts kein Bier verkaufen!

Diese Slogans aus den 1980er und 1990er Jahren bezeichnen – ganz unabhängig vom Wahrheitsgehalt – eine Beziehung zwischen einer gesellschaftlich-sozialen Ebene einerseits, einer ökologischen andererseits. Es gibt derer viele.

Im Zusammenhang mit der Erhaltung der globalen Biodiversität stellt sich vor allem die Frage nach der Bedeutung der Weltbevölkerung – der Begriff Überbevölkerung ist bereits Ausdruck einer Antwort –, nach der Bedeutung von Armut und Reichtum und nach der Bedeutung der psychischen Verfassung von Börsenmaklern, Wirtschaftsmagnaten und einzelnen Machthabern der Politik für die Natur.

Welches sind akute Grundbedürfnisse, welches sind lokale Handlungsmöglichkeiten? Gibt es eine notwendige logische Aufeinanderfolge von gesellschaftlichen Prozessen, die der Rettung globaler Biodiversität vorgeschaltet sein muss, z.B. in der Reihenfolge: Befriedigung akuter Grundbedürfnisse – Emanzipation der Frau – Stabilisierung des politischen Systems – Nullwachstum der Bevölkerung – effektiver Naturschutz (vgl. DASGUPTA 1997: 40 ff., PEARCE & al. 1997: 142 ff.), oder kann die Reihe auch ganz anders aussehen, z.B.: Überzeugungsarbeit einer asketischen Glaubensgemeinschaft – globales Wachstum der Anhängerschaft dieser Glaubensgemeinschaft – Erhaltung der Diversität von Genen, Arten und Landschaften, oder vielleicht noch anders: Wandel der Normen in der Reihe **Egoismus – Anthropozentrismus – Biozentrismus – Physiozentrismus** (MEYER-ABICH 1997: 54 ff., vgl. auch DIERSSEN & WÖHLER 1997: 175 ff.)? Bedeutet ein demographisches Nullwachstum sogleich auch die Rettung der Natur? Die Zahl der Menschen in der Bundesrepublik Deutschland ist inzwischen einigermaßen stabil; dennoch kann der Landschaftsverbrauch und die Versiegelung des Bodens durch den Bau von

Siedlungen und Straßen längst nicht als beendet gelten und in einem der reichsten Länder der Erde wird im Streitfall noch allzu oft gegen die Natur entschieden. Und es stellt sich die Frage nach der Effektivität im Management von Biodiversität.

Sibirische Tiger *(Panthera tigris)* sind besonders deshalb bedroht, weil es für Produkte aus toten Tigern in Ostasien einen Markt gibt; vor allem vermeintlich wirksame Aphrodisiaka werden produziert. Vom lebendigen Tiger bis zum Potenzmittel ist es aber ein weiter Weg, sowohl geographisch als auch ökonomisch. Es sind tränendrüsenstrapazierende Beträge, die die Wilderer in Russland erhalten; aber sie sind mit diesem Kapital in der Lage, ihre Familien für eine Weile zu ernähren. Wie kann man dem Sibirischen Tiger also effektiv helfen: durch die finanzielle Unterstützung verschärfter Kontrollen an den Grenzen, durch die finanzielle Unterstützung der Ranger, durch Forschungsförderung, durch finanzielle Unterstützung der Wilderer, vielleicht mit dem Ziel, diese für den Erhalt der Tiger zu gewinnen, durch finanzielle Unterstützung der Aufklärungsarbeit in China oder durch Errichtung einer Zuchtstation für Sibirische Tiger, um den Markt mit pantherogenen Aphrodisiaka zu überschwemmen?

Letztlich bleibt zu fragen, ob das Ego einzelner oder vieler Menschen der Erhaltung der Biodiversität im Wege steht, oder ob es genügt, an ökonomischen und juristischen Stellschrauben zu drehen.

Antworten auf diese einfach zu stellenden Fragen werden nur auf der Basis sehr komplexer Analysen zu gewinnen sein; an diesen Analysen werden mindestens Ökologen und Systematiker, Psychologen und Soziologen, Ökonomen und Juristen gemeinschaftlich (fächerübergreifend) zu beteiligen sein. Möglicherweise wird man für reiche Nationen eine andere Antwort finden als für die Dritte Welt.

Wie auch immer eine Antwort lauten wird – es ist längst offensichtlich, dass der Schutz der Biodiversität keine Angelegenheit der Natur selbst wäre etwa gemäß dem Motto „Die Natur kann sich selbst am besten helfen". Der Mensch ist Mitglied der allermeisten Landschaften und es gehört zu seinen kulturellen Leistungen, Natur und Landschaft zu managen. Und wie zu jeder kulturellen Leistung gehören auch Kreativität und ökonomisches Geschick dazu.

7.2 Biodiversität und Sustainable Development - Leitbilder, Umweltqualitätsziele und Umweltstandards im Wandel

Die vielfältige Natur bedarf unseres Schutzes; darüber sind sich die meisten Menschen einig. Gelegentlich wird auch eine Versöhnung von Mensch und Natur gefordert. Viel ist inzwischen über die Prüfung der **Umweltverträglichkeit** publiziert worden. Zentrale Forderungen im Zusammenhang mit Maßnahmen, die die natürliche Umwelt belasten könnten, sind sehr häufig in etwa die folgenden (vgl. EDELER & al. 1996: 360):

- Die Gesundheit des Menschen ist zu schützen.
- Die natürlichen Ressourcen müssen erhalten werden bzw. sind schonend zu nutzen, damit sie sich regenerieren können. Die natürliche Regenerationsfähigkeit der Ökosysteme und ihre Funktionen sind zu erhalten.
- Schadstoffeinträge sind zu begrenzen. Die Menge der Immissionen ist an der Aufnahmekapazität der Umwelt auszurichten.
- Handlungen und Maßnahmen dürfen nur in soweit stattfinden, als sie das Fortbestehen der biologischen Vielfalt nicht bedrohen.

Ressourcenschutz, Begrenzung der **Schadstofffrachten**, die **Aufnahmekapazität der Umwelt** und die **Erhaltung ökosystemarer Funktionen** sind erkenntnistheoretisch allerdings allesamt harte Brocken oder im Einzelfall auch beim besten Willen nicht zu erreichen. Der Austrag von Stoffen und Energie aus einem Ökosystem ist häufig eine vom Eintrag abhängige Größe. Je mehr Nitrat beispielsweise in den Boden eingetragen wird, um so mehr Nitrat wird – meistens nach Änderung des Vorratsspeichers – auch ausgewaschen. Die Forderung nach Begrenzung von Immissionen und Beeinträchtigungen auf ein Maß, das sich an der Aufnahmekapazität und am Reaktionsvermögen der Umwelt zu bemessen hat, kann erkenntnistheoretisch deshalb nicht hinreichend sein.

Wege und Ziele im Naturschutz sind keine objektiv feststellbaren Werte. Erst wenn die ethisch-normative Zielsetzung, die immer axiomatisch ist, stattgefunden hat und man sich weitestgehend einig ist, lohnt es sich, für die Planung der Infrastruktur, für die Festlegung der Wege, empirische Daten und gute ökologische Kenntnisse einfließen zu lassen.

Die Beweggründe, Natur zu schützen, können dabei von Person zu Person ganz unterschiedlich sein und die Komposition und Vielfalt der Meinungen unterliegt in starkem Maße dem Zeitgeist.

Natur wurde schon immer in extremer Weise genutzt und ausgebeutet. Natur wird aber bereits auch seit sehr langer Zeit geschützt. Die Meinung, dass es einst eine Zeit gegeben habe, in der Mensch und Natur in harmonischer Eintracht miteinander lebten, gehört zweifelsfrei zu den verklärten Wunschvorstellungen. Richtig ist dagegen, dass Natur in verschiedenen Kulturen geschützt wurde – um die Götter nicht zu verstimmen, um Götter oder von Göttern beseelte bzw. geschützte Tiere und Pflanzen nicht zu verletzen oder zu töten, letztlich um sich selbst nicht göttlichem Zorn aus-

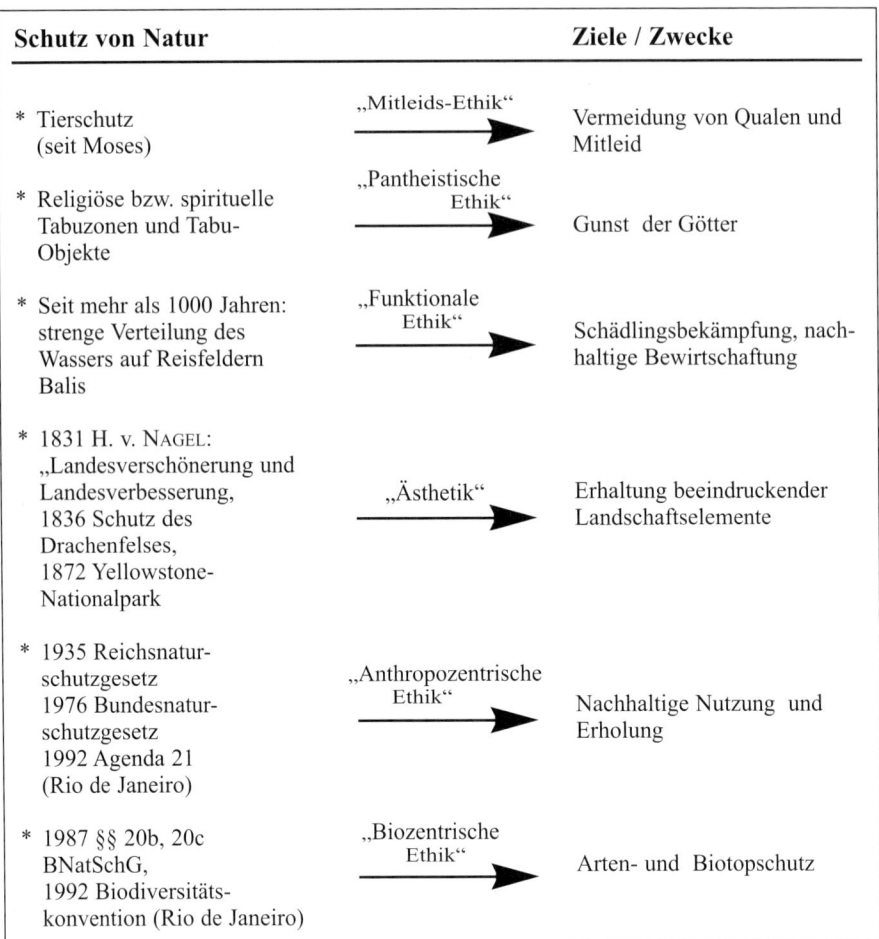

Schutz von Natur		Ziele / Zwecke
* Tierschutz (seit Moses)	„Mitleids-Ethik"	Vermeidung von Qualen und Mitleid
* Religiöse bzw. spirituelle Tabuzonen und Tabu-Objekte	„Pantheistische Ethik"	Gunst der Götter
* Seit mehr als 1000 Jahren: strenge Verteilung des Wassers auf Reisfeldern Balis	„Funktionale Ethik"	Schädlingsbekämpfung, nachhaltige Bewirtschaftung
* 1831 H. v. NAGEL: „Landesverschönerung und Landesverbesserung, 1836 Schutz des Drachenfelses, 1872 Yellowstone-Nationalpark	„Ästhetik"	Erhaltung beeindruckender Landschaftselemente
* 1935 Reichsnaturschutzgesetz 1976 Bundesnaturschutzgesetz 1992 Agenda 21 (Rio de Janeiro)	„Anthropozentrische Ethik"	Nachhaltige Nutzung und Erholung
* 1987 §§ 20b, 20c BNatSchG, 1992 Biodiversitätskonvention (Rio de Janeiro)	„Biozentrische Ethik"	Arten- und Biotopschutz

Box – Nr. 74: Beispiele für Ziele und Zwecke des Schutzes bestimmter Naturqualitäten. In den allermeisten Fällen diente der praktische Schutz dem Wohlbefinden, der Erholung bzw. Gesundheit von Menschen. Die Erhaltung bedrohter Tier- und Pflanzenarten, der Schutz globaler Biodiversität im Sinne einer biozentrischen Ethik, die das Eigenrecht der Natur thematisiert, ist dagegen eine vergleichsweise junge Zielbestimmung.

zusetzen **(Theozentrismus)**. Zum Teil hatte der theozentrische Ansatz einen ganz handfesten, praktischen Grund; so wurden Überhälter in shifting cultivation-Kulturen zum Schutz der Kulturpflanzen stehengelassen (vgl. STÜBEN 1995: 96).

Staatlicher Naturschutz, wie er im 19. Jahrhundert in den USA und in Mitteleuropa begann, hatte vor allem die Erhaltung beeindruckender Landschaften, den Schutz von landschaftsästhetischen Monumenten vor der Zer-Siedlungstätigkeit der

Menschen, die „**Landschaftsverschönerung**" zum Ziel, dagegen nicht in erster Linie die Erhaltung bestimmter seltener Pflanzen- und Tierarten (vgl. PLACHTER 1991: 15 ff.). Heutzutage wird vielfach das Wohlergehen, die Gesundheit und das Fortbestehen von *Homo sapiens* als wichtigstes Ziel im Schutz von Natur und Landschaft genannt (Anthropozentrismus).

Aber immer häufiger wird auch ein **Eigenrecht der Natur**, der Schutz der Natur um seiner selbst willen diskutiert; die biologische Vielfalt steht immer häufiger im Zentrum des Schutzgedankens (Biozentrismus). Pflanzen und Tieren wird ein Selbstwert zugesprochen und mit diesem Selbstwert das Recht auf Arterhaltung. Dabei ist es in der Wirkung möglicherweise ganz unerheblich, ob der Sibirische Tiger (endem. Rasse von *Panthera tigris)* vor dem Aussterben bewahrt werden soll, damit dieser biotische Selbstwert erhalten bleibt (biozentrischer Ansatz) oder damit der Mensch sich an der Erhaltung dieser Art erfreuen, diese möglicherweise sogar nutzen kann (anthropozentrischer Ansatz).

Besonders seit den 1970er Jahren werden **Schutzwertkriterien** formuliert, die dem Anspruch genügen sollen, die Planungspraxis mit objektbezogenen – objektive-ren – Daten zu unterfüttern. **Substantielle Kriterien** beziehen sich auf vorhandene Qualitäten eines Schutzgebietes (die Schutzwürdigkeit), unabhängig davon, ob und in welcher Weise diese zu schützen sind. Die Durchführung erforderlicher Nutzungsbeschränkungen und der Einsatz notwendiger Pflegemaßnahmen ist aber nicht nur von den substantiellen Kriterien, sondern auch von den politisch-adminis-trativen Rahmenbedingungen (den **akzidentellen Kriterien**) und den rechtlichen Grundlagen (den **Legalkriterien**) abhängig.

Als substantielle Kriterien werden häufig genannt (vgl. u.a. WILMANNS & DIERSSEN 1979: 544 f., WITSCHEL 1980: 172 ff., DIERSSEN 1990: 206 f.):

Seltenheit (von Räumen, Gemeinschaften, Arten, Individuen), **Mannigfaltigkeit** (als Strukturreichtum, Artenvielfalt), **Stabilität** (im Sinne von Pufferkapazität gegen äußere Einflüsse), **Repräsentativität** (als Bezug zur umgebenden Landschaft in Gegenwart und Vergangenheit), **Natürlichkeit** (Unberührtheit, Urtümlichkeit, Ursprünglichkeit), **synökologische Bedeutung** (als quantitatives Merkmal für intra- und interspezifische Wechselwirkungen) sowie die Bedeutung eines Gebietes als Ressource (für sauberes Wasser, saubere Luft, fruchtbare Böden etc.), **natur- und kulturhistorischer Wert** (wissenschaftlicher Wert), **Erlebniswert** (ästhetischer Wert). Dem Kriterium der Seltenheit wird überregional „wegen seines relativ klaren und wirklich quantifizierbaren Inhaltes die größte und als generelle Norm kaum umstrittene Bedeutung" (WITSCHEL 1980: 172) beigemessen. Die Seltenheit ist als obligatorisches Vorstadium des Aussterbens auch ein Gradmesser für die Gefähr-dung. Diesem Kriterium werden die übrigen häufig untergeordnet, sofern sie nicht ohnehin dieselben Aspekte unterstützen. Der Schutz seltener Arten und die Erhaltung des Artenreichtums bedeuten – global betrachtet – dasselbe. Auf regionaler Ebene gilt dies dagegen nicht. Zur Erhaltung bestimmter Arten – man denke beispielsweise an Pinguine oder Limikolen – ist es notwendig, die spezifische Artenarmut der Lebensräume zu erhalten. Eine permanente Erhöhung der Artenzahl durch Einbürge-rung kann in bestimmten Fällen die Bedrängung, im Extrem die Verdrängung von Populationen oder Arten zur Folge haben.

Die Kriterien-Kataloge sind inzwischen z.T. telefonbuchartig angeschwollen; immer neue Parameter werden als wichtig erachtet. Diese Inflation an Kriterien gibt andererseits zur Sorge Anlass, dass konkrete Landschaftsbestandteile in kurzer Zeit neu und anders bewertet werden könnten. Auch aus diesem Grund ist es wichtig, dem von Zeit und Raum vergleichsweise unabhängig hoch geschätzten Kriterium der Seltenheit den größten Stellenwert einzuräumen. Auf der regionalen Ebene gilt es zunächst, die Eigenart der Landschaft zu erfassen. Arten, Biotope und Landschaften dort zu erhalten, wo sie ihren Verbreitungsschwerpunkt haben, bedeutet global eben auch den weltweiten Erhalt dieser Arten, Biotope und Landschaften.

Besonders seit den 1980er Jahren wird vermehrt über die Bedeutung von **Nachhaltigkeit,** von einer nachhaltigen Entwicklung **(Sustainability, sustainable development)** nachgedacht, in Wissenschaft und Öffentlichkeit darüber diskutiert.

Die Weltkommission für Umwelt und Entwicklung, geleitet von der norwegischen Politikerin BRUNDTLAND, hat ihrem Bericht (1987; häufig auch als **Brundtland-Report** oder Brundtland-Bericht bezeichnet) das Konzept des „Sustainable Development" zugrundegelegt. Spätestens seit der zweiten internationalen Umweltkonferenz, der Weltkonferenz für Umwelt und Entwicklung (UNCED) 1992 in Rio de Janeiro, hat dieses Konzept mit der **Agenda 21** eine weltpolitische Dimension erhalten.

Der Begriff umfasst seit der Rio-Konferenz explizit ökologische, ökonomische und soziale Aspekte: die Erhaltung von Ökosystemfunktionen, Großlandschaften und den Schutz der globalen Biodiversität, die bessere Bewirtschaftung der Ökosysteme, soziale Gerechtigkeit u.v.a.m. Es nimmt daher nicht Wunder, dass Ökologen wie HABER (1994: 9 ff.) den Begriff aus einem anderen Blickwinkel betrachten als Ökonomen (vgl. KLEMMER 1994: 14 ff.), Juristen oder Soziologen (vgl. HEINS 1994: 19 ff.). HABER (1994: 9, 13) betont den Schlagwortcharakter des Begriffes „Nachhaltigkeit" und betrachtet diesen mit nachhaltiger Skepsis. Er vergleicht den Begriff der Nachhaltigkeit mit anderen zu Schlagworten avancierten Konzepten wie: ökologisches Gleichgewicht, Schließung von Stoffkreisläufen, Dezentralisierung („small is beautiful"), Grenzen des Wachstums, ökologische Stabilität, Ausgleich von Eingriffen.

Nachhaltigkeit ist eben kein Wert an sich. Es gibt sehr nachhaltige Effekte und Entwicklungen, die kaum jemand wirklich wünscht: radioaktiven Müll z.B. oder nachhaltige Beeinträchtigungen; Letztere sind nach § 20c BNatSchG unzulässig, wenn sie bestimmte Biotope betreffen.

Man wird also nicht umhin kommen, zu definieren, welche nachhaltige Entwicklung gewünscht ist, will man nicht Gefahr laufen, ein im Kern sicherlich fruchtbares Konzept in der von HABER skizzierten Weise verblassen zu sehen. Auch im praktischen Naturschutz ist Nachhaltigkeit kein Allheilmittel. Naturschutz zielt regional auf die Erhaltung landschaftsspezifischer Elemente ab. Die Fortsetzung traditioneller Nutzung oder Nichtnutzung führt häufig sehr effektiv zu einem Erfolg im Sinne des angewandten Naturschutzes. Dieses Procedere steht zunächst nicht im Widerspruch zum globalen Konzept des Sustainable Development, das die Erhaltung von Großlandschaften und der Biodiversität in toto zum Ziel hat.

Nachhaltigkeit – Nachhaltige Entwicklung

v. HAGEN-DONNER 1883, zit. in BARTH (1995: 267):
„Die Preußische Staatsforstverwaltung . . . hält sich . . . für verpflichtet, die Staatsforsten als ein der Gesamtheit der Nation gehörendes Fideikommiß (treuhänderisches Objekt; C. H.) so zu behandeln, daß der Gegenwart ein möglichst hoher Fruchtgenuß zur Befriedigung ihres Bedürfnisses an Waldprodukten und an Schutz durch den Wald zugute kommt, der Zukunft aber ein mindestens gleich hoher Fruchtgenuß von gleicher Art gesichert wird."

Bundesnaturschutzgesetz – BNatSchG 1987:
„§ 1. Ziele des Naturschutzes und der Landschaftspflege.
(1) Natur und Landschaft sind im besiedelten und unbesiedelten Bereich so zu schützen, zu pflegen und zu entwickeln, daß
    1. die Leistungsfähigkeit des Naturhaushalts,
    2. die Nutzungsfähigkeit der Naturgüter,
    3. die Pflanzen- und Tierwelt sowie
    4. die Vielfalt, Eigenart und Schönheit von Natur und Landschaft
als Lebensgrundlagen des Menschen und als Voraussetzung für seine Erholung in Natur und Landschaft **nachhaltig** gesichert sind."

Bundesnaturschutzgesetz – BNatSchG 1987:
§ 20 c Schutz bestimmter Biotope
„(1) Maßnahmen, die zu einer Zerstörung oder sonstigen erheblichen oder **nachhaltigen Beeinträchtigung** folgender Biotope führen können, sind unzulässig: . . ."

Agenda 21 in der Präambel (UNCED-Konferenz 1992 in Rio; BUNDESUMWELTMINISTERIUM FÜR UMWELT, NATURSCHUTZ UND REAKTORSICHERHEIT o. J.: 9):
„einen größeren Schutz und eine bessere Bewirtschaftung der Ökosysteme . . . zu erreichen . . . in einer globalen Partnerschaft, die auf eine **nachhaltige Entwicklung** ausgerichtet ist."

LESER & al. (1995: 5):
1. in der Landwirtschaft bedeutet **Nachhaltigkeit** die Fähigkeit eines Landschaftsökosystems bzw. Agroökosystems, bei Nutzung und anschließendem Ausgleich der Verluste durch Düngung dauerhaft die Leistung zu erbringen, ohne sich zu erschöpfen. –
2. in der Forstwirtschaft bedeutet **Nachhaltigkeit** die Forderung und das Streben nach stetiger und optimaler Bereitstellung sämtlicher materieller und immaterieller Waldleistungen und Waldfunktionen zum Nutzen der jetzigen und künftigen Generationen.

Box – Nr. 75: Ausgewählte Zitate zum Thema Nachhaltigkeit/nachhaltige Entwicklung. Aufgrund der langen Zeit zwischen dem Pflanzen von Bäumen und der Ernte des Holzes ist es in der Forstwirtschaft bereits seit langem üblich, über Zeiträume politischer Verantwortlichkeiten hinauszudenken.

Besonders wenn es um die Aufwertung von bereits stark verarmten Landschaftsausschnitten geht, kann es aber durchaus im Sinne des (gestaltenden) Naturschutzes sein, Biotope neu zu schaffen – in Talungen z.B. durch die Anlage von Flachwasserbiotopen, in ausgeräumten Agrarlandschaften z.B. durch die Pflanzung von Hecken: und zwar solchen Tümpeln und Hecken, die dort vorher nie gewesen sind. Letztlich wäre jeder Steinbruch, jeder neugeschaffene Graben, jeder Stollen, jede Kiesgrube mit dem Hinweis auf ein konsequentes Nachhaltigkeitskonzept abzulehnen – obwohl

Natur- und Landschaftsschutz

lokal-regional   **global**

Konservierender Naturschutz
* Erhaltung
  landschaftsspezifischer
  Elemente

Gestaltender Naturschutz
* Aufwertung verarmter
  Landschaftsausschnitte
  durch Biotopneuschaffung

Sustainable Development

* Erhaltung von
  Großlandschaften

* Erhaltung der
  Artenvielfalt

Wege mittlerer Reichweite   langfristige Ziele

Abb. – Nr. 76: Lokal-regionaler bzw. globaler Natur- und Landschaftsschutz. Dem globalen Schutzziel, der Erhaltung von Großlandschaften und Artenvielfalt, für das es inzwischen einen großen, überregionalen Konsens gibt, entsprechen zumeist lange Wege, die dem Nachhaltigkeitsprinzip gerecht werden. Im lokal-regionalen Naturschutz mag es gelegentlich hilfreich sein, wenn das Nachhaltigkeitsprinzip nicht überstrapaziert wird.

sie zweifelsfrei zur Habitatvielfalt beitragen und obwohl sie sehr häufig nach der Einstellung intensiver Nutzung zur Erhaltung seltener Arten (Fledermäuse, Amphibien, Orchideen etc.) beitragen.

Für die Erhaltung von Landschaften ist die Frage der **Regenerierbarkeit** charakteristischer Biotope von größter Bedeutung. Eine besonders lange Entwicklungsdauer, die mit einer entsprechenden Boden- bzw. Torfbildung verbunden ist, ist beispielsweise bezeichnend für Hochmoore, Moorwälder, Urwälder. Einige von ihnen werden sich nach vollständiger Vernichtung möglicherweise kaum regenerieren können. Hartholzauen, Halbtrockenrasen, Flachmoore, magere Feuchtwiesen benötigen in der Regel sehr lange Zeiträume, bis sie sich wieder in einer typischen Artenzusammensetzung und Struktur entwickelt haben. Für Weiß-, Grau-, Braundünen, Großseggenrieder und Borstgrasrasen wird eine Regenerationsdauer von 15-150 Jahren angegeben, für Ackerbrachen, Waldinnensäume, Brombeerhecken eine kürzere Zeit (RIECKEN & al. 1994: 20 f., 33 ff., 37 ff.). Dies sind Größenordnungen;

nicht bzw. nur über extrem lange Zeiträume
regenerierbar; praktischer Schutz: Gebiete erhalten, sich
selbst überlassen, unter veränderten Bedingungen sind
Pflegemaßnahmen z. T. erhaltungsnotwendig

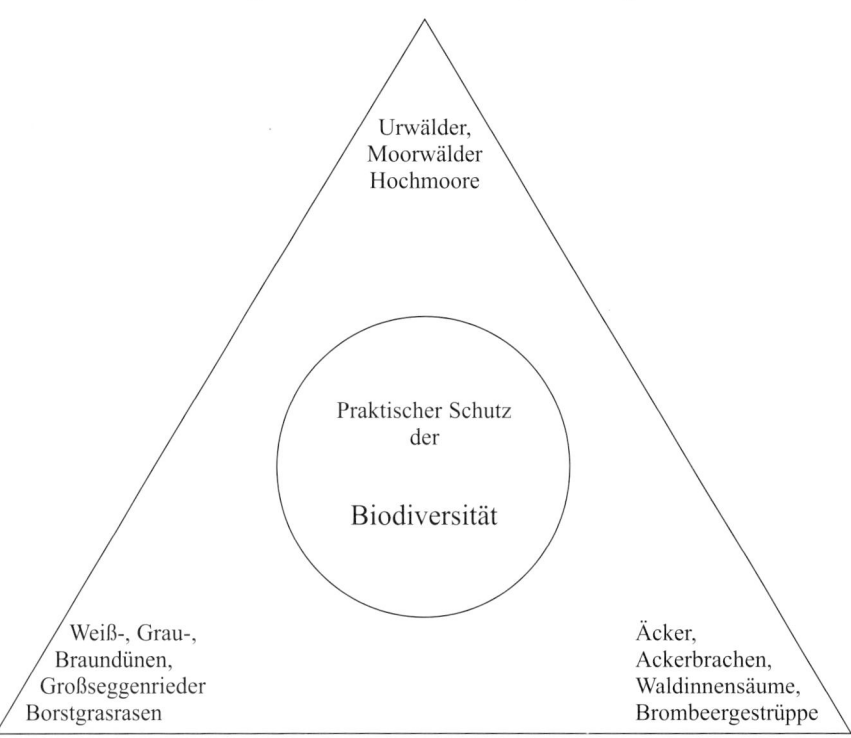

Urwälder,
Moorwälder
Hochmoore

Praktischer Schutz
der

Biodiversität

Weiß-, Grau-,
Braundünen,
Großseggenrieder
Borstgrasrasen

Äcker,
Ackerbrachen,
Waldinnensäume,
Brombeergestrüppe

regenerierbar in 15–150 Jahren;
praktischer Schutz:
Rahmenbedingungen erhalten,
z. T. Pflegemaßnahmen
durchführen

regenerierbar innerhalb
von 15 Jahren;
praktischer Schutz:
vernichtende Impulse
zulassen, Sukzessionen
ermöglichen

Abb. – Nr. 77: Praktischer Schutz der Biodiversität unter Berücksichtigung der Regenerierbarkeit beteiligter Biotoptypen bzw. Pflanzengesellschaften. Für Pflege- und Entwicklungsmaßnahmen ist die Kenntnis der Regenerierbarkeit außerordentlich bedeutsam. Manchmal ist es einfacher und kostengünstiger, die Sukzession durch partielle Vernichtung überalterter Bestände von vorn beginnen zu lassen, als bestimmte Sukzessionsstadien an Ort und Stelle erhalten zu wollen (vgl. RIECKEN 1992: 533 f., RIECKEN & al. 1994: 18 ff.).

entsprechend vorsichtig sind solche Zahlen für den konkreten Fall einzuschätzen, da sie sehr stark abhängig sind von der Keimfähigkeit der Samen in der Samenbank, von der Nähe zu Resten entsprechender Biotoptypen, vom Zustand der Bodenbildung etc.

Wenn es so schwierig ist, die Umweltverträglichkeit zu bestimmen, weil es *die* Aufnahmekapazität und *das* Reaktionsvermögen der Umwelt nicht gibt, dann ist möglicherweise der einfachere Weg Qualitätsziele zu bestimmen: **Umweltqualitätsziele** (vgl. JESSEL 1996: 211 ff.).

Viele solcher Umweltqualitätsziele sind schon formuliert worden. Eine ganze Reihe von ihnen ist bereits gesetzlich verankert. In Form von **Grenzwerten** beziehen sie sich auf die Qualität des Trinkwassers, des Badewassers, auf Luftbelastungen, die von privaten Feuerungsanlagen in Wohnhäusern ausgehen, auf Belastungen durch Kläranlagen, Verbrennungsanlagen, aber auch auf viele andere technische Anlagen; bestimmte Stoffe dürfen mit Rücksicht auf die menschliche Gesundheit überhaupt nicht mehr verarbeitet oder genutzt werden etc. etc. Solche Parameter sind quantitativ, messbar, standardisierbar: **Umweltstandards**.

Problematischer, vielleicht auch wissenschaftlich reizvoller wird die Analyse, wenn Umweltqualitätsziele sich beispielsweise auf die Artenzusammensetzung einer Biocoenose oder die Erscheinung einer Landschaft, auf das Landschaftsbild beziehen und sich kaum quantifizieren lassen.

Derzeit ist eine rege Diskussion entbrannt, wie Umweltqualitätsziele und **Leitbilder** für die Landschaft und für den Schutz von Natur und Landschaft zu entwickeln sind. Dass es eine eindeutige naturwissenschaftliche Aussage über den not-

Umweltqualitätsziele

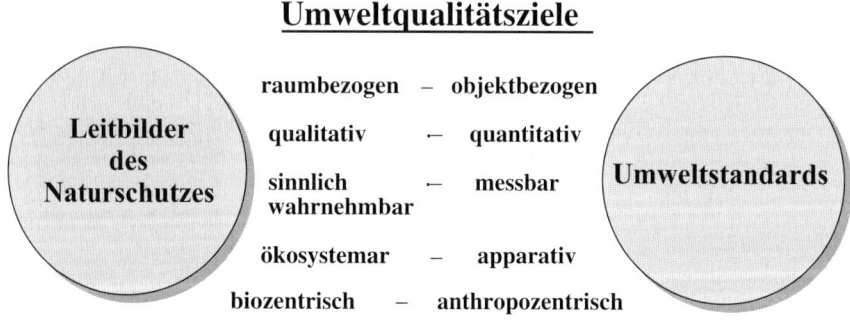

Abb. – Nr. 78: Leitbilder des Naturschutzes, Umweltqualitätsziele, Umweltstandards. Leitbilder des Naturschutzes umfassen üblicherweise eine Reihe von Umweltqualitätszielen, die sich beispielsweise auf die Qualität des Bodens, auf hydrologische Aspekte, auf das Vorhandensein bestimmter Arten oder Gesellschaften beziehen. Sofern diese Umweltqualitätsziele quantifizierbar, messbar und standardisierbar sind, können sie auch als Umweltstandards bezeichnet werden.

wendigen Umfang zwingend auszuweisender Qualitätsmerkmale für einen Landschaftsausschnitt nicht geben kann, geht bereits aus dem HUMEschen Gesetz (HUME 1739, vgl. KULENKAMPFF 1989: 97 ff.) hervor, welches besagt, dass das Sollen aus dem Sein nicht zu deduzieren ist. Aus Faktischem kann man Wünschenswertes oder Lobenswertes nicht eindeutig, kausalanalytisch, einwandfrei ableiten. Aber der umgekehrte Schluss, dass wir zur Konstruktion des Sollzustandes die Kenntnis des Istzustandes gar nicht benötigen, gilt auch nicht.

Die Erkenntnisse, die sich auf den Istzustand beziehen, können sehr wohl Einfluss nehmen auf den Abwägungsprozess verschiedener Sollzustände. Es lohnt sich immer, traditionelle Nutzungen, Sitten und Gebräuche, Land und Leute, Flora und Fauna sehr gut zu kennen, sich eine Landschaft wissentlich zu erschliessen. Nur selten ist die persönliche Vorstellung von einem – wie auch immer gearteten – Optimalzustand nach der Erkenntnis derselbe wie vor der Erkenntnis. Dies hängt unter ande-

Bewertungsebenen in der Planungspraxis

1. **Naturwissenschaftliche Beurteilung**

2. **Naturschutzfachliche Bewertung i. e. S.**

3. **Ebene der Zentrismen**

4. **Praxisorientierte Bewertung**

5. **Strategische Bewertung**

6. **Juristische Bewertung**

7. **Politisch-administrative Bewertung**

8. **Bewertung der Förderprogramme**

Box – Nr. 79: Dimensionen der Bewertung in der Planungspraxis (nach ESER & POTTHAST 1997: 181 ff.; verändert). WIEGLEB (1997: 49) hat darauf hingewiesen, dass mit den Begriffen Wert und Bewertung ganz unterschiedliche Bedeutungen und Dimensionen verknüpft sein können. So wird der Ausdruck Bewertung je nach Zusammenhang im Sinne von Auswertung, Beurteilung, Reihung (Hierarchisierung), Wert-Schätzung und Wert-Setzung verwendet. Letztlich ist dies die Fortsetzung und Konkretisierung einer sehr langen philosophischen Diskussion um die Wertetheorie, die sich kritisch mit der Frage auseinandersetzt, was als Wert bzw. Bewertung aufzufassen ist.

rem damit zusammen, dass man bei der Analyse der Landschaft in der Regel eine sehr genaue Vorstellung davon bekommt, für welche Sollzustände eine realistische Chance der Umsetzung besteht. Für die Entwicklung und Definition von Umweltqualitätszielen, für Leitbilder im Natur- und Landschaftsschutz kann daher die naturwissenschaftliche Erkenntnis der Landschaft allein nicht hinreichend sein. Der Brückenschlag vom Sein zum Sollen, vom Ist- zum Sollzustand lautet Möglichkeit, Machbarkeit, Wahrscheinlichkeit. Ökologisches Wissen ist in diesem Zusammenhang nötig, um Aussagen über das theoretisch Machbare – auf diesem Boden, in dieser Klimazone etc. – zu erhalten. Aber ebenso wichtig sind die Bereitstellung finanzieller und technischer Mittel, der juristische Rahmen, Akzeptanz und Konsens auf den verschiedenen Etagen von Politik und Bürokratie.

Der Vorgang der Bewertung in der Planungspraxis, die sich zwischen dem Sein und Sollen der Landschafts- respektive der Naturschutzplanung iterativ hin- und herbewegt, kann in mehrere Stufen unterteilt werden (vgl. ESER & POTTHAST 1997: 181 ff.):

Naturwissenschaftliche Beurteilung
Jede Bestandserfassung, jeder Datenkatalog ist hinsichtlich Umfang, d.h. Intensität und Dauer, aber auch methodologisch kritisch zu würdigen.

Naturschutzfachliche Bewertung i. e. S.
Die Bestandserfassungsdaten werden in Bezug auf seltene und gefährdete Arten bzw. in Bezug auf andere substantielle Schutzwertkriterien einer genauen Analyse unterzogen. Diese Arbeit erfolgt üblicherweise unter Zuhilfenahme von Roten Listen.

Bewertungsebene der Zentrismen
Die eigene Position und die Position weiterer Entscheidungsträger hinsichtlich Theozentrismus, Anthropozentrismus, Pathozentrismus, Biozentrismus, Physiozentrismus darf an dieser Stelle – muss aber nicht (dann geschieht es eben unbewusst) – hinterfragt werden. Auf jeden Fall aber kann es nicht schaden, die Frage zu stellen, ob eine Forderung zum Nutzen der ansässigen Bevölkerung, zum Landschaftserleben Erholungsuchender oder zum Schutz von Flora und Fauna erhoben wird.

Praxisorientierte Bewertung
Die Bewertung auf dieser Ebene geschieht unter Berücksichtigung der Frage, ob der angestrebte Zustand überhaupt technisch und finanziell zu leisten ist.

Juristische Bewertung
Der juristische Rahmen wird geprüft.

Strategische Bewertung
Es wird die Frage zugelassen, ob der gewählte Weg oder die gewählte Argumentation taktisch klug ist. Auf der Basis einer Roten Liste der Vögel ist effektiver Naturschutz zu betreiben als mit einer Roten Liste der Fadenwürmer (Nematoden). Die Argumente Artenvielfalt und Seltenheit haben in der öffentlichen Diskussion einen hohen Stellenwert und wären aus strategischen Gründen anderen Argumenten, die wissenschaftlich gleichwertig sind, vorzuziehen.

Politisch-administrative Bewertung

Vieles verläuft im Sande. Verwaltungen arbeiten im Schneckentempo. Verlangt eine Maßnahme schnelles Handeln, dann wird sie nicht selten auf dieser Etage gekippt.

Bewertung der Förderprogramme

In Europa gibt es eine nahezu unübersehbare Zahl von internationalen und nationalen Förderprogrammen, die direkten Einfluss auf Landwirtschaft, Naturschutz, Baumaßnahmen und andere die Landschaft betreffende Nutzungen nehmen. Eine kritische Würdigung der Förderprogramme sollte nicht den Ökonomen überlassen werden. Hier öffnet sich ein Betätigungsfeld, in dem Umweltwissenschaftler, Biologen, Soziologen, Juristen, Manager u.a. fächerübergreifend Einfluss ausüben sollten.

Will man im praktischen Naturschutz wirklich Erfolg haben, dann sollte man keine der genannten Bewertungsebenen außer Betracht lassen. Für die Erarbeitung von Zielvorstellungen gilt dasselbe. Es gibt zumeist mehrere Alternativen, die es lohnt in Betracht zu ziehen. Ihre Realisierbarkeit ist von Landschaft zu Landschaft, von Nation zu Nation sehr unterschiedlich. Jedes Leitbild (vgl. WIEGLEB 1997: 43 ff., FINCK 1998: 7 ff.) setzt sich – möglichst bildhaft (!) – aus einer ganzen Palette aufeinander abgestimmter Umweltqualitätsziele zusammen. Einige der in diesem Zusammenhang verwendeten Begriffe sind schaurig, unsinnig, schlicht irreführend oder einfach missverständlich. Hier sollen, da der Prozess der diesbezüglichen Begriffsbildung noch nicht als beendet gelten kann, deshalb deskriptive Termini verwendet werden. Die sind dann zwar etwas länger, aber auch plausibler.

Bis zur Mitte des 20. Jahrhunderts ging man zumeist davon aus, dass die Natur sich selbst am besten hilft. Nach dieser Vorstellung musste der menschliche Einfluss bloß reduziert werden, dann würde sich schon alles selbst wiederherstellen. Die Landschaft ohne den Menschen, nachdem die Wunden verheilt sind, ist das Leitbild, welches heute dann und wann, – z.B. im Zusammenhang mit der Flussauen-„Revitalisierung" – als „ökologisches Leitbild" bezeichnet wird. Dieser Begriff ist nichtssagend und inhaltlich kaum zu rechtfertigen. Auch bleibt die Frage, ob der Mensch, bevor er sich in diesem Gedankenexperiment aus dem Theater zurückgezogen hat, seine Hinterlassenschaften von der Bühne abräumen muss oder sie darauf liegen lassen darf. Es wird um der Verständlichkeit willen vorgeschlagen, vom **„Leitbild der unberührten Landschaft"** oder vom **„Leitbild der Wildnis"** zu sprechen, wenn die wilde Natur ohne den Menschen und ohne seine Hinterlassenschaften – Bauwerke etc. – gemeint ist.

Das **„Leitbild potentieller Natürlichkeit"** – hier schlägt der Begriff der potentiellen natürlichen Vegetation (PNV; vgl. HÄRDTLE 1989: 7 ff., HOBOHM 1994: 11 f., KAISER 1996: 435 ff., LEUSCHNER 1997: 379 ff.,) durch – würde dagegen die vom Menschen errichteten Bauwerke, Straßen, Teiche, Gräben, vom Menschen veränderte Böden etc. dort akzeptieren, wo sie sind und nur den Menschen selbst aus der Landschaft herausdenken.

Vielfach wird die von Menschen gestaltete Landschaft des 19. Jahrhunderts als optimaler Zustand im Sinne des Natur- und Landschaftsschutzes betrachtet. Man

Sollzustand

**Zustand der Landschaft zu einem
bestimmten Zeitpunkt (z. B. 1850)**

Wilde Natur   **Landschaftskonstrukt**

**Traditionelle
Nutzung**   **Förderung
neuer
Wege**

Natürliche Dynamik   **(Förderprogramme)**

Istzustand

Abb. – Nr. 80: Leitbildvarianten des Naturschutzes. Generell sind drei mögliche Zierichtungen des praktischen Naturschutzes zu unterscheiden. Die unberührte, ursprüngliche und/oder wilde Natur ist ein
Schutzziel, das besonders im Bereich von Bannwäldern, Flussauen, Watten etc. angestrebt wird (vgl.
BAYERISCHE AKADEMIE FÜR NATURSCHUTZ UND LANDSCHAFTSPFLEGE (ANL) 1997). Hier gilt es, den
Einfluss von Menschen zu minimieren. Der Zustand der Kulturlandschaft zu einem bestimmten Zeitpunkt
ist die zweite Möglichkeit. Häufig wird in diesem Zusammenhang das Jahr 1850 genannt; zu dieser Zeit
war die Landschaft in Mitteleuropa extrem reich an Strukturen und Habitaten. Wälder, Wiesen und Äcker
müssen sehr artenreich gewesen sein. Die dritte Möglichkeit ist ein Landschaftskonstrukt, also etwas, was
vorher in dieser Weise an dieser Stelle noch nicht existiert hat. Der diesem Schutzziel entsprechende Weg
kann einem radikalen Nachhaltigkeitsprinzip nicht gerecht werden.

könnte das entsprechende Leitbild – welches sich auch auf jeden anderen Zeitpunkt
in der Vergangenheit beziehen kann – als „historisches Leitbild" bezeichnen. Das
Gegenteil wäre eine Landschaft, die so an Ort und Stelle noch nicht existiert hat. Das
entsprechende Leitbild wäre dann ein „Konstrukt".

Leitbilder, denen eine generelle Entwicklungsrichtung (Leitlinie) zugrundeliegt,
werden auch als „Protoleitbilder", „Leitziele" oder „theoretische Leitbilder"
(WIEGLEB 1997: 44, HORLITZ 1998: 327) bezeichnet. Dazu gehören die drei genannten Möglichkeiten. Zumindest den Begriffen Protoleitbild und theoretisches Leitbild
haftet aber etwas Irreales, Utopisches, möglicherweise Weltfremdes an. Der Begriff
Leitziel ist zwar etwas neutraler; da es jedoch keine Leitbilder ohne Zielvorstellungen gibt, bedarf es in diesem Falle wohl keiner neuen Überbegriffe.

Ideal im Sinne des Naturschutzes wäre es, wenn ökonomische und andere aktuelle Zwänge nicht berücksichtigt werden müssten. Diese Vorstellung schließt Pflegemaßnahmen nicht aus. Wenn Pflegemaßnahmen von heimischen Land- und Forst-

wirten ausgeführt werden können, dann ist dies nur zu begrüßen. Dass die Umsetzung dieses **„naturschutzfachlichen Leitbildes"** (vgl. HEIDT & al. 1997: 264) keine Utopie sein muss, zeigen zahlreiche Projekte des Vertragsnaturschutzes. Sehr viel häufiger aber werden Kompromisse gefunden, die Naturschutzinteressen nur zum Teil berücksichtigen. Das entsprechende Leitbild, das eigentlich nicht wirklich ein Leitbild ist, sondern im günstigen Fall ein für alle Beteiligten annehmbarer **Kompromiss**, wird gelegentlich auch als „regionales Leitbild" bezeichnet, wenngleich auch dieser Terminus nicht besonders aussagekräftig oder einprägsam ist.

Leitbilder können auch nach dem Prozess, der ihnen vorangegangen ist, unterschieden und kategorisiert werden. Wurde ein Leitbild ausschließlich auf der Basis von Diskussionen im Hause des Naturschutzes entworfen, ohne die Interessen anderer Nutzergruppen zu berücksichtigen, so wird das entsprechende Leitbild bisweilen als **„unabgestimmtes Leitbild"** bezeichnet. Das Gegenteil wäre das **„diskursive Leitbild"**, das im Idealfall aus dem Diskurs (heute ist Diskurs, was einst Diskussion geheißen hat) aller Nutzergruppen in einem iterativen Prozess immer wieder neu entsteht, im Grunde genommen nie fertig wird, ja nie fertig werden kann, da es sich, sobald es fertig wird, bereits selbst überholt.

HORLITZ (1998: 327) unterscheidet zwei grundsätzlich verschiedene Vorgänge und Bewegungsrichtungen in der Erarbeitung von Zielen. Gelangt man von den (umfassenderen) Leitbildern zu den (spezielleren) Umweltqualitätszielen, so entspricht dieser Weg einem **„Top-Down-Ansatz"** (erst werden die Maurer aktiv, dann die Stukkateure). Verfährt man in umgekehrter Weise und erarbeitet zunächst kleinräumig die Umweltqualitätsziele, um aus diesen Mosaiksteinen in einem zweiten Schritt das Leitbild zusammenzusetzen, so ist ein entsprechendes Procedere als **„Bottom-Up-Ansatz"** zu bezeichnen.

In der Praxis wird der Naturschutz aber immer noch viel zu häufig in einem ewigen Hin und Her übergeordneter Belange zerrieben und es muss erst gezeigt werden, ob modernes Naturschutzmanagement im 21. Jahrhundert effektiver sein kann als es das traditionelle im 20. Jahrhundert war.

7.3 Artenschutzprobleme durch illegalen und legalen Handel mit Zier- und Heilpflanzen, mit exotischen Tieren und Tierprodukten

In erster Linie sind Tiere und Pflanzen durch die Zerstörung ihres Lebensraumes bedroht. Aber bereits an zweiter Stelle steht der direkte Zugriff durch den weltweiten Handel mit ihnen. Handelsbeschränkungen bzw. Handelsverbote einerseits, eine ungebremste bzw. wachsende Nachfrage andererseits haben einen illegalen Handel beflügelt, der vom Umsatz her inzwischen mit dem Drogen- oder Waffenhandel vergleichbar ist. Vier von fünf Menschen auf der Welt nutzen die traditionelle Medizin mit ihren Heilpflanzen und Tierprodukten für ihre gesundheitliche Grundversorgung nicht nur aus Tradition, sondern auch, weil sie sich Alternativen gar nicht leisten können. In den reichen westlichen Ländern gibt es darüberhinaus eine Renaissance des Handels mit allerlei Getier, Zier- und Heilpflanzen. Der Kick des Illegalen ist dabei zum Teil die Triebfeder.

Vorrangig gehandelt werden Orchideen (Orchidaceae), Kakteen (Cactaceae), Palmen (Palmaceae), Farne (Pteridophyten), extrem viele Heilpflanzen (allein nach Deutschland werden Vertreter aus 223 Familien importiert; vgl. LANGE 1996: 123), Greifvögel wie Wanderfalke *(Falco peregrinus)*, Gerfalke *(Falco rusticolus)*, Papageien wie Hyazinthara *(Anodorhynchus hyacinthus* bzw. *A. leari)*, Arakakadu *(Probosciger aterrimus)*, Soldatenara *(Ara militaris)*, Affen, vor allem Krallenaffen (Callitrichidae), Totenkopfaffe *(Saimiri sciureus)*, Javaneraffe *(Macaca fascicularis)* und andere Makakenaffen, Raubkatzen, z.B. Bengalkatze *(Prionailurus bengalensis)*, Nebelparder *(Neofelis nebulosa)*, Gepard *(Acinonyx jubatus)* und Ozelot *(Leopardus pardalis)*, Reptilien und Amphibien, wie z.B. Boas *(Boa* div. spec.), Pythons (Pythoninae), Tagesgeckos *(Phelsuma* div. spec.), Dornschwänze *(Uromastyx* div. spec.), Chamäleons (Chamaeleonidae), Gürtelechsen (Cordylidae), Leguane (Iguanidae), Warane (Varanidae), Pfeilgiftfrösche (Dendrobatinae) und Goldfrösche (Mantellinae). Darüberhinaus gibt es nahezu keine Gruppe von Lebewesen, die nicht irgendwo legal oder illegal gehandelt wird. So findet man auf einigen Märkten in Afrika beispielsweise Hände, Köpfe, Innereien und ganze Individuen von allen bedrohten Affenarten, die natürlicherweise in den afrikanischen Regenwäldern beheimatet sind.

Es gibt Tiere bzw. Teile von Tieren, die präpariert auf dem Schwarzmarkt teurer sind als das lebendige Tier. Dazu gehören derzeit u.a. Bälge von Schnee-Eulen *(Nyctea scandica)*.

Exportländer sind vor allem ärmere Länder in Lateinamerika, Afrika, Asien und – trotz einer rigorosen Naturschutzpolitik – das reiche Australien.

Konsumgüter werden überwiegend von Ländern der EU, USA und Japan importiert, vermeintlich pharmazeutisch wirksame Tierprodukte werden legal in Asien vermarktet, auch wenn der Import entsprechender Rohprodukte nicht gestattet ist.

Asien wird von vielen ethnischen Gruppen mit oft individuellen Heilmethoden bevölkert. Allein in Vietnam gibt es 53 Minoritäten, von denen die meisten eigene Heilkünste tradieren. Für große Teile der asiatischen Bevölkerung ist die traditionelle Medizin sehr wichtig; die Behandlung mit westlicher Medizin wird zwar z.T.

akzeptiert, ist aber in vielen Gegenden nicht präsent und zu teuer. Die traditionelle Medizin beinhaltet leider auch sehr viele Tierprodukte von inzwischen selten gewordenen Arten und eine Fülle von lokal bedeutenden Pflanzenarten, von denen einzelne inzwischen vom Aussterben bedroht sind.

Betroffen sind inzwischen alle Nashornarten (Rhinocerotoidae), Tiger *(Panthera tigris)*, einige Reptilienarten wie Netzpython *(Python reticulatus)* und Königskobra *(Ophiophagus hannah)* und viele andere mehr (vgl. ORDERS & BONDY 1989: 275 ff., KASPAREK 1998: 40).

Das Halten von Papageien und der Verzehr von Froschschenkeln ist inzwischen ein wenig aus der Mode gekommen. Schildkrötensuppe gibt es gar nicht mehr; die Produktion ist zumindest in Europa verboten worden. Pelzmäntel und Krokodilledertaschen sind völlig aus der Mode. Dafür aber hat der Handel mit glitschigen Amphibien, exotischen und giftigen Reptilien, auch mit nervenkitzelerregenden Vogelspinnen, Taranteln und Skorpionen zugenommen. Der Export von exotischen Tieren und Pflanzen in die reiche westliche Welt unterliegt sehr starken Modeschwankungen – im Gegensatz zur traditionellen Vermarktung von Tierprodukten in der asiatischen Medizin.

Nach LANGE (1996: 104 ff.) werden über 1500 Pflanzenarten als Heilpflanzen oder Rohprodukte für die Kosmetik-, Lebensmittel- oder technische Industrie nach Deutschland importiert und verarbeitet. Innerhalb von Europa ist Deutschland der größte Importeur von Drogen (getrockneten Pflanzen). Hamburg ist dabei der größte Umschlagplatz.

Etwa 70–90 % der frischen oder getrockneten Pflanzen werden heute immer noch wild gesammelt.

Eine ganze Reihe von drogenliefernden Pflanzenarten wurde dabei durch rücksichtsloses Ausbeuten der natürlichen Vorkommen für den internationalen Heilpflanzenhandel selten oder sie sind sogar inzwischen unmittelbar vom Aussterben bedroht. Zu diesen gehören u.a. (LANGE 1996: 105) der Chinarindenbaum *(Cinchona* spp., beheimatet in den Anden), eine Yams-Art *(Dioscorea deltoidea,* Himalaya), Panax *(Panax quinquefolius,* Nordamerika), Rauwolfia *(Rauvolfia serpentina,* Tropen SE-Asiens und Indonesien) und die Indische Kostuswurzel *(Saussurea lappa,* Himalaya).

Besonders in den letzten Jahren und Jahrzehnten wurden hin und wieder auch Zierpflanzen angeboten, die überwiegend aus **Wildsammlungen** in den Ursprungsgebieten stammen. So wurden z.B. tonnenweise Schneeglöckchen *(Galanthus* spec.), Winterlinge *(Eranthis hyemalis)*, Narzissen *(Narcissus* spec.) und Alpenveilchen *(Cyclamen* spec.) vor allem aus Osteuropa und Westasien ausgeführt, die dortigen natürlichen Vorkommen zur Frühlingsfreude mitteleuropäischer Gartenbesitzer geplündert (vgl. KAISER 1989: 308).

Es ist offensichtlich, dass allein Regelungen wie das **Washingtoner Artenschutzabkommen** im Verein mit vollkommen überforderten Zollfahndern nicht in der Lage sein können, die Probleme, die sich aus dem Handel mit Tieren und Pflanzen ergeben, zu lösen. Deshalb ist es wichtig, auch andere Wege zu beschreiten, diese vor allem in Bezug auf ihre Effektivität zu überprüfen. Aufklärungsarbeit und Öffentlichkeitsarbeit können sicherlich auf der Nachfrageseite eine gewisse Reduktion bewirken, besonders effektiv dort, wo die Nachfrage keine lange Tradition hat. Auf mitteleuropäischen Flughäfen besteht in dieser Beziehung Nachholbedarf. Die präventive Aufklärung von Urlaubsreisenden durch den Zoll über Muscheln, Ebenholzprodukte, exotische Tiere u.a., die bei uns nicht eingeführt werden dürfen, ist als ungenügend bzw. nicht existent zu bezeichnen. Viel zu häufig werden deshalb geschützte Tiere, Pflanzen bzw. deren Produkte nicht böswillig, sondern aus Unwissenheit nach Europa geschmuggelt – da man sie am Urlaubsort ja legal kaufen kann.

Andererseits ist es bei vielen Tier- und Pflanzengruppen (z.B. bei Schmetterlingen, Reptilien, Tigern, bei nahezu allen Pflanzenarten) möglich, den Markt durch Züchtungen zu überschwemmen und auf diese Weise die Wildpopulationen zu entlasten.

Schon lange wird eine **Positivliste** der Tiere und Pflanzen, die gehandelt werden dürfen, als Ersatz für das Washingtoner Artenschutzabkommen gefordert. Ein entsprechendes internationales Abkommen würde insbesondere Zollfahndern die Arbeit wesentlich erleichtern.

Solange diese nicht existiert, sei darauf hingewiesen, dass von verschiedenen Naturschutzverbänden die Haltung der folgenden Tiere und Pflanzen aus Tier- und Artenschutzgründen als unbedenklich angesehen wird (KAISER 1989: 305 f.):

Säugetiere: Chinchilla *(Chinchilla chinchilla* und *Ch. laniger)*, Meerschweinchen *(Cavia aparea* f. *porcellus)*, Wüstenmäuse *(Jaculus jaculus)*, Ratten *(Rattus* spp.), Streifenhörnchen (Tamiinae), Frettchen *(Putorius furo)*, Goldhamster *(Mesocricetus auratus)*, Zwerghamster *(Phodopus sungorus* und *Ph. roborowski)*, Zwergkaninchen *(Sylvilagus idahoensis)*, Katzen *(Felis lybica* f. *catus)*, Hunde *(Canis lupus* f. *familiaris)*, Vögel: Zebrafinken *(Taeniopygia guttata)*, Mövchen *(Lonchura striata)*, Wellensittiche *(Melopsittacus undulatus)*, Nymphensittiche *(Nymphicus hollandicus)*, Rosenköpfchen *(Agapornis roseicollis)*, Kanarienvögel *(Serinus canaria)*, Amphibien: Krallenfrösche *(Xenopus* spp.), Fische: Goldfische *(Carassius auratus auratus)*, Guppies *(Poecilia reticukulata)*, Schwertträger *(Xiphophorus helleri)*, Black Mollies *(Poecilia* x spec.), Regenbogenfische *(Telmatherina ladigesi)*, Skalare *(Pterophyllum scalare)*, Pflanzen: nur solche, die in Gärtnereien oder Gewächshäusern vermehrt worden sind und nicht wild gesammelt wurden.

Es gibt sicherlich noch eine Reihe weiterer Arten, deren Handel und Haltung als unbedenklich einzuschätzen ist. Aber diese Aufzählung könnte den Einstieg in eine international akzeptierte Positivliste darstellen. Für die traditionelle östliche Medizin wäre zu fordern, dass der Bedarf an Pflanzen und Tieren bedrohter Arten durch Züchtungen, nicht aber durch Wildsammlungen bzw. Wildfänge zu decken ist.

7.4 Chancen und Risiken der Gentechnik

Unter dem Begriff der **Gentechnik** (Gentechnologie) werden verschiedene, mehr oder weniger moderne Methoden subsummiert, die die Analyse bzw. gezielte und direkte Veränderung des Genoms von bestimmten Bakterien, Pilzen, Pflanzen oder Tieren zum Ziel haben. Mit diesem Begriff verbinden sich darüberhinaus Ängste, andererseits aber auch Euphorien.

Längerfristig anvisierte konkrete Ziele sind beispielsweise die Erhöhung der Toleranz von Kulturpflanzen gegenüber abiotischen Stressoren, erhöhte **Resistenzen** gegen Schädlinge, eine höhere Affinität zu den Nährstoffen im Boden, damit verbunden eine effektivere Ausbeute, synchrone Blüh- und Fruchtzeiten, Pflanzen, die oben Tomaten und unten Kartoffeln haben, oder – etwas überspitzt ausgedrückt – die legendäre eierlegende Wollmilchsau. Einige dieser Ziele wurden bereits seit den 1990er Jahren realisiert. So wurde 1994 bei Tomatenpflanzen *(Lycopersicon esculentum)* in Großbritannien und den USA eine **Reifeverzögerung** erreicht. In kurzer Folge wurden wenig später z.B. bei Zucchinis *(Cucurbita pepo)* Virusresistenzen, bei Kartoffeln *(Solanum tuberosum)* Insektenresistenzen und veränderte Stärkezusammensetzungen, beim Raps *(Brassica napus)* Herbizidresistenzen und veränderte Fette, bei Sojabohnen *(Glycine max)*, Mais *(Zea mays)*, Tabak *(Nicotiana tabacum)* und Radicchio *(Cichorium intybus* var. *foliosum)* Insekten- und Herbizidresistenzen entwickelt (vgl. MAXEINER & MIERSCH 1998: 56).

Die selbstgesteckten Ziele der Gentechnik lassen sich im Wesentlichen unter dem Stichwort Optimierung zusammenfassen. In Kombination mit einer Öffnung der Märkte, mit einer Globalisierung der Weltwirtschaft, mit der unbegrenzten Erreichbarkeit und Verfügbarkeit von Produkten, einer Entwicklung, die auch ohne gentechnisch veränderte Tier- und Pflanzenarten stattgefunden hat und stattfindet, wird Gentechnik – wie bereits bei der konventionellen Züchtung im Agrarsektor – im ungünstigen Falle auf eine weitere Reduktion der genetischen Vielfalt, vor allem auf dem Niveau der Varietäten und Unterarten unter den Kulturpflanzen und Haustieren, hinauslaufen. Der WISSENSCHAFTLICHE BEIRAT DER BUNDESREGIERUNG GLOBALE UMWELTVERÄNDERUNGEN (1999: 113 ff.) nennt einige Beispiele von Risikopotentialen **„grüner Gentechnik"**. Danach besteht unabhängig von der Art der vermittelten transgenen Eigenschaften „aufgrund der wirtschaftlichen Vorteile des Anbaus gentechnisch veränderter Pflanzen, ebenso wie bei den Hochleistungssorten aus der konventionellen Pflanzenzüchtung, die Gefahr umweltrelevanter Sekundäreffekte. So bergen beispielsweise die verstärkte Vermarktung und Nutzung gentechnisch veränderter Nutzpflanzen v.a. in den Entwicklungsländern das Risiko, daß die bereits mit der einseitigen Anwendung der Hochleistungssorten aus der klassischen bzw. modernen Pflanzenzüchtung begonnene Konzentration des Pflanzenbaus auf wenige Sorten beschleunigt wird."

Ein 1996 vom Bundestag in Auftrag gegebenes Projekt hatte zum Ziel, die negativen Einflüsse der Gentechnik in der Pflanzenzüchtung auf die Biodiversität zu ermitteln und zu bewerten und ausgehend von dieser Analyse politische Gestaltungsmöglichkeiten abzuleiten.

Die Autoren dieser Analyse (MEYER & al. 1998: 9 ff.) kamen zu dem Ergebnis, dass bisherige Freisetzungsversuche mit **transgenen Pflanzen**, soweit bisher erkennbar, keine erhöhte Fitness gegenüber vergleichbaren konventionellen Sorten oder gegenüber Wildpflanzen erkennen lassen. Die wohlschmeckende, fußballgroße Tomate, die auf den ärmsten Böden gedeiht, gegen alle Schädlinge resistent ist und jetzt anfängt, sich auch in den Naturschutzgebieten breit zu machen, gibt es noch nicht und es ist aus ökologischen Gründen kaum anzunehmen, dass es sie jemals geben wird. Dies hat auch etwas Beruhigendes.

Dagegen ist nicht auszuschließen, dass zwischen fortpflanzungsfähigen Kreuzungspartnern, zwischen Kultur- und Wildpflanzen, ein genetischer Austausch stattfinden kann. Es ist also möglich, dass einzelne Merkmale oder Merkmalsgruppen, die gentechnisch erzeugt worden sind, durch natürliche Rekombination auf Wildpflanzenpopulationen übertragen werden. Solche **Introgressionen** können im Verein mit der natürlichen Selektion theoretisch zu einer Reduktion der genetischen Vielfalt auch unter den Wildpopulationen von Pflanzen und Tieren führen. Dass durch diesen Prozess allerdings Arten gefährdet sein könnten, ist eher unwahrscheinlich, da sich Introgression und Selektion auf alle Populationen der Art gleichermaßen auswirken müssten. Immerhin kann das Risiko der unbeabsichtigten Ausbringung der inserierten **Fremdgene** transgener Pflanzen nicht ganz ausgeschlossen werden. So werden Fremdgene, die ihrem Träger Selektionsvorteile innerhalb der Wildpopulationen vermitteln (z.B. Abwehr von Schadinsekten, Krankheitsresistenzen, erhöhte Kälte-, Trockenheits- oder Salztoleranz), wahrscheinlich eine Verschiebung von Populationsdichten zur Folge haben, wenn sie denn einmal den Sprung von der Kulturpflanze zur Wildpflanze geschafft haben. Es ist auch nicht auszuschließen, dass auf diese Weise monophage Insekten oder andere hochspezialisierte Organismen aussterben.

Gern werden von Seiten der Agrarindustrie Getreide- und Gemüsesorten prognostiziert, die durch transgenen Einbau von Resistenzen den Einsatz konventioneller Spritzmittel überflüssig machen, dadurch die Luft, das Wasser und die lebendige Vielfalt weniger belastet werden. Aber auch die muntere und artenreiche Insektenplage, die zu einer deutlichen Reduktion der Unkräuter führt, die Kulturpflanzen dagegen unbehelligt lässt und das Spritzen überflüssig macht, gehört bisher leider nicht zu den empirisch erfassbaren Aspekten gewandelter Agrar-Ökosysteme. Erste großflächige Pflanzungen von Baumwolle (*Gossypium hirsutum)* im Süden Nordamerikas haben die einstige Euphorie der Landwirte dagegen in kürzester Zeit stark gedämpft. Der Einbau von B.t.-Resistenzgenen führte lediglich zur Reduktion des Spritzmitteleinsatzes um etwa 10 %. Viele Landwirte mussten große Ernteverluste verzeichnen und im Labor wurden bereits Insekten gefunden, die gegen durch Resistenzgene erzeugte Toxine resistent sind. Dies könnte unter anderem darauf hinaus laufen, dass in Zukunft sogar mehr gespritzt werden muss als vor der Aussaat transgener Baumwolle.

7.4   Zur Bedeutung von Genbanken, botanischen Gärten und Zoos

Die Pflanzen- und Tierarten, die über **Genbanken, botanische Gärten** und **Zoos** kultiviert, gepflegt und zur Arterhaltung weiter gezüchtet werden können (Erhaltungszüchtung), werden immer nur einen Bruchteil der Gesamtartenvielfalt ausmachen können.

Es ist heute weder möglich, Grönlandwale *(Balaena mysticetus)* in Gefangenschaft zu halten, noch finanzierbar oder praktikabel, die vielen Wirbellosen der Tropen, die durch die Vernichtung der Regenwälder in diesem Moment ihres Lebensraumes beraubt werden, ex situ zu erhalten.

Dennoch darf die Bedeutung entsprechender Einrichtungen für die Erhaltung von Arten nicht gering geschätzt werden. Denn besonders seit den 1980er Jahren zählen viele Organisationen den Artenschutz zu ihren Hauptaufgaben, haben diesbezügliches Wissen erworben, Praktiken verbessert und z.T. spektakuläre Rettungsaktionen erfolgreich durchgeführt.

Die **IUCN** erklärte 1987 (zit. in TUDGE 1998: 8):

„Biotopschutz allein reicht nicht aus, wenn das erklärte Ziel der Weltnaturschutzstrategie, die Erhaltung der biologischen Vielfalt, erreicht werden soll. Der Aufbau sich selbst erhaltender Zuchtpopulationen und andere Stützungsmaßnahmen sind notwendig, um den Verlust vieler Arten zu verhindern, insbesondere solcher, die durch weitgehend zerstörte, zerstückelte oder verkleinerte Lebensräume in höchstem Maße gefährdet sind. Zuchtprogramme müssen begonnen werden, bevor Arten bis auf kritische Anzahlen reduziert sind, und zwar international koordiniert nach wissenschaftlichen, biologischen Prinzipien, um überlebensfähige Populationen in der Natur erhalten oder wiederaufbauen zu können."

Immerhin gibt es weltweit etwa 1500 botanische Gärten und 1100 Zoos bzw. Aquarien, von denen sich bereits mehr als 50 % der Erhaltung und Züchtung seltener und bedrohter Arten verpflichtet haben (WIRTH & al. 1995: 219).

Die Genbank des Institutes für Pflanzengenetik und Kulturpflanzenforschung (IPK) in Gatersleben ist die größte Genbank in Deutschland. Ihre einst wichtigste Aufgabe bestand darin, Samen und Früchte von Kulturpflanzen zu sammeln und überlebensfähig zu archivieren. Heute umfasst die Kollektion über 100.000 Muster von etwa 1.800 Pflanzenarten. 1970 wurde die Genbank des Institutes für Pflanzenbau der Bundesforschungsanstalt für Landwirtschaft in Braunschweig (BAZ, früher FAL) als zentrale Genbank der alten Bundesrepublik Deutschland gegründet. Auch in dieser Genbank stand das Sammeln, Ordnen und Bewahren der Vielfalt von Sorten und Arten der Kulturpflanzen im Vordergrund.

Da Samen aber auch unter optimalen Lagerbedingungen nicht unbegrenzt keimfähig bleiben, müssen sie in gewissen Zeitabständen regeneriert, d.h. zum Keimen, Blühen und Fruchten gebracht werden, um frische Samen ernten zu können. Dies ist sicherlich noch ein Problem vieler Genbanken. Wieviele der weltweit gesammelten und gelagerten Samenmuster eigentlich noch keimfähig und somit für die weitere Erhaltungszüchtung nutzbar sind, weiß derzeit niemand genau. Immerhin darf positiv verbucht werden, dass für die Erhaltung der Kulturpflanzenvielfalt viel getan wird (VELLVE 1992: 84 f., BUNDESMINISTERIUM FÜR ERNÄHRUNG, LANDWIRTSCHAFT UND FORSTEN o. J. 22 ff.).

Doch wie ist es um Pflanzenarten bestellt, die für die menschliche Ernährung vollkommen unbedeutend sind, irgendwo als stark bedrohte Endemiten auf ihre Rettung warten? Gibt es ein hinreichend funktionierendes Informationssystem unter den botanischen Gärten, ausreichende Erhaltungsbemühungen? Dies scheint offensichtlich noch nicht in ausreichendem Maße der Fall zu sein (vgl. BARTHLOTT & al. 1999: 11 ff.). Nur wenige der in Mitteleuropa lebenden lokalendemischen Pflanzenarten sind in botanischen Gärten zu finden und es ist immer noch schwierig überhaupt herauszubekommen, welche Arten in welchem botanischen Garten kultiviert werden. Manchmal ist es einfacher, die Gartenanlage selbst aufzusuchen. Dies hängt offensichtlich damit zusammen, dass viele der botanischen Gärten traditionell Universitäten angegliedert sind, die Direktoren zugleich für Forschung und Lehre zuständig sind, den Garten quasi nebenbei betreuen dürfen und solche Anlagen viel weniger als Zoos kommerziellen Zwecken dienen.

Und dabei wäre es manchmal ein Leichtes, ein paar Samen zu sammeln und einige Populationen in Kultur zu nehmen. Immerhin haben sich viele der botanischen Gärten einiger geschützter und/oder seltener Pflanzenarten angenommen und eigens für diese eine Abteilung reserviert (vgl. u.a. SCHÄFER 1995: 108 ff.). In Gewächshäusern des Botanischen Gartens Hamburg wird seit vielen Jahren der Tidefenchel *(Oenanthe conioides)*, ein Elbendemit, zu Forschungszwecken kultiviert (vgl. BELOW & al. 1996: 299 ff.). Der Direktor des Botanischen Gartens der Stadt Genf betont die Bedeutung botanischer Gärten „als Zufluchtsorte für die einheimische Tier- und Pflanzenwelt" (SPICHINGER 1994: 17). STRANK (1989: 32) zählt die Erhaltung des genetischen Potentials der Wildpflanzen zu den dringend gebotenen, aktuellen Aufgaben botanischer Gärten. 1997 hat in Bonn ein Workshop zum Thema „Aktueller und potentieller Beitrag der Botanischen Gärten zur Biodiversitätserhaltung" stattgefunden. Bei diesem Workshop wurde auch über die Rolle der Botanischen Gärten bei der Unterbringung beschlagnahmter gefährdeter Pflanzen diskutiert. Und schließlich erschien 1999 eine vom BUNDESAMT FÜR NATURSCHUTZ herausgegebene, sehr kritische Schrift zum Thema „Botanische Gärten und Biodiversität". Man darf also in diesem Falle davon ausgehen, dass der Anfang gemacht ist und entsprechend hoffnungsvoll in die Zukunft blicken.

Einige Zoos haben inzwischen den Artenschutz zur wichtigsten von vier Hauptaufgaben (Unterhaltung, Forschung, Bildung, Artenschutz) erklärt (vgl. TUDGE 1998, RÜBEL 1997: 13 ff.). Erst in den vergangenen Jahrzehnten wurde mit Hilfe der EDV erkannt, dass von immer mehr Tierarten in den Zoos größere Populationen als in freier Wildbahn leben. Darüber hinaus sind Zoopopulationen oft stabiler als jene in der freien Natur; viele von ihnen wachsen sogar an, während die gefährdeten natürlichen Populationen z.T. immer kleiner werden. Es gibt inzwischen einige Arten, die derzeit oder bis vor kurzem nur noch in Zoos leben oder lebten, dagegen nicht mehr in der freien Natur. Zu diesen gehören u.a. das Przewalskipferd *(Equus przewalskii)*, oder der Kalifornische Kondor *(Gymnogyps californianus)*.

Das Ziel ernsthafter **Erhaltungszüchtung** ist es, die Tiere in ihre natürlichen Lebensräume zurückzubringen, sobald deren Fortbestand gesichert ist. Bis dahin ist es allerdings in der Regel ein langer Weg der Tierpflege, Verhaltensbeobachtungen, des Kampfes um die Erhaltung der genetischen Vielfalt, der Vermeidung von Inzucht, der Populationsdichtesteigerung – 500 Individuen verteilt auf verschiedene Zoos sind in aller Regel schon eine beruhigende Größe –, der Irrtümer und Rückschläge, der Generalproben zu und Uraufführungen von Auswilderungen. Manchmal muss die Erhaltung der genetischen Variabilität dem Ziel der Arterhaltung untergeordnet werden, wenn es beispielsweise nur noch wenige Individuen von verschiedenen Unterarten einer Art gibt, jede Unterart an einem anderen Zoo, jede möglicherweise mit Fortpflanzungsproblemen.

Beispiele für erfolgreiche Wiedereinbürgerungs- bzw. **Auswilderungsprojekte** sind der Europäische Wisent *(Bison bonasus)*, der Chinesische Davidshirsch *(Elaphurus davidianus)*, das Brasilianische Löwenäffchen *(Leontopithecus rosalia)* und die Arabische Oryxantilope *(Oryx leucoryx)*.

Die Oryxantilope bewohnte ursprünglich ein Gebiet von der Größe Indiens, wurde jedoch bis zum Ende der 1970er Jahre in der freien Natur durch Bejagung ausgerottet. Kurz vorher gelang es, einige wenige Tiere in den Zoo von Phoenix in Arizona zu bringen. U.a. durch die Erhaltungsbemühungen dieses Zoos wurde das Überleben der Art gesichert. Heute gibt es wieder wilde Herden in Oman, Jordanien, Saudi-Arabien und Israel. Von einer Reihe ähnlich spektakulärer Fälle weiß der Zoo von Jersey zu berichten. Weltweit laufen inzwischen über 100 solcher **Wiedereinbürgerungsprogramme**.

Literatur

ABE, T., S. A. LEVIN & M. HIGASHI 1997 (Hrsg.): Biodiversity – An Ecological Perspective. – 294 S., Berlin, Heidelberg, New York.

ABRAMSKY, Z. & M. L. ROSENZWEIG 1984: Tilman's predicted productivity-diversity relationship shown by desert rodents. – Nature 309: 150–151.

ACHLEITNER, F. (Hrsg.) 1978: Die Ware Landschaft. Eine kritische Analyse des Landschaftsbegriffes. – 156 S., Salzburg.

ADAMS, J. M. & F. I. WOODWARD 1989: Patterns in tree species richness as a test of the glacial extinction hypothesis. – Nature 339: 699–701.

AGAKHANJANZ, O. & S. W. BRECKLE 1995: Origin and Evolution of the Mountain Flora in Middle Asia and Neighbouring Mountain Regions. – In: F. S. CHAPIN & C. KÖRNER (Hrsg.): Arctic and Alpine Biodiversity: Patterns, Causes and Ecosystem Consequences. – Ecol. Studies 113: 63–80.

ALDRIDGE, E. A. 1979: Evolution Within a Single Genus: Sonchus in Macaronesia. –In: D. BRAMWELL (Hrsg.): Plants and Islands. – S. 279–291.

ALLEYN, F. 1974: Leve de knotwilg. – Natuurbehoud 5: 76–79.

ARRHENIUS, O. 1921: Species and area. – J. Ecol. 9: 95–99.

BARBAULT, R. 1994: Biodiversity dynamics and environment. – Biology Int. 28: 18–22.

BARTH, W.-E. 1995: Naturschutz: Das Machbare. – 2. Aufl. 467 S., Hamburg.

BARTHLOTT, W., W. LAUER & A. PLACKE 1996: Global distribution of species diversity in vascular plants: towards a world map of phytodiversity (Globale Verteilung der Artenvielfalt höherer Pflanzen: Grundlagen zu einer Weltkarte der Phytodiversität. – Erdkunde 50: 317–327.

BARTHLOTT, W., G. RAUER, PIERRE L. IBISCH, M. VON DER DRIESCH & W. LOBIN 1999: Biodiversität und Botanische Gärten. – In: BUNDESAMT FÜR NATURSCHUTZ (Hrsg.): Botanische Gärten und Biodiversität. – S. 1–24, Bonn.

BARKMAN, J. J. 1958: On the ecology of cryptogamic epiphyts with special reference to the Netherlands. – Diss. Leiden, 202 S., Assen.

BASANTA, M., E. D. VIZCAINO, M. CASAL & M. MOREY 1989: Diversity measurements in shrubland communities of Galicia (NW Spain). – Vegetatio 82: 105–112.

BASTIAN, O. & SCHREIBER, K.-F. (Hrsg.) 1994: Analyse und ökologische Bewertung der Landschaft. – 502 S., Jena, Stuttgart.

BATESON, G. 1982: Geist und Natur. – 1. Aufl., 284 S. Frankfurt.

BAYERISCHE AKADEMIE FÜR NATURSCHUTZ UND LANDSCHAFTSPFLEGE (ANL) 1997: Wildnis – ein neues Leitbild!? Möglichkeiten und Grenzen ungestörter Naturentwicklung für Mitteleuropa. – Laufener Seminarbeiträge 1/97: 147 S.

BELLINGHAM, P. J., G. H. STEWART & R. B. ALLEN 1999: Tree species richness and turnover throughout New Zealand forests. – J. Vegetation Science 10: 825–832.

BELOW, H., H.-H. POPPENDIECK & C. HOBOHM 1996: Verbreitung und Vergesellschaftung von Oenanthe conioides (Nolte) Lange im Tidegebiet der Elbe. – Tuexenia 16: 299–310, Göttingen.

BLONDEL, J. & J. ARONSON 1995: Biodiversity and Ecosystem Function in the Mediterranean Basin: Human and Non-Human Determinants. – In: G. W. DAVIS & D. M. RICHARDSON (Hrsg.): Mediterranean-Type Ecosystems. – Ecol. Studies 109: 43–120, Berlin, Heidelberg, New York.

BÖCHER, T. W. 1954: Oceanic and Continental Vegetational Complexes in Southwest Greenland. – Meddelelser om Groenland 148/1: 1– 324.

BONN, S. & P. POSCHLOD 1998: Ausbreitungsbiologie der Pflanzen Mitteleuropas. – 404 S., Wiesbaden.

BORGEN, L. 1979: Karyologie of the Canarian Flora. – In: D. BRAMWELL (Hrsg.): Plants and Islands. – S. 329– 346.

BOYE, P., R. HUTTERER & H. BENKE 1998: Rote Liste der Säugetiere (Mammalia). – In: BUNDESAMT FÜR NATURSCHUTZ (Hrsg.): Rote Liste gefährdeter Tiere Deutschlands. – Schr.reihe Landsch.pfl. Natursch. 55: 33–39.

BRAMWELL, D. (ed.) 1979: Plants and islands. – London, New York, Toronto, Sydney, San Francisco.

BRAUN, B. & W. KONOLT 1998: Kopfweiden Kulturgeschichte und Bedeutung der Kopfweiden in Südwestdeutschland. – Beih. Veröff. Naturschutz Landschaftspflege Bad.-Württ. 89: 240 S., Karlsruhe.

BROCHMANN, C., O. RUSTAN, W. LOBIN & N. KILIAN 1997: The endemic vascular plants of the Cape Verde Islands. – Sommerfeltia 24: 356 S.

BRUELHEIDE, H. 1995: Die Grünlandgesellschaften des Harzes und ihre Standortsbedingungen. Mit einem Beitrag zum Gliederungsprinzip auf der Basis von statistisch ermittelten Artengruppen. – Diss. Bot. 244: 338 S.

BUNDESAMT FÜR NATURSCHUTZ (Hrsg.) 1998: Rote Liste gefährdeter Tiere Deutschlands. – Schr.reihe Landsch.pfl. Natursch. 55: 434 S.

BUNDESAMT FÜR NATURSCHUTZ (Hrsg.) 1999: Botanische Gärten und Biodiversität. – 70 S., Bonn.

BUNDESMINISTERIUM FÜR ERNÄHRUNG, LANDWIRTSCHAFT UND FORSTEN (Hrsg.) 1997: Die Vielfalt der Nutzpflanzen Unser genetisches Kapital. – 72 S., Bonn.

BUNDESMINISTER FÜR UMWELT, NATURSCHUTZ UND REAKTORSICHERHEIT (Hrsg.) o. J.: Konferenz der Vereinten Nationen für Umwelt und Entwicklung im Juni 1992 in Rio de Janeiro – Dokumente – Agenda 21. – 289 S., Bonn.

BUNDESMINISTER FÜR UMWELT, NATURSCHUTZ UND REAKTORSICHERHEIT (Hrsg.) o. J.: Konferenz der Vereinten Nationen für Umwelt und Entwicklung im Juni 1992 in Rio de Janeiro – Dokumente – Klimakonvention Konvention über die Biologische Vielfalt Riodeklaration Walderklärung. – 56 S. Bonn.

BUND SCHWEIZER LANDSCHAFTSARCHITEKTEN UND LANDSCHAFTSARCHITEKTINNEN (BSLA) und VERLAG NIGGLI AG (Hrsg.) 1997: Zoologische Gärten. – Anthos 4/97: 93 S.

BURCKHARDT, L. 1977: Landschaftsentwicklung und Gesellschaftsstruktur. – In: G. GRÖNING & U. HERLYN (Hrsg.) 1990: Landschaftswahrnehmung und Landschaftserfahrung. Texte zur Konstitution und Rezeption von Natur und Landschaft. – Arbeiten zur sozialwissenschaftlichen Freiraumplanung 10, 174 S., München.

BURKART, M. 1998: Die Grünlandvegetation der unteren Havelaue. – Arch. naturwiss. Diss. 7: 157 S.

BURSLEM, D. F. R. P. & T. C. WHITMORE 1999: Species diversity, susceptibility to disturbance and tree population dynamics in tropical rain forest. – J. Vegetation Science 10: 767–776.

BUSH, G. L. 1994: Sympatric speciation in animals: new wine in old bottles. – Trends in Ecol. Evol. 9: 285–288.

BYKOV, B. A. 1979: On a quantitative estimate of endemism. – Botan. Mater. Gerb. Inst. Botan. Akad. Nauk Kazakh. SSR. 11: 3–8.

CAIN, S. A. 1944: Foundations of plant geography. – New York, London.

CARDONA, M. A. & CONTANDRIOPOULOS, J. 1979: Endemism and evolution in the islands of the Western Mediterranean. – In: D. BRAMWELL (ed.): Plants and islands. – London, New York, Toronto, 133–170.

CARLQUIST, S. 1974: Island Biology. – New York, London.

CARRIERE, F. C. & D. C. VAN DER WERF 1977: Plantengroei op knotwilgen en andere geknotte bomen. – Wetensch. Mededel. 123: 75 S.

CARRIERE, F. C. & D. C. VAN DER WERF 1978: Epiphytic vegetation on pollard trees. – Proc. konin. Nederl. Akad. Wet. series C 81/4: 500–513.

CHAPIN III, F. S., S. E. HOBBIE, M. S. BRET-HARTE & G. BONAN 1995: Causes and Consequences of Plant Functional Diversity in Arctic Ecosystems. – In: F. S. CHAPIN & C. KÖRNER (Hrsg.): Arctic and Alpine Biodiversity: Patterns, Causes and Ecosystem Consequences. – Ecol. Studies 113: 225–238.

CHAPIN III, F. S. & C. KÖRNER 1995: Patterns, Causes, Changes, and Consequences of Biodiversity in Arctic and Alpine Ecosystems. – In: F. S. CHAPIN & C. KÖRNER (Hrsg.): Arctic and Alpine Biodiversity: Patterns, Causes and Ecosystem Consequences. – Ecol. Studies 113: 313–320.

CHARLES-DOMINIQUE, P. 1993: Speciation and coevolution: an interpretation of frugivory phenomena. – Vegetatio 107/108: 75–84.

CHEN, H. & F. LEIBENGUTH 1995a: Restriction patterns of mitochondrial CNA in European wild boar and German Landrace. – Comp. Biochem. Physiol. 110B: 725–728.

CHEN, H. & F. LEIBENGUTH 1995b: Studies on multilocus fingerprints, RAPD markers and mitochondrial DNA of a gynogenetic fish (Carassius auratus gibelio). – Biochemical Genetics 33: 297–306.

CHERNOV, Y. I. 1995: Diversity of the Arctic Terrestrial Fauna. – In: F. S. CHAPIN & C. KÖRNER (Hrsg.): Arctic and Alpine Biodiversity: Patterns, Causes and Ecosystem Consequences. – Ecol. Studies 113: 81–96.

COCKBURN, A. 1995: Evolutionsökologie. – 357 S., Stuttgart, Jena, New York.

CODY, M. L. 1975: Towards a theory of continental species diversity. – In: M. L. CODY & J. M. DIAMOND (Hrsg.): Ecology and evolution of communities. –Cambridge/Massachusetts, 214–357.

COLEMAN, B. D. 1981: On Random Placement and Species-Area Relations. – Mathematical Biosci. 54: 191–215.

COLEMAN, B. D., M. A. MARES, M. R. WILLIG & Y.-H. HSIEH 1982: Randomness, area and species richness. – Ecology 63: 1121–1133.

COMMISSION DE LA CARTE GEOLOGOGIQUE DU MONDE 1990: Carte geologique du Monde 1/25000000. – Orleans.

COMMISSION OF THE EUROPEAN COMMUNITIES DIRECTORATE-GENERAL XII FOR SCIENCE, RESEARCH AND DEVELOPMENT 1997: Understanding Biodiversity. – 122 S., Stockholm, Brussels.

CONNELL, J.H. 1978: Diversity in tropical forests and coral reefs. – Science 199: 1302–1310.

CONNOR, E. F. & E. D. MCCOY 1979: The statistics and biology of the species-area relationship. – Am. Nat. 113: 791–833.

CURRIE, D. J. & V. PAQUIN 1987: Large-scale biogeographical patterns of species richness of trees. – Nature 329: 326–327.

CUSHING, D. H. & J. J. WALSH 1976 (Hrsg.): The ecology of the seas. – 467 S., Oxford, London, Edinburgh, Melbourne.

CUTLER, A. 1991: Nested faunas and extinction in fragmented habitats. – Conserv. Biol. 5: 496–505.

DAHL, F. 1908: Grundsätze und Grundbegriffe der biocoenotischen Forschung. – Zool. Anz. 33: 349–353.

DALE, M. R. T. & E. A. JOHN 1999: Neighbour diversity in lichen-dominated communities. – J. Veg. Sci. 10: 571–578.

DANIELS, F. J. A. 1982: Vegetation of the Angmagssalik District, Southeast Greenland, IV. Shrub, dwarf shrub and terricolous lichens. – Meddelelser om Grönland: Bioscience 10: 78 S.

DARWIN, CH. (1859) 1995: Die Entstehung der Arten (The origin of the species). – X. Aufl., 693 S., Stuttgart.

DASGUPTA, P. S. 1995: Bevölkerungswachstum, Armut und Umwelt. – In: P. MEUSBURGER (Hrsg.) 1997: Anthropogeographie. – S. 40–45, Heidelberg, Berlin.

DAVIS, S. D., S. J. M. DROOP, P. GREGERSON, L. HENSON, C. J. LEON, J. LAMMLEIN VILLA-LOBOS, H. SYNGE, & J. ZANTOVSKA 1986: Plants in danger. What do we know? – 461 S., Gland, Cambridge.

DAVIS, S. D., V. H. HEYWOOD, O. HERRERA-MACBRYDE, J. VILLA-LOBOS & A. C. HAMILTON HEYWOOD (Hrsg.) 1997: Centres of Plant Diversity Volume 3 The Amerikas. – 562 S., Oxford.

DAVIS, S. D., V. H. HEYWOOD & A. C. HAMILTON HEYWOOD (Hrsg.) 1994: Centres of Plant Diversity Volume 1 Europe, Africa, South West Asia and The Middle East. – 354 S., Oxford.

DAVIS, S. D., V. H. HEYWOOD & A. C. HAMILTON HEYWOOD (Hrsg.) 1995: Centres of Plant Diversity Volume 2 The Asia, Australasia and The Pacific. – 578 S., Oxford.

DER RAT VON SACHVERSTÄNDIGEN FÜR UMWELTFRAGEN 1996: Konzepte einer dauerhaft-umweltgerechten Nutzung ländlicher Räume. – 127 S., Stuttgart.

DESBRUYERES, D. 1998: Leben am Grunde der Ozeane. – Spektrum der Wiss. Spezial 1/1998: 54–63.

DIELS, L. 1918: Pflanzengeographie. – 166 S., 2. Aufl., Berlin, Leipzig.

DIERSCHKE, H. 1994: Pflanzensoziologie. – 683 S., Stuttgart.

DIERSCHKE, H. 1999: Kleinbiotope in der Agrarlandschaft – ihr Beitrag zur Diversität aus botanischer Sicht. – Mitt. Ges. Pflanzenbauwiss. 12: 37–40.

DIERSSEN, K. 1989: Extensivierung und Flächenstillegung – Naturschutzkonzepte in der Agrarlandschaft im Widerstreit zwischen Pflegenutzung und spontaner Entwicklung. – Landesnaturschutzverband Schleswig-Holstein – Grüne Mappe 1989: 18–24.

DIERSSEN, K. 1990: Einführung in die Pflanzensoziologie. – 241 S., Darmstadt.

DIERSSEN, K. 1993: Binnenländische und küstengebundene Heiden im Vergleich. – Ber. RTG 5: 183–197.

DIERSSEN, K. 1996: Vegetation Nordeuropas. – 838 S., Stuttgart.

DIERSSEN, K. & K. WÖHLER 1997: Reflexionen über das Naturbild von Naturschützern und das Wissenschaftsbild von Ökologen. – Z. Ökologie u. Natursch. 6: 169–180.

DIETRICH, G. & A. MÜLLER-HEGEMANN 1984: Biologie Jugendlexikon. – 3. Aufl., Leipzig.

DOBSON, A. P. 1997: Biologische Vielfalt und Naturschutz: der riskierte Reichtum. – 329 S., Heidelberg, Berlin, Oxford.

DROSDOWSKI, G. 1989: Duden Deutsches Universalwörterbuch. – 2. Aufl. 1816 S., Mannheim, Leipzig, Wien, Zürich.

DRURY, W. H. 1980: Rare Species of Plants. – Rhodora 82: 3 – 48.

EDELER, K., H.-P. NEITZKE & J. SIEFER 1996: Vom globalen Leitbild zur nachhaltigen Entwicklung auf lokaler Ebene: ein methodischer Ansatz zur Entwicklung und Festlegung lokaler Umweltqualitätsziele und Umweltindikatoren. – In: MAYER, J. (Hrsg.): Initiativen für eine nachhaltige Entwicklung in Niedersachsen Die Agenda 21 auf lokaler und regionaler Ebene. – Loccumer Protokolle 55/95: 359–371.

EHRLICH, P. R. 1994: Biodiversity and Ecosystem Function: Need we know more? – In E.-D. SCHULZE & H. A. MOONEY (Hrsg.): Biodiversity and Ecosystem Function. – S. VII-X, Berlin, Heidelberg, New York.

ELLENBERG, H. 1953: Physiologisches und ökologisches Verhalten der selben Pflanzenarten. – Ber. Dt. Bot. Ges. 65: 350–361.

ELLENBERG, H. 1981: Ursachen des Vorkommens und Fehlens von Sukkulenten in den Trockengebieten der Erde. – Flora 171: 114–169.

ELLENBERG, H. 1996: Vegetation Mitteleuropas mit den Alpen. – 5. Aufl., 1096 S., Stuttgart.

ELLENBERG, H., R. MAYER & J. SCHAUERMANN (Hrsg.) 1986: Ökosystemforschung – Ergebnisse des Sollingprojektes. – 507 S., Stuttgart.

ELLENBERG, H., H. E. WEBER, R. DÜLL, V. WIRTH, W. WERNER & D. PAULIßEN (Hrsg.) 1986: Zeigerwerte von Pflanzen in Mitteleuropa. – Scripta Geobotanica 18: 248 S.

ERDMANN, K.-H. (Hrsg.) 1997: Internationaler Naturschutz. – 329 S., Berlin, Heidelberg, New York.

ERWIN, T. L. 1983: Beetles and other insects of tropical forest canopies at Manaus, Brazil, sampled by insectidal fogging. – In: S. L. SUTTON, T. C. WHITMORE & A. C. CHADWICK (Hrsg.): Tropical Rain Forest: Ecology and Management. – S. 59–76, Oxford u.a.

ESER, U. & T. POTTHAST 1997: Bewertungsproblem und Normbegriff in Ökologie und Naturschutz aus wissenschaftsethischer Perspektive. – Z. Ökologie u. Natursch. 6: 181–189.

ESSEEN, P.-A., H. HEDENAAS & L. ERICSON 1999: Epifytiska lavar som maangfaltsindikatorer. – Skog & Forskning 2: 40–45.

FEDOROV, A. A. 1966: The structure of the tropical rain forest and speciation in the humid tropics. – J. Ecol. 54: 1–11.

FINK, H. G., H. VIBRANS & I. VOLLMER 1992: Übersicht der Roten Listen und Florenlisten für Farn- und Blütenpflanzen der Bundesländer, der Bundesrepublik Deutschland (vor dem 3. Oktober 1990) sowie der ehemaligen Deutschen Demokratischen Republik. – Schr. reihe Veg. kde. 22: 262 S.

FINK, P. 1998: Leitbilder im Naturschutz Bedeutung – Funktion – Herleitung. – Mitt. NNA 3/98: 7–16.

FRANKE, W. 1992: Nutzpflanzenkunde. – 5. Aufl., 490 S., Stuttgart, New York.

FRANKEL, O. H., A. H. D. BROWN & J. J. BURDON 1995: The conservation of plant biodiversity. – 299 S., Cambridge.

FRANZ, H. 1952/53: Dauer und Wandel der Lebensgemeinschaften. – Ver. Verbreitung naturwissensch. Kenntnisse 93: 27–45.

FRITZ, Ö. & K. LARSSON 1996: Betydelsen av skoglig kontinuitet för rödlistade lavar. En studie av halländsk bokskog. – Svensk Botanisk Tidskrift 90: 241–262.

FROHNE, D. & U. JENSEN 1985: Systematik des Pflanzenreichs unter besonderer Berücksichtigung chemischer Merkmale und pflanzlicher Drogen. – 3. Aufl., 355 S., Stuttgart, New York.

GAMISANS, J. & J.-F. MARZOCCHI 1996: La Flore endemique de la Corse. – 208 S., Aix en Provence.

GARVE, E. 1994: Atlas der gefährdeten Farn- und Blütenpflanzen in Niedersachsen und Bremen. Kartierung 1982-1992 – Naturschutz Landschaftspfl. Niedersachs. 30/1-2, 895 S., Hannover.

GASTON, K J. 1991: The magnitude of global insect species richness. – Conservation Biology 5: 283–296.

GASTON, K J. (Hrsg.) 1996: Biodiversity – a biology of numbers and difference. – 396 S., Oxford, Cambridge, Paris u.a.

GASTON, K. J. & P. H. WILLIAMS 1996: Spatial patterns in taxonomic diversity. – In: K. J. GASTON (ed.): Biodiversity. A biology of numbers and difference. – Cambridge, 202–229.

GAUSE, G. F. 1935: Studies on the struggle for existence in mixed populations. – Z. Jour. 14: 243–270.

GAUSE, G. F. 1936: The principles of biocoenology. – Quaterly review biology 11: 320–336.

GAUSE, G. F., O. NASTUKOWA & W. ALPATOW 1934: The influence of biologically conditioned media on the growth of a mixed population of Paramaecium caudatum and P. aurelia. – J. Anim. Ecol. 3: 222–320.

GELTING, P. 1955: A West Greeland Dryas integrifolia community rich in lichens. – Sv. Bot. Tidskr. 49: 295–313.

GIGON, A. 1999: Positive Interaktionen in einem alpinen Blumenpolster. – Ber. RTG 11: 321–330.

GIGON, A. & P. RYSER 1986: Positive Interaktionen zwischen Pflanzenarten. – Veröff. Geobot. Inst. ETH, Stiftung Rübel, Zürich 87: 372–387.

GIVNISH, T. J. 2000: Adaptive Radiation, Dispersal, and Diversification of the Hawaiian Lobeliads. – In: M. KATO (Hrsg.): The Biology of Biodiversity. – S. 67–90, Tokyo, Berlin, Heidelberg.

GLEASON, H. A. 1922: On the realtion between species and area. – Ecology 3: 158–162.

GÖRG, C., C. HERTLER, E. SCHRAMM & M. WEINGARTEN (Hrsg.) 1999: Zugänge zur Biodiversität. – 327 S., Marburg.

GÖTTING, K.-J., E. F. KILIAN & R. SCHNETTER 1982: Einführung in die Meeresbiologie 1 Marine Organismen Marine Biogeographie. – 179 S., Braunschweig, Wiesbaden.

GOLDAMMER, J. G. 1993: Feuer in Waldökosystemen der Tropen und Subtropen. – 251 S., Basel, Boston, Berlin.

GRAMMEL, R. 1990: Ist eine nachhaltige Holznutzung des Amazonas-Regenwaldes möglich? – Ber. Naturf. Ges. Freiburg i. Br. 80: 143–168.

GRISHIN, S. Y. 1995: The boreal forests of north-eastern Eurasia. – Vegetatio 121: 11–21.

GRUBB, P. 1977: The maintainance of species richness in plant communities. The importance of the regeneration niche. – Biol. Rev. 52: 107–145.

HAAREN, C. v. 1988: Beitrag zu einer normativen Grundlage für praktische Zielentscheidungen im Arten- und Biotopschutz.

HAAREN, C. v. 1993: Anforderungen des Naturschutzes an andere Landnutzungssysteme. – Natursch. u. Landschaftspl. 25/5: 170–176.

HABER, W. 1994: Nachhaltige Entwicklung – aus ökologischer Sicht. – Zeitschr. angew. Umweltforschung 7/1: 9–13.

HAECKEL, E. 1866: Generelle Morphologie der Organismen. – Bd. 1: 574 S., Bd. 2: 462 S., Berlin.

HÄRDTLE, W. 1989: Potentielle natürliche Vegetation. – Mitt. AG Geobot. Schlesw.-H. u. Hab. 40: 72 S.

HÄRDTLE, W. 1994: Zur Veränderung und Schutzfähigkeit historisch alter Wälder in Schleswig-Holstein. – NNA-Berichte 3/94: 88–96, Schneverdingen.

HÄRDTLE, W., H. BRACHT & C. HOBOHM 1995: Hartholzauenwälder (Querco-Ulmetum Issl. 1924) im Mittelelbegebiet zwischen Lauenburg und Havelberg. – Jahrb. Naturw. Ver. Fstm. Lüneburg 40: 193–208.

HÄRDTLE, W. & C. WESTPHAL 1998: Zur ökologischen Bedeutung von Altwäldern in der Kulturlandschaft Schleswig-Holsteins. – Braunschw. Geobot. Arb. 5: 127–138.

HAEUPLER, H. 1982: Evenness als Ausdruck der Vielfalt in der Vegetation – Untersuchungen zum Diversitätsbegriff. – Diss. Bot., 268 S.

HAEUPLER, H. 1983: Die Mikroarealophyten der Balearen. Ein Beitrag zum Endemismusbegriff und zur Inselbiogeographie. – Tuexenia 3: 271–288.

HAEUPLER, H. 1997: Zur Phytodiversität Deutschlands: Ein Baustein zur globalen Biodiversitätsbilanz. – Osnabrücker Naturw. Mitt. 23: 123–133.

HAEUPLER, H. 1998: Ein Vergleich zwischen „echten" Inseln und Habitatisolaten. – Braunschweiger Geobot. Arb. 5: 39–60.

HAEUPLER, H. & P. SCHÖNFELDER 1988: Atlas der Farn- und Blütenpflanzen der Bundesrepublik Deutschland. – 768 S., Stuttgart.

HAFFER, J. 1969: Speciation in Amazonian forest birds. – Science 165: 131–137.

HAILA, Y. & J. KOUKI 1994: The phenomenon of biodiversity in conservation biology. – Ann. Zool. Fennici 31: 5–18.

HAMPICKE, U. 1993: Naturschutz und Ethik – Rückblick auf eine 20jährige Diskussion, 1973-1993, und politische Folgerungen. – Z. Ökologie u. Naturschutz 2/2: 73–86.

HANSEN, A. & SUNDING, P. 1993: Flora of Macaronesia. Checklist of vascular Plants. – Sommerfeltia 17: 1–295.

HARPENDING, H. C. & E. ELLER 2000: Human Diversity and Ist History. – In: KATO, M. (Hrsg.) 2000: The Biology of Biodiversity. – S. 301–314, Tokyo, Berlin, Heidelberg.

HEIDT, E. R. SCHULZ & H. PLACHTER 1997: Konzept und Requisiten der naturschutzfachlichen Zielbestimmung, dargestellt am Beispiel einer Agrarlandschaft Nordostdeutschlands (Uckermark; Brandenburg). – Verh. Ges. f. Ökologie 27: 263–272.

HENDRYCH, R. 1982: Material and notes about the geography of the highly stenochoric to monotopic endemic species of the European flora. – Acta Univ. Carolinae – Biologica: 335–372.

HENGEVELD, R., P. J. EDWARDS & S. J. DUFFIELD 1995: Biodiversity from an ecological perspective. – In: V. H. HEYWOOD & R. T. WATSON (Hrsg.): Global biodiversity assessment. – Cambridge, New York, Melbourne, 88–106.

HEß, D. 1982: Pflanzenphysiologie. – 379 S., Stuttgart.

HEß, D. 1983: Die Blüte. – 458 S., Stuttgart.

HIGASHI, M. & T. ABE 1997: Global Diversification of Termites Driven by the Evolution of Symbiosis and Sociality. – In: T. ABE, S. A. LEVIN & M. HIGASHI (Hrsg.): Biodiversity: An Ecological Perspective. – S. 83–114, Berlin, Heidelberg, New York.

HOBBIE, S. E., D. B. JENSEN & F. S. CHAPIN 1994: Resource supply and disturbance as controls over present and future diversity. – In: SCHULZE, E. D. & H. A. MOONEY (Hrsg.): Biodiversity and ecosystem function. – S. 433–451, Berlin, Heidelberg.

HOBBS, R. J., D. M. RICHARDSON & G. W. DAVIS 1995: Mediterranean-Type Ecosystems: Opportunities and Constraints for Studying the Function of Biodiversity. – In: G. W. DAVIS & D. M. RICHARDSON (Hrsg.): Mediterranean-Type Ecosystems. – Ecol. Studies 109: 1–42, Berlin, Heidelberg, New York.

HOBOHM, C. 1992: Schleichende Veränderungen in den Salzwiesen Niedersachsens – ein Beitrag zur historischen Geobotanik. – Drosera 92/1: 27–34.

HOBOHM, C. 1994a: Einige wissenschaftstheoretische Überlegungen zur Pflanzensoziologie. – Tuexenia 14: 3–16.

HOBOHM, C. 1994b: Kritische Betrachtung einiger Grundbegriffe der Ökologie im Spannungsfeld verschiedener Einflüsse. – Z. Ökologie u. Naturschutz 3/2: 113–119, Jena, Stuttgart.

HOBOHM, C. 1998a: Pflanzensoziologie und die Erforschung der Artenvielfalt. – Arch. natw. Diss. 5: 231 S., Wiehl.

HOBOHM, C. 1998b: Aspekte der Artenvielfalt von linearen Strukturen und Übergangsbereichen. – Braunschweiger Geobot. Arbeiten 5: 295–304.

HOBOHM, C. 1999: Euphorbia margalidiana und Bykow's Index of Endemicity – ein Beitrag zur Biogeographie ausgewählter Inseln und Archipele. – Abh. Naturwiss. Ver. Bremen 44/2-3: 367–375.

HOBOHM, C. 2000: Plant species diversity and endemism on islands and archipelagos, with special reference to the Macaronesian Islands. – Flora 195/1: in Druck.

HOBOHM, C. & W. HÄRDTLE 1997: Zur Bedeutung einiger ökologischer Parameter für die Artenvielfalt innerhalb von Pflanzengesellschaften Mitteleuropas. – Tuexenia 17: 19–52.

HOBOHM, C. & J. PETERSEN 1999: Zur Artenvielfalt von Zwergbinsengesellschaften. – Mitt. Bad. Landesver. Naturkunde u. Naturschutz, N.F. 17: 313–318.

HÖRZ, H., H. LIEBSCHER, R. LÖTHER, E. SCHMUTZER & S. WOLLGAST (Hrsg.) 1991: Philosophie und Naturwissenschaften. – 3. Aufl. 1120 S., Berlin.

HOFMEISTER, S. 1999: Der „verwilderte Garten" als zweite Wildnis – Abschied vom Gegensatz „Natur versus Kultur". – Laufener Seminarbeiträge 2/99: 15–27.

HORLITZ, T. 1998: Naturschutzszenarien und Leitbilder. – Natursch. u. Landschaftspl. 30/10: 327–330.

HUBBELL, S. P. & R. B. FOSTER 1983: Diversity of canopy trees in a neotropical forest and implications for conservation. – In: S. L. SUTTON, T. C. WHITMORE & A. C. CHADWICK (Hrsg.): Tropical Rain Forest: Ecology and Management. – S. 25–41, Oxford u.a.

HUMPHRIES, C. J. 1979: Endemism and evolution in Macaronesia. – In: D. BRAMWELL (ed.): Plants and Islands. – London, New York, Toronto, 171–200.

HÜPPE, J. 1993: Entwicklung der Tieflands-Heidegesellschaften Mitteleuropas in geobotanisch-vegetationsgeschichtlicher Sicht. – Ber. RTG 5: 49–76.

HUSTON, M. 1994: Biological diversity. – 681 S., Cambridge.

HUSTON, M. 1994: Biological diversity the coexistence of species on changing landscapes. – 681 S., Cambridge.

HUSTON, M. & L. GILBERT 1996: Consumer Diversity and Secondary Production. – Ecol. Studies 122: 33–48.

HUTCHINSON, G. E. 1959: Homage to Santa Rosalia; or, why are there so many kinds of animals. – Am. Naturalist 93: 145–159.

HUTCHINSON, G. E. 1959: Homage to Santa Rosalia; or, why are there so many kinds of animals. – Am. Naturalist 93: 145–159.

IBISCH, P. 1996: Neotropische Epiphytendiversität – das Beispiel Bolivien. – Arch. Natw. Diss. 1: 357 S.

ILLIES, J. 1971: Einführung in die Tiergeographie. – 91 S., Stuttgart.

ITOW, S. 1988: Species diversity of mainland- and island forests in the Pacific area. – Vegetatio 77: 193–200.

IWASA, Y., K. SATO, M. KAKITA & T. KUBO 1994: Modelling biodiversity: Latitudinal gradient of forest species diversity. – In: SCHULZE, E. D. & H. A. MOONEY (Hrsg.): Biodiversity and ecosystem function. – Berlin, Heidelberg, 433–451.

JACOBSEN, P. 1992: Flechten in Schleswig-Holstein: Bestand, Gefährdung und Bedeutung als Bioindikatoren. – Mitt. AG Geobotanik in Schleswig-Holstein und Hamburg 42: 234 S.

JESCHKE, L. 1976: Veränderungen des Röhrichtgürtels der Seen in unseren Naturschutzgebieten. – Natursch.arbeit in Mecklenburg 19: 49–52.

JESSEL, B. 1996: Leitbilder und Wertungsfrage in der Naturschutz- und Umweltplanung. – Naturschutz- und Landschaftsplanung 28/7: 211–216.

JOLLIVET, D. 1996: Specific and genetic diversity at deep-sea hydrothermal vents: an overview. – Biodiversity and Conservation 5: 1619–1653.

KAISER, D. 1989: Was tun? Bilanzen und Chancen. – In: D. KAISER (Hrsg.): Wir töten, was wir lieben Das Geschäft mit geschützten Tieren und Pflanzen. – 2. Aufl., S. 297–308, Hamburg.

KAISER, T. 1996: Die potentielle natürliche Vegetation als Planungsgrundlage im Naturschutz. – Natur u. Landsch. 71/10: 435–439.

KALUSCHE, D. 1996: Ökologie in Zahlen. – 415 S, Stuttgart, Jena, New York.

KÄMMER, F. 1982: Beiträge zu einer kritischen Gefäßpflanzenflora und Wirbeltierfauna der Azoren, des Madeira-Archipels, der Ilhas Selvagens, der Kanarischen Inseln und der Kapverdischen Inseln, mit einem Ausblick auf Probleme des Artenschwundes in Makaronesien. – Freiburg.

KASPAREK, M. 1998: Gute Geschäfte mit der Apotheke Natur. – WWF-Journal 3/98: 40.

KATO, M. (Hrsg.) 2000: The Biology of Biodiversity. – 324 S., Tokyo, Berlin, Heidelberg.

KAWABATA, K. & M. NAKANISHI 1997: Food Web Structure and Biodiversity in Lake Ecosystems. – In: T. ABE, S. A. LEVIN & M. HIGASHI (Hrsg.): Biodiversity: An Ecological Perspective. – S. 203–214, Berlin, Heidelberg, New York.

KIRSCHBAUM, U. & V. WIRTH 1995: Flechten erkennen Luftgüte bestimmen. – 128 S., Stuttgart.

KLEMMER 1994: Tierwelt der Galapagos-Inseln. – Kleine Senckenbergr. 20: Pflanzen- und Tierwelt der Galapagos-Inseln: S. 86–95.

KLÖTZLI, F. A. 1993: Ökosysteme. – 3. Aufl., 447 S., Stuttgart, Jena.

KÖNIG, B. & K. E. LINSENMAIR (Hrsg.) 1996: Biologische Vielfalt. – 215 S., Heidelberg, Berlin, Oxford.

KÖRNER, C. 1994: Scaling from Species to Vegetation: The Usefulness of Functional Groups. – In E.-D. SCHULZE & H. A. MOONEY (Hrsg.): Biodiversity and Ecosystem Function. – S. 117–140, Berlin, Heidelberg, New York.

KÖRNER, C. 1995: Alpine Plant Diversity: A Global Survey and Functional Interpretations. – In: F. S. CHAPIN & C. KÖRNER (Hrsg.): Arctic and Alpine Biodiversity: Patterns, Causes and Ecosystem Consequences. – Ecol. Studies 113: 45–62.

KOHYAMA, T., E. SUZUKI, S.-I. AIBA & T. SEINO 2000: Functional Differentiation and Positive Feedback Enhancing Plant Biodiversity. – In: KATO, M. (Hrsg.) 2000: The Biology of Biodiversity. – S. 179–191, Tokyo, Berlin, Heidelberg.

KOWARIK, I. 1996: Auswirkungen von Neophyten auf Ökosysteme und deren Bewertung. – Texte Umweltbundesamt. 58/96: 119–155.

KOWARIK, I. 1997: Unerwünschte Folgen der Ausbreitung neophytischer Baum- und Strauch-arten. – In: K.-D. GANDERT (Hrsg.): Beiträge zur Gehölzkunde. – S. 18–28, Rinteln.

KRATOCHWIL, A. 1996: Die Umweltkrise aus ökologischer Sicht. Historische Entwicklung und aktuelle Bilanz. – In: Zukunft für die Erde. Herrenalber Protokolle 110: 7–153.

KREEB, K. H. 1990: Methoden zur Pflanzenökologie und Bioindikation. – 327 S., Stuttgart, New York.

KRUMBIEGEL, A. & S. KLOTZ 1996: Bedeutung von Standort und Artenpotential der angren-zenden Vegetation für die Entwicklung von Dauerbrachen. – Arch. für Nat.-Lands. 34: 157–168.

KUHLMANN, W. 1995: Nationalparke – Schutz vor den Menschen oder Schutz durch die Menschen? – Ökozid 10: 126–142.

KULENKAMPFF, J. 1989: David Hume. – 182 S., München.

KUNKEL, G. 1993: Die Kanarischen Inseln und ihre Pflanzenwelt. – 3. edition, Stuttgart, Jena, New York.

KÜSTER, H. 1995: Geschichte der Landschaft in Mitteleuropa von der Eiszeit bis zur Gegenwart. – 424 S., München.

LANGE, D. 1996: Untersuchungen zum Heilpflanzenhandel in Deutschland. – 130 S., Bonn.

LANGENSIEPEN, I. & A. OTTE 1994: Hofnahe Obstbaum-bestandene Wiesen und Weiden im Landkreis Bad Tölz – Wolfratshausen. – Standortkundliche und nutzungsbedingte Differenzierungen ihrer Vegetation. – Tuexenia 14: 169–196.

LASSERRE, P. 1994: The role of biodiversity in marine ecosystems. – In: SOLBRIG, O. T., H. M. VAN EMDEN & P. G. W. J. VAN OORDT (Hrsg.): Biodiversity and global change. – 2. Aufl.: 107–132, Wallingford, Oxon.

LEBLANC, F. & J. DESLOOVER 1970: Relation between industrialization and the distribution and growth of epiphytic lichens and mosses in Montreal. – Can. J. Bot. 48: 1485–1502.

LEPS, J. & J. STURSA 1989: Species-area curve, life history strategies, and succession: a field test of relationships. – Vegetatio 83: 249–257.

LERCH, G. 1991: Pflanzenökologie. – 535 S., Berlin.

LESER, H., B. STREIT, H.-D. HAAS, J. HUBER-FRÖHLI, T. MOSIMANN, R. PAESLER 1995: Diercke-Wörterbuch Ökologie und Umwelt 2. – 233 S., München, Braunschweig.

LEUSCHNER, C. 1997: Das Konzept der potentiellen natürlichen Vegetation (PNV): Schwachstellen und Entwicklungsperspektiven. – Flora 192: 379–391.

LOBIN, W. & G. ZIZKA 1987: Einteilung der Flora (Phanerogamae) der Kapverdischen Inseln nach ihrer Einwanderungsgeschichte. – Cour. Forsch.-Inst. Senckenberg 35: 127–153.

LÖSCH, R. 1988: Funktionelle Voraussetzungen der adaptiven Nischenbesetzung in der Evolution der makaronesischen Semperviven. – Habilitationsschrift Univ. Kiel.

LOTKA, A. J. 1925: Elements of Physical Biology. – Baltimore.

LOZAN, J. L. 1992: Angewandte Statistik für Naturwissenschaftler. – 237 S., Berlin, Hamburg.

MAAREL, E. VAN DER 1970: Vegetationsstruktur und Minimum-Areal in einem Dünen-Trockenrasen. – In: R. TÜXEN (Hrsg.): Gesellschaftsmorphologie. – Ber. Int. Symp. IVV: 218–239.

MAAREL, E. VAN DER 1971: Plant species diversity in relation to management. – In: E. DUFFEY & A. S. WATT (Hrsg.): The scientific management of animal and plant communities for con-servation. – S. 45–63, Oxford, London, Edinburgh.

MAAREL, E. VAN DER 1995: Vicinism and mass effect in a historical perspective. – J. Vegetation Science 6: 445–446.

MacArthur, R. H., J. M. Diamond & J. R. Karr 1972: Density compensation in Island Faunas. – Ecology 53/2: 330–342.

MacArthur, R. H., H. Recher & M. Cody 1966: On the realtion between habitat selection and species diversity. – Am. Nat. 100: 319–332.

MacArthur, R. H. & E. O. Wilson 1967: The Theory of Island Biogeography. – 203 S., Princeton, NJ.

Major, J. 1988: Endemism: A Botanical Perspective. – In: Myers, A. A. & P. S. Giller (Hrsg.): Analytical Biogeography. – S. 117–148, London, New York, Tokio.

Makowski, H. 1985: Neuer Kurs für Noahs Arche: Wildtiere in Menschenhand. – 271 S., München.

Malyshev, L. I. 1975: The quantitative analysis of flora: spatial diversity, level of specific richness, and representativity of sampling areas. – Botanicheskiy Zhurn 60: 1537–1550.

Malyshev, L. I. 1991: Some quantitative approaches to problems of comparative floristics. – In: P. L. Nimis & T. J. Crovello (eds.): Quantitative approaches to Phytogeography: 15–33.

Malyshev, L., P. L. Nimis & G. Bolognini 1994: Essays on the modelling of spatial floristic diversity in Europe: British Isles, West Germany, and East Europe. – Flora 189: 79–88.

Manshard, W. & R. Mäckel 1995: Umwelt und Entwicklung Naturpotential und Landnutzung in den Tropen. – 182 S.

Masaki, T., W. Suzuki, K. Niiyama, S. Iida, H. Tanaka & T. Nakashizuka 1992: Community structure of a species-rich temperate forest, Ogawa Forest Reserve, central Japan. – Vegetatio 98: 97–111.

Matuszkiewicz, W. 1975: Spät- und Frühfröste als standortsökologischer Faktor in den Waldgesellschaften des Bialowieza-Nationalparkes (Polen). – In: R. Tüxen (Hrsg.) 1977: Vegetation und Klima. – Ber. Int. Symp. IVV.: 195–233.

Maxeiner, D. & M. Miersch 1998: Lexikon der Ökoirrtümer. – 415 S., Frankfurt.

McGraw 1995: Patterns and Causes og Genetic Diversity in Arctic Plants. – In: F. S. Chapin & C. Körner (Hrsg.): Arctic and Alpine Biodiversity: Patterns, Causes and Ecosystem Consequences. – Ecol. Studies 113: 33–44.

Medail, F. & P. Quezel 1997: Hot-spot analysis for conservation of plant biodiversity in the Mediterranean Basin. – Ann. Missouri Bot. Gard. 84: 112–127.

Menalled, F.D. & J. M. Adamoli 1995: A quantitative phytogographic analysis of species richness in forest communities of the Parana River Delta, Argentina. – Vegetatio 120: 81–90.

Meyer, R., C. Revermann & A. Sauter 1998: Biologische Vielfalt in Gefahr? Gentechnik in der Pflanzenzüchtung. – 308 S., Berlin.

Meyer-Abich 1997: Praktische Naturphilosophie. – 520 S., München.

Meyer-Cords, C. & P. Boye 1999: Schlüssel-, Ziel-, Charakterarten Zur Klärung einiger Begriffe im Naturschutz. – Natur und Landschaft 74/3: 99–101.

Mierwald, U. 1988: Die Vegetation der Kleingewässer landwirtschaftlich genutzter Flächen. – Mitt. AG Geobot. Schlesw.-H. u. Hamb. 39: 286 S.

Möller, H. 1979: Das Chrysosplenio-oppositifolii-Alnetum glutinosae (MEIJ. DREES 1936), eine neue Alno-Padion-Assoziation. – Mitt. Flor.-soz. AG N. F. 21: 167–180.

Möller, H. 1993: „Pflanzengesellschaft" als Typus und als Grundgesamtheit von Vegetationsausschnitten. Versuch einer begrifflichen Klärung. – Tuexenia 13: 11–22.

Möller, I. 1992: Landschaftsökologische Untersuchungen in westnorwegischen Heiden unter besonderer Berücksichtigung der Vegetation. – Hamb. vegetationsgeogr. Mitt. 6: 1–88.

Mörsch, G. & F. Leibenguth 1994: DNA fingerprinting in roe deer using the digoxigenated probe (GTG)5. – Animal Genetics 25: 25–30.

Monod, T. & J.-M. Durou 1992: Wüsten der Welt. – 320 S., München, Berlin.

Mühlenberg, M. & J. Slowik 1997: Kulturlandschaft als Lebensraum. – 312 S., Wiesbaden.

Müller, H. J. 1991: Ökologie. – 2. Aufl., 415 S., Jena.

MÜLLER, M. J. 1996: Handbuch ausgewählter Klimastationen der Erde. – 5. Aufl., 400 S., Trier.

MÜLLER, P. 1981: Arealsysteme und Biogeographie. – 704 S., Stuttgart.

MÜLLER-DOMBOIS, D., BRIDGES, K. W. & CARSON, H. L. (eds.) 1981: Island ecosystems. Biological organization in selected Hawaiian communities. – US / IBP Synthesis Series 15: 1–583.

MÜLLER-DOMBOIS, D. & FOSBERG, F. R. 1998: Vegetation of the tropical Pacific Islands. – New York.

MÜLLER-KARCH, J. & B. HEYDEMANN 1998: Elementare Kunst in der Natur. – 192 S., Neumünster.

MURRAY, D. F. 1995: Causes of Arctic Plant Diversity: Origin and Evolution. – In: F. S. CHAPIN & C. KÖRNER (Hrsg.): Arctic and Alpine Biodiversity: Patterns, Causes and Ecosystem Consequences. – Ecol. Studies 113: 21–32.

MYERS, A. A. & P. S. GILLER (Hrsg.) 1990: Analytical biogeography. – London.

NAGEL, H.-D., G. SMIATEK & B. WERNER 1994: Das Konzept der kritischen Eintragsraten als Möglichkeiten zur Bestimmung von Umweltbelastungs- und Qualitätskriterien. – Materialien zur Umweltforschung 20: 77 pp., Stuttgart.

NAKASHIZUKA, T., T. KOHYAMA, T. WHITMORE & P. S. ASHTON 1999: Tree diversity and dynamics of western Pacific and eastern Asian forests: An introduction. – J. Vegetation Science 10: 765–766.

NEZADAL, W., R. LINDACHER & W. WELSS 1999: Lokalendemiten und Phytodiversität der westkanarischen Inseln La Palma und La Gomera. – Feddes Rep 110/1-2: 19–30.

NORDHAGEN, R. 1939/40: Die Pflanzengesellschaften der Tangwälle. Studien über die maritime Vegetation Norwegens 1. – Bergens Museums Aarbok, Naturvidenskapelig rekke 2: 123 S.

O`BRIEN, E. M. 1998: Water-energy dynamics, climate, and prediction of woody plant species richness: an interim general model. – J. Biogeography 25: 379–398.

O`BRIEN, S., D. E. WILDT & M. BUSH 1986: Genetische Gefährdung des Gepards. – Spektrum d. Wissensch. 7/86: 64–72.

OMOTO, K. 2000: Genetic Diversity of Human Populations in Eastern Asia. – In: M. KATO (Hrsg.) 2000: The Biology of Biodiversity. – S. 289–299, Tokyo, Berlin, Heidelberg.

ORDERS, R. & A. BONDY 1989: Mit lieben Grüßen aus Australien Die Plünderung eines Kontinents. – In: D. KAISER (Hrsg.): Wir töten, was wir lieben Das Geschäft mit geschützten Tieren und Pflanzen. – 2. Aufl., S. 275–296, Hamburg.

ORIANS, G. H., R. DIRZO & J. H. CUSHMAN (Hrsg.) 1996: Biodiversity and Ecosystem processes in Tropical Forests. – Ecol. Studies 122: 229 S.

PÄRTEL, M., R. KALAMEES, M. ZOBEL & E. ROSEN 1999: Alvar grasslands in Estonia: variation in species composition and community structure. – J. Veg. Sci. 10: 561–568.

PATTERSON, B. D. & W. ATMAR 1986: Nested subsets and the structure of insular mammalian faunas and archipelagoes. – Biol. J. Linn. Soc. 28: 65–82, New York.

PATZELT, A., F. MAYER & J. PFADENHAUER 1997: Renaturierungsverfahren zur Etablierung von Feuchtwiesenarten. – Verh. Ges. f. Ökologie 27: 165–172.

PAUSAS, J. G. & J. CARRERAS 1995: The effect of bedrock type, temperature and moisture on species richness of Pyrenean Scots pine (Pinus sylvestris L.) forests. – Vegetatio 116: 85–92.

PEARCE, D., N. ADGER, D. MADDISON & D. MORAN 1995: Verschuldung und Raubbau in der Dritten Welt. – In: P. MEUSBURGER (Hrsg., 1997): Anthropogeographie. – S. 142–147, Heidelberg, Berlin.

PEET, R. K., E. VAN DER MAAREL, E. ROSEN, J. H. WILLEMS, C. NORQUIST & J. WALKER 1990: Mechanisms of coexistence in species-rich grasslands. – Bull. Ecol. Soc. Am. 71: 283.

PETERSEN, J. 1999: Die Dünentalvegetation der Wattenmeerinseln in der südlichen Nordsee. – Diss. Univ. Hannover, 203 S., Hannover.

PFORDTEN, D. V. D. 1996: Ökologische Ethik. – 351 S., Reinbek.

PIANKA, E. R. 1966: Latitudinal gradients in species diversity: a review of concepts. – Am. Nature 100: 65–75.

PIELOU, E. C. 1975: Ecological diversity. – 165 S., New York, London, Sidney, Toronto.

PIMM, S. L. 1979: Complexity and stability: another look at MacArthurs's original hypothesis. – Oikos 33: 351–357.

PLACHTER, H. 1991: Naturschutz. – 463 S., Stuttgart, Jena.

POREMBSKI, S. 1996: Notes on the vegetation of inselbergs in Malawi. – Flora 191: 1–8.

POREMBSKI, S., G. BROWN & W. BARTHLOTT 1995: An inverted latitudinal gradient of plant diversity in shallow depressions on Ivorian inselbergs. – Vegetatio 117: 151–163.

POREMBSKI, S., J. SZARZYNSKI, J.-P. MUND & W. BARTHLOTT 1996: Biodiversity and vegetation of small-sized inselbergs in a West African rain forest (Tai, Ivory Coast). – J. Biogeogr. 23: 47–55.

PORTER, D. M. 1979: Endemism and Evolution in Galapagos Islands Vascular Plants. – In: D. BRAMWELL (Hrsg.): Plants and Islands. – S. 225–258, London, New York, Toronto.

POTT, R. 1995: Die Pflanzengesellschaften Deutschlands. – 2. Aufl., 622 S., Stuttgart.

POTT, R. 1996a: Die Entwicklungsgeschichte und Verbreitung xerothermer Vegetationseinheiten in Mitteleuropa unter dem Einfluß des Menschen. – Tuexenia 16: 337–369.

POTT, R. 1996b: Von der Urlandschaft zur Kulturlandschaft – Entwicklung und Gestaltung mitteleuropäischer Kulturlandschaften durch den Menschen. – Verh. Ges. f. Ökologie 27: 5–25.

RAUSCHERT, S. 1969: Über einige Probleme der Vegetationsanalyse und Vegetations-systematik. – Arch. Natsch. Landschaftsforsch. 9/2: 153–174.

REICHOLF, J. H. 1991: Der tropische Regenwald. – 3. Aufl., 207 S., München.

REISE, K. 1980: Hundert Jahre Biozönose – Die Evolution eines ökologischen Begriffes. – Natw. Rundschau 33/8: 328–334.

REJMANEK, M. 1996: Species Richness and Resistance to Invasions. – Ecol. Studies 122: 1 53–172.

REMMERT, H. 1984: Ökologie. – 3. Aufl., 334 S., Berlin, Heidelberg.

REMMERT, H. (Hrsg.) 1991: The mosaic-Cycle Concept of Ecosystems. – Ecol. Studies 85: 168 S.

RICE, R. E., R. E. GULLISON & J. W. REID 1997: Tropische Regenwälder: Grenzen nachhaltiger Forstwirtschaft. – In: P. MEUSBURGER (Hrsg.): Anthropogeographie. – S. 112–119, Heidelberg, Berlin.

RICHARDS, P. W. 1969: Speciation in the tropical rain forest and the concept of the niche. – Biol. J. Linn. Soc. 1: 149–153, New York.

RIECKEN, U. 1992: Grenzen der Machbarkeit von „Natur aus zweiter Hand". – Natur u. Landschaft 67/11: 527–535.

RIECKEN, U., U. RIES & A. SSYMANK 1994: Rote Liste der gefährdeten Biotoptypen der Bundesrepublik Deutschland. – 184 S., Bonn.

RIEDE, K. 1988: Einfalt statt Vielfalt – die Folgen genetischer Erosion. – WWF-Journal 4: 10–12.

RIEDE, K. 1990: Die amazonischen Regenwälder als Labor der Evolution. – Ber. Naturf. Ges. Freiburg i. Br. 80: 93–117.

ROSENZWEIG, M. L. 1971: Paradox of enrichment: destabilization of exploitation ecosystems in ecological time. – Science 171: 385–387.

ROSENZWEIG, M. L. 1991: Species diversity gradients: We know more and less than we thought. – J. Mammology 73: 715–730.

ROSENZWEIG, M.L. 1995: Species diversity in space and time. – 436 S., Cambridge.

ROSENZWEIG, M. L. & J. WINAKUR 1969: Population ecology of desert rodent communities, habitats and environmental complexity. – Ecology 50: 558–572.

ROTHE, P. 1996: Kanarische Inseln. – 2. Aufl., Samml. Geol. Führer 81: 307 S., Berlin.

RÜBEL, A. 1997: Neue Aufgaben und Ziele. – In: BUND SCHWEIZER LANDSCHAFTSARCHITEKTEN UND LANDSCHAFTSARCHITEKTINNEN (BSLA) und VERLAG NIGGLI AG (Hrsg.) 1997: Zoologische Gärten. – Anthos 4/97: 12–15.

RUNDEL, P. W. 1998: Landscape Disturbance in Mediterranean-Type Ecosystems: An Overview. – In: P. W. RUNDEL, G. MONTENEGRO & F. JAKSIC (Hrsg.) 1998: Landscape Disturbance and Biodiversity in Mediterranean-Type Ecosystems. – Ecol. Studies 136: 3–22.

RUNDEL, P. W., G. MONTENEGRO & F. JAKSIC (Hrsg.) 1998: Landscape Disturbance and Biodiversity in Mediterranean-Type Ecosystems. – Ecol. Studies 136: 454 S.

RYTI, R. T. & M. E. GILPIN 1987: The comparative analysis of species occurrence patterns on archipelagos. – Oecologia 73: 282–287.

SACHS, I. 1991: What future for Mazonia. – UNESCO Courier 11/92: 18–21.

SANDERS, H. L. 1969: Benthic marine diversity and the stability-time hypothesis. – Brokkhaven Symposium on Biology 22: 17–81.

SCHÄFER, A. 1997: Biogeographie der Binnengewässer. – 258 S., Stuttgart.

SCHÄFER, H.-J. (Hrsg.) 1995: Materials on the Situation of Biodiversity in Germany. – 112 S., Bonn.

SCHAEFER, M. 1992: Ökologie Wörterbücher der Biologie. – 3. Aufl., 433 S., Jena.

SCHEINER, S. M. & J. M. REY-BENAYAS 1994: Global patterns of plant diversity. – Evolutionary Ecology 8: 331–347.

SCHERNER, E. R. 1995: Realität oder Realsatire der „Bewertung" von Organismen und Flächen. – Schr.-R. f. Landschaftspfl. u. Natursch. 43: 377–410.

SCHROEDER, F.-G. 1998: Lehrbuch der Pflanzengeographie. – 457 S., Wiesbaden.

SCHULTZ, J. 1988: Die Ökozonen der Erde. – 488 S., Stuttgart.

SCHULZE, E.-D. & H. A. MOONEY (Hrsg.) 1994: Biodiversity and ecosystem function. – 525 S., Berlin, Heidelberg, New York.

SCHWABE, A. & A. KRATOCHWIL 1987: Weidbuchen im Schwarzwald und ihre Entstehung durch Verbiß des Wälderviehs. – Beih. Veröff. Natursch. Landschaftspfl. Bad.-Württ. 49: 120 S.

SEDLAG, U. 1995: Tiergeographie. – 447 S., Leipzig.

SHANNON, C. E. & W. WEAVER (korrekt heißt der Mann WEANER) 1976: Mathematische Grundlagen der Informationstheorie. – 143 S., München, Wien.

SHEIL, D. 1999: Tropical forest diversity, environmental change and species augmentation: After the intermediate disturbance hypothesis. – J. Vegetation Science 10: 851–860.

SHMIDA, A. & M. V. WILSON 1985: Biological determinants of species diversity. –J. Biogeography 12: 1–20.

SHMIDA, A. & S. ELLNER 1984: Coexistence of plant species with similar niches. – Vegetatio 58: 29–55.

SIMBERLOFF, D. S. 1974: Equilibrium theory of islands biogeography and ecology. – Annual Review of Ecology and Systematics 5: 161–182.

SMITH, J. M. 1966: Sympatric speciation. – Am. Naturalist 100/ 916: 637–650.

SMITH, T. & M. HUSTON 1989: A theory of the spatial and temporal dynamics of plant communities. – Vegetatio 83: 49–69.

SOLBRIG, O. T. 1994: Biodiversität. – 88 S., Bonn.

SOLBRIG, O. T., H. M. VAN EMDEN & P. G. W. J. VAN OORDT 1994: Biodiversity and Global Change. – 227 S., Oxon, Paris.

SORO, A., S. SUNDBERG & H. RYDIN 1999: Species diversity, niche metrics and species associations in harvested and undisturbed bogs. – J. Veg. Sci. 10: 549–560.

SPICHINGER, R. 1994: Anthropogene Landschaft und biologische Vielfalt – Widerspruch oder Symbiose? – Anthos 2/94: 15–17.

STADT UNNA 1991: Kopfweiden und andere Kopfbäume in Unna. – 2. Aufl., 51 S., Unna.

STANLEY, S. M. 1979: Macroevolution. Pattern and process. – San Francisko.

STAUDT, E. 1991: Kopfweiden Herkunft – Nutzung – Pflege. – 2. Aufl., 84 S., Barcelona.

STEBBINS, G. L. 1980: Rarity of Plant Species: a Synthetic Viewpoint. – Rhodora 82: 77–86.

STEINLEIN, H. 1990: Andere Möglichkeiten als die Holzproduktion zur Nutzung tropischer Wald-Ökosysteme. – Ber. Naturf. Ges. Freiburg i. Br. 80: 169–192.

STENSETH, N. C. 1979: Where have all the species gone? On the nature of extinction and the Red Queen Hypothesis. – Oikos 33: 196–227.

STEUBING, L., K. BUCHWALD & E. BRAUN (Hrsg.) 1995: Natur- und Umweltschutz – Ökologische Grundlagen, Methoden, Umsetzung. – 498 S., Jena, Stuttgart.

STEUBING, L. & H. O. SCHWANTES 1992: Ökologische Botanik. – 3. Aufl., 408 S., Wiesbaden.

STILLGER, E. 1978: Kopfweiden im Gebiet der Nette und ihre Epiphyten. – Der Niederrhein 1.

STORTELDER, A. H. F. 1992: Vegetatiestrategieen? – Stratiotes 5: 22 – 27.

STRANK, K.-J. 1989: Aufgaben eines botanischen Gartens. – Garten und Landschaft 99/1: 31–35.

STÜBEN, P. E. 1995: Tabu und Biodiversität I – Die sakrale Welt des Indigenen: Zentrum der Artenvielfalt? – Ökozid 10: 83–105.

STÜBS, V. 1992: Kopfweidenpflege bei Greifswald. – Nat.sch.arbeit in Mecklenburg-Vorpommern 35/1,2: 59–63.

SUKOPP, U. & H. SUKOPP 1993: Das Modell der Einführung und Einbürgerung nicht einheimischer Arten. – Gaia 2: 267–288.

SUNDING, P. 1979: Origins of the Macaronesian flora. – In: BRAMWELL, D. (ed.): Plants and islands. – London, New York, Toronto, 13–40.

SZYPULA-GADOR, K. 1968: Preliminary investigations on the output of pollard willows. – Pamietnik pulawski 34: 105–120.

TARDENT, P. 1993: Meeresbiologie. – 2. Aufl., 305 S., Stuttgart, New York.

TERBORGH, J. 1993: Lebensraum Regenwald Zentrum biologischer Vielfalt. – 253 S., Heidelberg, Berlin, Oxford.

THANNHEISER, D., U. TRETER & J.-F. VENZKE 1994: Bibliographie zur Vegetationsgeographie und Vegegationsökologie der borealen Landschaftszone. – Essener Geogr. Arb. 25: 125–173.

THIENEMANN, A. 1939: Grundzüge einer allgemeinen Ökologie. – Arch. f. Hydrobiol. 35: 267–285.

THIENEMANN, A. 1956: Leben und Umwelt. Vom Gesamthaushalt der Natur. – 153 S., Hamburg.

THORNTON, I. 1996: Krakatau. The destruction and reassembly of an island ecosystem. – Cambridge, Massachusetts, London.

TILMAN, D. 1982: Resource competition and community structure. – 296 S., Princeton, New Jersey.

TREPL, L. 1987: Natur im Griff – Landschaft als Ökoparadies. – Garten und Landschaft 3/87: 37–44.

TREPL, L. 1999: Die Diversitäts-Stabilitäts-Diskussion in der Ökologie. – In: C. GÖRG, C. HERTLER, E. SCHRAMM & M. WEINGARTEN (Hrsg.): Zugänge zur Biodiversität. – S. 91–126, Marburg.

TUDGE, C. 1998: Letzte Zuflucht Zoo Die Erhaltung bedrohter Arten in zoologischen Gärten. – 2. Aufl., 392 S., Reinbek bei Hamburg.

TUTIN, T. G., N. A. BURGES, A. O. CHATER, J. R. EDMONDSON, V. H. HEYWOOD & D. M. MOORE 1996: Flora Europaea volume 1 Psilotaceae to Platanaceae. – 2. Aufl., 581 S., Cambridge.

ULICH, D. & P. MAYRING 1992: Psychologie der Emotionen. – 196 S., Stuttgart.

ULRICH, H. (Hrsg.) 1997: Tropical biodiversity and systematics. – 357 S., Bonn.

UMWELTBUNDESAMT (Hrsg.) 1997: Nachhaltiges Deutschland Wege zu einer dauerhaft umweltgerechten Entwicklung. – 2. Aufl., 356 S., Berlin.

VELLVE, R. 1992: Lebendige Vielfalt Biodiversität Pflanzengenetische Ressourcen Agrarkultur. – Wachstumslandwirtschaft und Umweltzerstörung 4: 187 S.

VERNHES, J. & T. YOUNES 1993: Inventorying and monitoring biodiversity under Diversitas programme. – Biology Int. 27: 3–14.

VINCENT, P. 1981: From theory into practice – a cautionary tale of island biogeography. – Area 13: 115–118.

VIRVILLE, D. DE 1965: L'endemisme vegetal dans les Iles Atlantides. – Rev. gen. bot. 72: 577–602.

VITOUSEK, P. M., LOOPE, L. L. & ADSERSEN, H. (eds.) 1995: Islands – Biological diversity and ecosystem function. – Ecol. Studies 115: 1–238.

VOLTERRA, V. 1926: Variations and fluctuations in the number of individuals of animal species living together. – In: R. N. CHAPMAN (Hrsg.): Animal Ecology. – S. 409–448, New York.

WAGNER, W. L., HERBST, D. R & SOHMER, S. H. (eds.) 1990: Manual of the flowering plants of Hawaiì. – Vol. I and II, Honolulu.

WALKER, M. D. 1995: Patterns and Causes of Arctic Plant Community Diversity. – In: F. S. CHAPIN & C. KÖRNER (Hrsg.): Arctic and Alpine Biodiversity: Patterns, Causes and Ecosystem Consequences. – Ecol. Studies 113: 3–20.

WALTER, K. S. & H. J. GILLETT (Hrsg.) 1997: IUCN Red List of Threatened Plants. – 862 S., Gland, Cambridge.

WALTER, H. 1986: Allgemeine Geobotanik. – 3. Aufl., 279 S., Stuttgart.

WALTER, H. 1990: Vegetation und Klimazonen. – 6. Aufl., 382 S., Stuttgart.

WEISCHET, W. 1990: Das Klima Amazoniens und seine geoökologischen Konsequenzen. – Ber. Naturf. Ges. Freiburg i. Br. 80: 59–92.

WEIZSÄCKER, C. F. VON 1983: Die Einheit der Natur. – 3. Aufl., 491 S., München.

WESTHOFF, V. & M. F. VAN OOSTEN 1991: De plantengroei van de Waddeneilanden. – 417 S., Den Haag.

WESTHOFF, V. 1996: Die Pflanzenwelt der Florenreiche Capensis und Australis: ein geobotanischer Vergleich. – Verh. Ges. f. Ökologie 25: 35–42.

WESTHOFF, V., C. HOBOHM & J. H. J. SCHAMINEE 1993: Rote Liste der Pflanzengesellschaften des Naturraumes Wattenmeer unter Berücksichtigung der ungefährdeten Vegetationseinheiten. – Tuexenia 13: 109–140, Göttingen.

WHITMORE, T. C. 1993: Tropische Regenwälder. – 275 S., Heidelberg, Berlin, New York.

WHITTAKER, R. H. 1972: Evolution and measurement of species diversity. – Taxon 21/ (2,3): 213–251.

WIEGLEB, G. 1997: Leitbildmethode und naturschutzfachliche Bewertung. – Z. Ökol. u. Natursch. 6/1: 43–62.

WIEGLEB, G., F. SCHULZ & U. BRÖRING (Hrsg.) 1999: Naturschutzfachliche Bewertung im Rahmen der Leitbildmethode. – 263 S., Heidelberg.

WILMANNS, O. 1987: Zur Verbindung von Pflanzensoziologie und Zoologie in der Biozönologie. – Tuexenia 7: 3–12.

WILMANNS, O. 1989: Die Buchen und ihre Lebensräume. – Ber. RTG 1: 49–72.

WILMANNS, O. 1993: Ökologische Pflanzensoziologie: – 5. Aufl., 479 S., Wiesbaden.

WILMANNS, O. 1995: Zur Erfassung von Biodiversität durch Textur-Vergleich. – Schr.-R. f. Vegetationskunde 27: 79–85.

WILMANNS, O. 1998: Ökologische Pflanzensoziologie: – 6. Aufl., 405 S., Wiesbaden.

WILMANNS, O. & K. DIERßEN 1979: Kriterien des Naturschutzes, dargestellt am Beispiel mitteleuropäischer Moore. – Phytocoenologia 6: 544–558.

WILMANNS, O. & W. D. SALWEY 1998: Lässt sich Artenvielfalt überhaupt mit moderner Bodenpflege verbinden? – 12. Kolloquium des Internationalen AK Begrünung im Weibau: 123–133.

WILSON, J. B., LEE, W. G. & MARK, A. F. 1990: Species diversity in relation to ultramafic substrate and to altitude in southwestern New Zealand. – Vegetatio 86: 15–20.

WILSON, M. V. & A. SHMIDA 1984: Measuring beta diversity with presence-absence data. – J. Ecol. 72: 1055–1064.

WIRTH, R., G. MIKA & J. WOLTERS 1995: Traumschiff oder Arche Noah? Die Rolle zoologischer Gärten im Natur- und Artenschutz. – Ökozid 10: 219–232.

WISSENSCHAFTLICHER BEIRAT DER BUNDESREGIERUNG GLOBALE UMWELTVERÄNDERUNGEN (Hrsg.) 1999: Welt im Wandel, Strategien zur Bewältigung globaler Umweltrisiken. – 383 S., Berlin, Heidelberg, New York u.a.

WITSCHEL, M. 1980: Xerothermvegetation und dealpine Vegetationskomplexe in Südbaden. – Beih. Veröff. Naturschutz Landschaftspflege Bad.-Württ. 17: 212 S, Karlsruhe.

WOLF, J. H. D. 1993: Epiphyte communities of tropical montane rain forests in the northern Andes II. Upper montane communities. – Phytocoenologia 22/1: 53–103.

WOLTERS, J. 1995: Die Arche wird geplündert. – Ökozid 10: 11–39.

WRIGHT, D. H. 1983: Species-energy theory: an extension of species-area theory. – Oikos 41: 496–506.

WRIGHT, D. H., D. J. CURRIE & B. A. MAURER 1993: Energy Supply and Patterns of Species Richness on Local and Regional Scales. – In: R. RICKLEFS & D. SCHLUTER (Hrsg.): Species Diversity in Ecological Communities: Historical and Geographical Perspectives. – S. 66–74, Chicago.

WRIGHT, S. J. 1996: Plant Species Diversity and Ecosystem Functioning in Tropical Forests. – Ecol. Studies 122: 11–32.

YAMAMURA, N. 1997: Diversity and Evolution of Symbiotic Interactions. – In: T. ABE, S. A. LEVIN & M. HIGASHI (Hrsg.): Biodiversity: An Ecological Perspective. – S. 75–82, Berlin, Heidelberg, New York.

YODZIS, P. 1993: Environment and trophodiversity. – In: R. RICKLEFFS & D. SCHLUTER (Hrsg.): Species diversity in ecological communities: 26–38, Chicago.

YURTSEV, B. A. 1994: Floristic Division of the Arctic. – J. Veg. Sci. 5: 765–776.

ZACHARIAS, D. 1994: Bindung von Gefäßpflanzen an Wälder alter Waldstandorte im nördlichen Harzvorland Niedersachsens – ein Beispiel für die Bedeutung des Alters von Biotopen für den Pflanzenartenschutz. – NNA-Berichte 3/94: 76–88.

ZACHARIAS, D. & D. BRANDES 1990: Species area-realtionships and frequency – Floristical data analysis of 44 isolated woods in northwestern Germany. – Vegetatio 88: 21–29.

ZIEGLER, W. 1994: Der Galapagos-Archipel – Lage, Klima und Wetter, Entstehung. – Kleine Senckenberg-reihe 20, Sonderheft 22: 17–30.

ZONNEVELD, I. S. 1995: Vicinism and mass effect. – J. Vegetation Science 5: 441–444

Glossar

Adaptive Radiation: Stammesgeschichtliche Entwicklung, die ausgehend von einer Art zu vielen Arten führt oder geführt hat.

Ähnlichkeit: „die teilweise Gleichheit von im ganzen Verschiedenem" (HÖRZ & al. 1991: 39; zur Bedeutung dieser Definition im Zusammenhang mit dem Typusbegriff vgl. MÖLLER 1993: 12 ff.). Diverse Berechnungsmodi zur **Affinität, Homogenität, Homotonität, Uniformität** wurden im Zusammenhang mit einander mehr oder weniger ähnlichen Tabellen bzw. pflanzensoziologischen Aufnahmen vorgestellt (z.B. in ELLENBERG 1956: 68 ff., BARKMAN 1958: 127 ff., MÖLLER 1979: 167 ff., vgl. auch HOBOHM 1994: 9). Im Zusammenhang mit der Verwandtschaft verschiedener Floren bzw. Faunen werden z.t. ähnliche oder die im Methodenteil genannten Verfahren angewandt, die dann zu **Similaritätsindizes** führen.

Allel: eine von zwei oder mehreren Formen eines Gens an einer bestimmten Stelle eines Chromosoms.

Allelopathie: Beeinflussung bzw. Beeinträchtigung (des Wachstums) anderer Pflanzen durch Aussendung bestimmter Stoffwechselprodukte. So produzieren z.b. die Blätter und Früchte der Walnuss *(Juglans regia)* Hydroxijuglon, das im Boden zu Juglon oxidiert wird und dann das Wachstum anderer Pflanzenarten hemmen kann.

allopatrisch: Vorfahren und Nachkommen in getrennten Gebieten.

Analogie: funktionelle Ähnlichkeit von physiologischen Vorgängen, Strukturen oder Organen, im übertragenen Sinne auch von Lebensgemeinschaften oder Ökosystemen, die durch konvergente Entwicklung entstanden ist.

Angewandte Ökologie: Sammelbegriff für Teildisziplinen innerhalb der Ökologie, die einen direkten Nutzen oder einen praktischen Wert haben.

Anthropogen: Verursacht oder beeinflusst durch einen oder mehrere Menschen.

Apomixis: Fortpflanzung ohne vorangegangene sexuelle Verschmelzung. Die Nachkommen besitzen dieselbe genetische Ausstattung wie die Eltern bzw. der direkte Vorfahr.

Auslöschung (Extinktion, extinction): Vernichtung von Individuen, Populationen, Arten.

Aussterben: Rückgang der Individuenzahl eines Taxon als Prozess, der dem Ausgestorbensein obligatorisch vorgeschaltet ist. Das Prädikat **„ausgestorben"** bedeutet aber mindestens dreierlei, 1. in der Paläontologie: rezent nicht mehr vorhanden; entweder weil der evolutionäre Strang dieser Art beendet wurde oder weil sich aus dieser Art eine oder mehrere neue entwickelt haben, 2. im gebietsbezogenen Naturschutz: Art ist regional verschwunden, in anderen Gebieten aber durchaus noch vertreten, 3. in Bezug auf globale Betrachtungen und vor allem umgangssprachlich: global verschwunden. Besonders in den Roten Listen Mitteleuropas wird immer noch viel zu wenig differenziert, ob eine Art regional oder global **vom Aussterben bedroht** ist.

Benthos: Lebewelt des Bodens in einem Gewässers (See, Fluss, Meer); dazu gehören die über, auf und im Gewässerboden lebenden Mikroorganismen, Pflanzen, Pilze und Tiere.

Biocoenologie (Biozönologie): Teildisziplin innerhalb der Biologie, die die Beziehungen (Nahrungsbeziehungen, räumlich-funktionale Beziehungen) von Pflanzengesellschaften (Phytocoenosen) und Tieren oder Tiergemeinschaften (Zoocoenosen) thematisiert (vgl. WILMANNS 1987: 3 ff.).

Biocoenose (Biozönose): Lebensgemeinschaft; Teil des Ökosystems, der mit den nicht-lebenden Bestandteilen zusammen das Ökosystem ergibt. Der Begriff geht auf KARL MÖBIUS zurück, der diesen 1877 im Zusammenhang mit der ökologischen Beschreibung von Austernbänken im Nordfriesischen Wattenmeer erstmalig benutzte (vgl. REISE 1980: 328 ff.).

Biodiversitätskonvention: Konvention über die biologische Vielfalt, die 1992 in Rio de Janeiro zum Schutz der biologischen Vielfalt von 154 Staaten, inzwischen von über 170 Staaten unterzeichnet wurde. Diese Konvention wurde von ihren Verfassern als Tauschgeschäft konzipiert. Länder mit großer biologischer Vielfalt (vor allem im Süden) gewähren den reichen Ländern (des Nordens) Zugang zu ihren (biologischen) Ressourcen und erhalten im Gegenzug relevante Technologien bzw. Finanzhilfen. Das Wohlbefinden von Menschen und die Erhaltung von Flora und Fauna stehen gleichermaßen im Zentrum des Schutzgedankens dieser Konvention.

Biodiversity and Conservation: Wichtiges, monatlich erscheinendes, internationales, wissenschaftliches Publikationsorgan zum Thema.

Bioindikation: Anzeige bestimmter Umweltzustände durch Organismen, i.e.S. als Antwort auf anthropogene Stressoren, i.w.S. als Reaktion auf anthropogene oder natürliche Faktoren und Vorgänge. Die Lebensäußerungen der anzeigenden Organismen **(Bioindikatoren)** reichen von physiologischen über morphologische bis hin zu coenologischen Erscheinungen (vgl. SCHAEFER 1992: 48 ff., KREEB 1990: 266 ff.). Mit dem Terminus **aktives Monitoring** werden Untersuchungen und Beobachtungen bezeichnet, bei denen Bioindikatoren am Ort der Beobachtung ausgebracht werden und eine Auswertung der Ergebnisse entweder direkt vor Ort oder im Labor durchgeführt werden. **Passives Monitoring** nutzt im Gegensatz dazu Bioindikatoren, die nicht gepflanzt, verpflanzt oder transportiert worden sind.

Biom: Nach WALTER (1990: 17) „Grundeinheit der großen ökologischen Systeme"; umfasst „Lebensräume, die einer konkreten einheitlichen Landschaft entsprechen, die entweder zu den Zonobiomen oder Orobiomen oder Pedobiomen gehört". Als Beispiele werden der mitteleuropäische Laubwald für ein **Zonobiom**, der an ein bestimmtes zonales Klima gebunden ist, der Kilimandscharo als **Orobiom**, ein System von gebirgsgebundenen Lebensräumen, die Salzwüste in Utah als **Pedo-Halobiom**, für welches bestimmte Salzbodenvergesellschaftungen charakteristisch sind, genannt.

Biomasse: Gesamtmenge (Masse) aller lebenden Organismen in einem Bestand oder Ökosystem, meist als Trockenmasse pro Fläche (in kg pro m^2) angegeben.

Biotechnologie: Technische Verfahren zur gezielten Nutzung und Beeinflussung biologischer Prozesse, z.b. Anbau- und Züchtungsmethoden, aber auch Methoden der Gentechnik.

Biotop: Begriff, der sehr unterschiedlich definiert wird und einem starken Wandel unterliegt. Ursprünglich (DAHL 1908: 351; vgl. HOBOHM 1994: 113 ff.) bezog er sich ausschließlich auf die abiotischen Anteile eines Ökosystems, auf den Ort (topos), an dem eine bestimmte Bio- oder Phytocoenose zu finden ist (bios = Leben). Mit der Biotopkartierung und der Differenzierung von bestimmten Biotoptypen verlagerte sich der Begriff; er wird heutzutage sehr oft so verwendet, dass biotische Anteile mit eingeschlossen sind. Besonders im anglo-amerikanischen Wissenschaftsraum wird mit biotope die Lebensgemeinschaft mit den abiotischen Faktoren an einem Ort bezeichnet, mit **type of biotope** ein bestimmter Typ von Lebensgemeinschaften oder Pflanzengesellschaften (z.B. Primärdünen, *Juncus maritimus*-Salzwiesen o.ä.) unabhängig vom Fundort, mit habitat die Gesamtheit der abiotischen Faktoren und mit ecosystem ein größerer Raum, der aus verschiedenen biotopes zusammengesetzt ist. SCHAEFER (1992: 55) übersetzt **Biotopschutz** mit „protection of habitats".

Bonner Konvention: 1979 in Bonn beschlossenes Übereinkommen zur Erhaltung wandernder wildlebender Tierarten. Diesem Abkommen sind inzwischen über 40 Staaten aus allen Teilen der Erde beigetreten. Es sieht konkretisierende bilaterale Verträge zum Schutz einzelner Arten oder Tiergruppen ausdrücklich vor. Auf der Basis entsprechender Regionalvereinbarungen konnten erste Erfolge zum Beispiel für Seehunde, Kleinwale und Fledermäuse verbucht werden.

BUND: Bund für Umwelt und Naturschutz Deutschland (ursprünglich Bund für Natur- und Umweltschutz Deutschland); 1975 gegründete, unabhängige Naturschutzorganisation mit Bundesgeschäftsstelle bis 1999 in Bonn, seit 2000 in Berlin: über 215.000 Mitglieder und 100.000 Förderer.

Charakterart (syn. **Kennart**; vgl. DIERSCHKE 1994: 275): Art, die konzentriert in einer bestimmten Vegetationseinheit vorkommt und diese dadurch charakterisiert. Charakterarten hießen ursprünglich „Leitarten" (GRADMANN 1909 in DIERSCHKE a.a.O.); der Begriff lässt sich vom in der Geologie gebräuchlichen Ausdruck „Leitfossil" herleiten. Ein „gutes" Leitfossil zeichnet sich durch geringe vertikale und große horizontale Verbreitung in der Geosphäre aus. Viele Leitfossilien sind im Gegensatz zu vielen Charakterarten aber tatsächlich auf eine Einheit beschränkt. Sie haben also in einer bestimmten geologischen Schicht nicht nur ihren Schwerpunkt, sondern sind ausschließlich in dieser zu finden.

Chlorosen: Durch Schadstoffe, Lichtmangel oder Nährstoffmangel verursachter Abbau von Chorophyll, zumeist verbunden mit auffälligen Fleckenbildungen.

Chromosomen: Im Zellkern jeder Zelle vorhandene, wegen ihrer Anfärbbarkeit mit bestimmten Farbstoffen so benannte fädige Strukturen, die als Träger der Erbinformation die Information zum Aufbau von Proteinen beinhalten.

CITES: Convention on International Trade in Endangered Species of Wild Fauna and Flora **(Washingtoner Artenschutzübereinkommen)**; dieses Abkommen wurde 1973 in Washington beschlossen und dient der Handelsbeschränkung mit toten oder lebenden Exemplaren oder Teilen von Tieren und Pflanzen, die bedrohten Arten angehören. Diesem Abkommen sind weltweit inzwischen über 120 Staaten beigetreten.

Deckung, Deckungsgradklasse: Die Deckung bezeichnet den prozentualen Anteil, den eine Art von der Probefläche in senkrechter Projektion abdeckt. In der Pflanzensoziologie gebräuchliche Kürzel für Deckungsgradklassen sind:

+:   1–5 Individuen, $< 5\,\%$ Deckung
1:     6–50 Individuen, $< 5\,\%$ Deckung
2m: > 50 Individuen, $< 5\,\%$ Deckung
2a: $1-\infty$ Individuen, $5-15\,\%$ Deckung
2b: $1-\infty$ Individuen, $15-25\,\%$ Deckung
3:     $1-\infty$ Individuen, $25-50\,\%$ Deckung
4:     $1-\infty$ Individuen, $50-75\,\%$ Deckung
5:     $1-\infty$ Individuen, $75-100\,\%$ Deckung

Destruenten (Reduzenten): Bakterien, Pilze und saprophage Tiere; gewinnen Energie durch den Abbau organischer Substanz, die von ihnen mineralisiert, d.h. in anorganische Komponenten zerlegt wird.

Dispersion: Streuung, Verteilung, Häufungsweise, Muster von Teilen, Elementen, Individuen, Arten im Raum (von dispersio, lat. = Zerstreuung).

Divergenz, divergente Entwicklung: Entwicklung, die vom selben Ursprung – meistens auf bestimmte Organe bezogen – zu unterschiedlichen Formen und Funktionen führt oder geführt hat.

Diversitas: 1991 von Regierungsorganisationen und Nichtregierungsorganisationen gegründetes internationales Programm zur Koordination von Information und Wissen, welches die Biodiversitätskonvention zur Grundlage hat (Sekretariat in Paris).

DNA: Desoxyribonukleinsäure (auch DNS); kettenförmiges Baumaterial der Chromosomen und Träger der genetischen Information (auch in Chloroplasten und Mitochondrien enthalten).

EG-Verordnung 1467/94: Verordnung der Europäischen Kommission über die Erhaltung, Beschreibung, Sammlung und Nutzung der genetischen Ressourcen, die der Erreichung der Ziele gemeinsamer Agrarpolitik und der Erhaltung der biologischen Vielfalt im ländlichen Raum dienen soll.

Einheit: „in sich geschlossene Ganzheit, Verbundenheit; als Ganzes wirkende Geschlossenheit, innere Zusammengehörigkeit" (nach DROSDOWSKI 1989: 401). Diese Definition lässt viel Spielraum für das eigene Ermessen; sie legt nahe, im konkreten Fall die Grenzen jeweils neu zu bestimmen.

Embryo rescue: Aufzucht von Embryonen im Labor, die ohne Unterstützung (z.B. Wachstumshormone im Nährmedium) langfristig nicht lebensfähig wären.

Endemische Art, endemische Gattung: Eine Art oder Gattung, die weltweit nur in einem bestimmten Gebiet vorkommt, wird als für dieses Gebiet endemisch bezeichnet. Das Java-Nashorn *(Rhinoceros sondaicus)* ist z.B. für Java endemisch. *Gesnouinia arborea* ist eine Lorbeerwaldart, die nur auf den westlichen Kanarischen Inseln vorkommt; die Gattung ist monotypisch.

Epiphyt: Pflanze, die auf einer Pflanze lebt, ohne Wasser oder Nahrung aus dem lebenden Gewebe zu beziehen (vgl. BARKMAN 1958: 9).

Eutrophierung: Erhöhung der photoautotrophen Produktivität; notwendige Voraussetzung ist in aller Regel eine erhöhte Nährstoffzufuhr.

ex situ: Nicht am natürlichen Standort, nicht im natürlichen Wohngebiet: in Gefangenschaft, in Kultur.

Evenness: Maß für die Gleichverteilung; maximale Gleichverteilung ist erreicht, wenn die beteiligten Arten gleich viele Individuen haben. In der Vegetationskunde ist es üblich, statt Individuenzahlen die Deckungen zugrundezulegen, da häufig nicht leicht festzustellen ist, wo das eine Individuum anfängt und das andere aufhört. Da vor allem dominante Arten in der Untersuchungsfläche häufig nur mit einem oder sehr wenigen Individuen vertreten sind, können Deckungsangaben zu ganz anderen Werten als Individuenzahlen führen. Dies gilt in gleicher Weise für die Berechnung des Shannon-Index.

Evolution: Dieser Begriff wird sehr uneinheitlich definiert. Die meisten Definitionen verbindet ein dynamisches Moment. E. kann entsprechend als Entwicklung des Lebens oder als Gesamtheit der Prozesse, die durch genetische Veränderungen zu einer Veränderung der funktionalen Morphologie führen, bezeichnet werden.

FAO: Food and Agricultural Organization (Organisation für Ernährung und Landwirtschaft der Vereinten Nationen)

Fertilität, fertiler Boden, fertiles Individuum: Fertilität bedeutet Fruchtbarkeit. Ein fertiler Boden ist eine fruchtbarer Boden, reich an Nährstoffen, Wasser und Luft. Ein fertiles Individuum ist ein zur generativen Fortpflanzung fähiges Individuum.

FFH: Fauna-Flora-Habitat-Richtlinie (EWG-Richtlinie 92/43); eines der für Europa wichtigsten Instrumente des praktischen Naturschutzes.

Flaschenhals, Flaschenhalseffekt (bottleneck): Ein starker Rückgang der Individuenzahl einer Art oder Population ist zumeist mit einer starken Reduktion der genetischen Vielfalt verbunden. Ein anschließendes Wachstum der Individuenzahl kann den entstandenen genetischen Verlust in kurzer Zeit nicht wieder ausgleichen.

Gaia-Hypothese: Das Leben der Erde, die gesamte Biosphäre wird verstanden als ein Superorganismus. Wenn ein Teil beeinträchtigt oder zerstört wird, dann leidet auch der übrige Teil darunter.

Gartenflüchtling: Pflanze der spontanen Vegetation, deren Vorgänger in Gärten angepflanzt wurden; häufig, aber nicht immer wachsen Gartenflüchtlinge unweit von Siedlungen in Bereichen, die vom Menschen stark beeinflusst sind.

Genbank: Sammlung von Samen oder anderen vermehrbaren Teilen von Wild- und Kulturarten oder von DNA-Sequenzen, die Teile oder das gesamte Erbgut eines Organismus repräsentieren.

Generosion: Verlust einzelner Gene, bestimmter Genkombinationen oder auch lokal angepasster Landsorten oder Haustierrassen.

Genetische Drift: Veränderung der Genfrequenz einer Population. Diese Veränderung kann eine Folge veränderten Selektionsdruckes sein. Sie kann aber auch durch zufällige Vorgänge, die besonders kleine Populationen betreffen, erfolgen. Wandert eine kleine Population ab, so können beide Faktoren eine Rolle spielen.

Genfrequenz: Genetische Ausstattung einer Population.

Genotyp: Genetische Ausstattung der Chromosomen einer Zelle.

Gentechnologie (hfg. kurz **Gentechnik**): Biologische, chemische und physikalische Methoden zur Analyse und Neukombination von genetischem Material.

Gesellschaft: Jedes gesellige Beieinander von Individuen; im Gegensatz zum Begriff der Assoziation wird dieser Ausdruck sehr weit und pragmatisch gefasst (HOBOHM 1993: 156).

Gleichheit: „Gleich sind Gegebenheiten, wenn sie in allen Merkmalen übereinstimmen" (SCHISCHKOFF 1978 zit. in MÖLLER 1993: 13). Konkrete Bestände der Vegetation, die durch die Relation Gleichheit ausgezeichnet sind, existieren nicht, sofern das Kriterium „Merkmal" eng gefasst wird; allein in Bezug auf ihre Artenzusammensetzung unterscheiden sich die allermeisten Lebensgemeinschaften voneinander.

Greenpeace: Internationale Natur- und Umweltschutzorganisation mit etwa 500.000 Förderern, die seit den 1970er Jahren vor allem durch spektakuläre Aktionen und die damit verbundene Presse auf Missstände aufmerksam machen will; als eingetragener Verein in Deutschland seit 1980 tätig. Arbeitsschwerpunkte liegen im

Bereich der Fließgewässerökosysteme und Weltmeere, der Stoffstrom- und Energieprobleme.

Großlandschaft: große Landschaft, die aus kleineren Landschaften zusammengesetzt ist: Dieser Begriff verlangt – im Gegensatz zu dem der Zone oder des Bioms – nicht, dass sich der Raum durch ein einheitliches Erscheinungsbild, durch ein bestimmtes Klima, durch dieselbe Entwicklungsgeschichte oder durch Zonalität auszeichnet; insofern ist er freier zu verwenden.

Grundgesamtheit: „die Menge aller möglichen Beobachtungswerte, die eine Zufallsvariable annehmen kann" (LOZAN 1992: 21). Über den Ausdruck „Beobachtungswerte" ist mit dieser Definition eine empirische Komponente, über den Begriff „Zufallsvariable" eine Prämisse verbunden. Das zu betrachtende Merkmal muss also vorgegeben werden. Der Ausdruck „Zufallsvariable" scheint im Zusammenhang mit realen Objekten offener Systeme, deren Merkmale sehr häufig nicht dem Zufall unterworfen sind, unglücklich gewählt; er kann zwanglos durch den Begriff „Variable" ersetzt werden. Als Beispiel für eine Grundgesamtheit, die auch problemlos zu erfassen ist (z.B. in tons), gibt LOZAN die Menge aller Dorsche, die 1990 in der BRD angelandet wurden, an. Dagegen gibt es Grundgesamtheiten, die leicht zu definieren, aber nicht leicht zu erkennen sind. Daher kann es von Vorteil sein, die Möglichkeiten der Erkenntnis vor der Festlegung von Grundgesamtheiten durch Voruntersuchungen zu klären.

Habitat: Spezifische Kombination der Wirkungen von Atmosphäre, Hydrosphäre und Pedo- bzw. Geosphäre an einem Ort (Wuchsort). Gelegentlich wird zwar der Begriff Habitat (noch) auf die Lebensbedingungen an den verschiedenen Wuchsorten einer Art bezogen. Nach der hier vorgelegten Definition, die sich vor allem an der anglo-amerikanischen Literatur zur Diversität orientiert, ist dies aber nicht zwingend. Erst wenn der Begriff Habitat von der Art entkoppelt und losgelöst betrachtet wird, ist es auf diese Weise möglich, die Vielgestaltigkeit der geomorphologischen, hydrologischen, pedologischen und kleinklimatischen Verhältnisse mit der Artenvielfalt zu vergleichen.

Hardy-Weinberg-Gesetz: Regel, nach der die Genfrequenzen in nach dem Zufallsprinzip gemischten Populationen – unter Ausschluss von Mutationen und Selektion – zu erwarten wären.

Hemerobie: Intensität menschlicher Einflüsse. DIERSCHKE (1994: 70 ff.) unterscheidet folgende **Hemerobiestufen**:
ahemerob: ohne menschlichen Einfluss, ohne Neophyten
oligohemerob: schwache Veränderungen durch Holzentnahme, Beweidung, Luft- und Gewässerverschmutzung
mesohemerob: mäßiger oder nur periodischer Einfluss durch forstliche Nutzung, Rodung, seltener Umbruch, Streunutzung, Plaggenhieb
euhemerob: starker Einfluss durch Düngung, Kalkung, Biozideinsatz, Entwässerung, Planierung, Pflanzung

polyhemerob: Vernichtung von Pflanzenbeständen, Überdeckung mit Fremd-material
metahemerob: totale Vernichtung der Vegetation durch Spritzmittel oder Über-bauung.
Zur **natürlichen** oder **naturnahen Vegetation** werden z.b. viele der heimischen Laubwälder, Röhrichte, Salzmarschen, Dünen, alpinen Matten etc. gerechnet, zur **halbnatürlichen Vegetation** z.b. Mittel- und Niederwälder, Zwergstrauchheiden, Kalk- und Silikatmagerrasen, Kleinseggensümpfe, einige Großseggenrieder, Streuwiesen etc., zur **naturfernen Vegetation** z.b. intensiv gedüngtes Grünland, Äcker, Ruderalfluren, Nadelholzforsten, zur **künstlichen Vegetation** exotische Nadelholzforsten, Zierrasen, Blumenbeete etc.

hot spot: Im Zusammenhang mit der Beschreibung von biologischer Vielfalt werden vor allem Gebiete mit hohen Konzentrationen an bestimmten (z.b. endemischen) Arten und Räume mit einem hohen Gefährdungspotential für bestimmte (z.b. endemische) Arten als hot spots bezeichnet.

Identität: „Relation, die nur zwischen einem Objekt und ihm selber besteht. Wenn gesagt wird a und b sind identisch, so wird damit nicht ausgedrückt, daß die Relation der Identität zwischen zwei unterschiedlichen Objekten a und b besteht, sondern es wird nur gesagt, daß a und b zwei verschiedene Bezeichnungen für ein und dasselbe Objekt sind" (HÖRZ & al. 1991: 389). Identitäten existieren demnach jeweils nur ein einziges Mal. Ein Objekt kann inhaltlich nur mit sich selbst iden-tisch sein.

in situ: Am natürlichen Standort, im natürlichen Wohngebiet: nicht in Gefangen-schaft, nicht in Kultur.

Introgression: Einbau und Aufnahme spezifischer genetischer Eigenschaften durch Kreuzung bzw. Rückkreuzung. Introgressionen können eine genetische Erosion durch Reduktion phänotypischer Vielfalt vortäuschen.

Invasion: Häufig verwendeter, selten definierter Begriff, entlehnt aus dem militaris-tischen Sprachgebrauch. In der Biologie wird von Invasionen gesprochen, wenn Pflanzen- oder Tierarten mehr oder weniger plötzlich zahlreich in Erscheinung treten, die vorher nicht da waren.

ISIS: International Species Information System; Informationssystem mit Daten zu über 4000 Tierarten und 400000 Individuen, die an Zoos weltweit gehalten wer-den; wichtige Grundlage zur Kooperation von Erhaltungszuchtprojekten in Tierparks.

iterativer Prozess: Prozess, der aus gleich ablaufenden Verfahrens-Sequenzen, die mehrfach hintereinandergeschaltet sind, zusammengesetzt ist. Werden beispiels-weise mehrere gleich oder sehr ähnlich ablaufende Reinigungsverfahren hinter-einander geschaltet, um Abwasser oder einen chemischen Stoff zu reinigen, so ist dies ein iterativer Prozess. Der Ausdruck kann auch auf Diskussionen angewendet werden, die sich in der Bewegung vom Alllgemeinen zum Speziellen wiederholen; dabei müssen sie sich durchaus nicht im Kreise drehen.

IUCN: International Union for the Conservation of Nature and Natural Resources; 1948 gegründete Weltnaturschutzorganisation, die von vielen staatlichen und nicht-staatlichen Organisationen getragen und unterstützt wird, heute mit Sitz in Gland, Schweiz.

Kausalität: Ursache-Wirkungs-Beziehung. Seit dem Beginn der Chaosforschung werden **harte** und **weiche Kausalitäten** unterschieden. So sind die Folgen harter Kausalität eindeutig vorhersehbar, deterministisch. Weiche Kausalität: Ein Nagel in der Wand kann so positioniert sein, dass Kugeln, die durch ein Loch hindurch auf diesen Nagel fallen, zu 50 % links, zu 50 % rechts vom Nagel abgelenkt werden. Es ist nicht vorhersehbar, wohin die nächste Kugel fallen wird. Entsprechende Ursache-Wirkungs-Beziehungen werden als weiche Kausalitäten bezeichnet. Von weichen Kausalitäten kann auch gesprochen werden, wenn das Verhalten eines Tieres oder der Zufall in der Ausbreitungsgeschichte nicht eindeutig vorhersehbare Folgen haben kann.

Konkurrenz-Ausschluss-Prinzip: Gausesches Prinzip, Monardsches Prinzip (competitive exclusion principle); Wenn die Vertreter zweier Arten dieselben lebenswichtigen Ressourcen im selben Raum nutzen, dann wird die eine (unterlegene) Art nach diesem Prinzip durch die andere (überlegene) verdrängt werden. Zwei Arten können nach dieser Regel zeitlich nicht unbegrenzt koexistieren. Nach SCHAEFER (1992: 168) ist das Konkurrenz-Ausschluss-Prinzip aber in natürlichen Ökosystemen vielfach nicht gültig, da sich Konkurrenzverhältnisse unter wechselnden Umweltbedingungen ändern können.

Konsumenten: Organismen, die sich von Primärproduzenten, also Pflanzen oder chemoautotrophen Lebenwesen, ernähren.

Konvergenz, konvergente Entwicklung: Entwicklung, bei der Organismen unterschiedlicher Abstammung unter gleichartigen oder ähnlichen Umweltbedingungen ganz ähnliche Formen bzw. Organe hervorgebracht haben bzw. hervorbringen. Klassische Beispiele für Ergebnisse konvergenter Entwicklungen sind die Flügel von Insekten und Vögeln oder die Augen von Tintenfischen und Säugern.

Kryokonservierung: Konservierung von regenerationsfähigem Gewebe bei tiefen Temperaturen, z.B. in flüssigem Stickstoff bei – 196 °C.

kryptogene Art: Art an einem bestimmten Ort, deren Herkunft im Verborgenen (kryptos = verborgen) liegt. Bei manchen Arten auf Inseln ist beispielsweise nicht bekannt, ob Menschen sie mitgebracht haben oder nicht.

Landschaft: Im Mittelalter Sammelbegriff für die Leute in einer bestimmten (ländlichen) Region, heutzutage eher ein „Ästhetisiertes Etwas", das sich im Wesentlichen auf ein Gebiet bezieht, weniger auf die Menschen dieses Gebietes. Mit dem Wort Landschaft verbindet sich – im Gegensatz zu den weiten Begriffen „Natur" und „Kultur" bzw. zu den engen Begriffen „Biotop" und „Biocoenose" – i.d.R. eine Anzahl höchst verschiedener Phänomene zu einer Einheit; ein weitläufiges, z.T. vieldeutiges und begrenztes Wahrnehmungsfeld wird als eine Gestalt wahrgenommen (vgl. HARD & GLIEDNER in ACHLEITNER 1978: 17).

Metazoen (Vielzeller): Vielzellige Tiere.

Mimese: Tarntracht von Tieren, die vor einem bestimmten Hintergrund – Borke, Blättern, vor anderen Tieren – kaum auszumachen sind.

Mimikry: Ähnlichkeit wehrloser oder genießbarer Tiere oder Pflanzen mit Vertretern anderer Arten, die aber im Gegensatz wehrhaft, giftig oder ungenießbar sind.

Monokultur: Fläche, auf der nur eine Pflanzenart kultiviert wird, z.B. nur eine Getreide- oder eine Baumart.

NABU: Naturschutzbund Deutschland (vormals Deutscher Bund für Vogelschutz); 1899 gegründete, heute etwa 250.000 Mitglieder umfassende, unabhängige Naturschutzorganisation mit Arbeitsschwerpunkten im Bereich des Vogelschutzes.

Nationalpark: Flächenschutzkategorie, die weltweit zum Schutz großer und besonders bedeutsamer Gebiete angewandt wird. Aus gutem Grunde sollen Nationalparke der nationalen Aufsicht und Kontrolle unterstellt sein. Die in Deutschland eingerichteten Nationalparke, die durch Länderrecht geschützt sind, werden international daher kaum akzeptiert.
Seitdem sich die Erkenntnis durchgesetzt hat, dass einige der großen Nationalparks alte Kulturlandschaften repräsentieren, wie z.B. die Puszta in Ungarn, einige Savannen Afrikas oder Prärien in Nordamerika, sind Wildheit und Unberührtheit international nicht mehr notwendigerweise ausschlaggebendes Kriterium der Unterschutzstellung, werden Einheimische nicht mehr gegen ihren Willen umgesiedelt; blutige Auseinandersetzungen und die Vernichtung ganzer Dörfer gehörten bis in die 1990er Jahre durchaus zu den Folgen der Unterschutzstellung (vgl. KUHLMANN 1995: 128 ff.).

Natura 2000: Schutzgebietssystem der Europäischen Gemeinschaft, das als Zielkategorie über die 1992 verabschiedete **FFH-Richtlinie (Habitatrichtlinie)** definiert wurde. Die zentrale Idee bestand darin, ein flächenübergreifendes, internationales Netz von geschützten Gebieten zu schaffen und effektiv zu sichern. Allein die Umsetzung in nationales deutsches Recht war und ist mit Schwierigkeiten und diversen Verstößen gegen die FFH-Richtlinie behaftet.

Neophyten: Adventivpflanzen, die nach der Entdeckung Amerikas (konventionell nach 1500) eingebracht wurden oder eingewandert sind. Eine Pflanze ist Neophyt also immer nur in Relation zu einem Gebiet (vgl. WILMANNS 1998: 44, 69, 107, 269).

Neozoen: Nach 1500 eingewanderte oder eingebrachte Tiere.

Nettoproduktion (Netto-Primärproduktion): Biomasse-Zuwachs eines Pflanzen-bestandes durch Photosynthese pro Jahr abzüglich der Verluste durch Atmung, Laubfall, Fraß etc. (gemessen zumeist als Trockenmassezunahme in t/ha x a).

Nische: Def. entsprechend DIERSCHKE (1994: 52 f.) als n-dimensionaler hyperspace, dessen Achsen jeweils abiotische bzw. biotische Faktoren beschreiben. Diese Definition entspricht der inzwischen üblichen Verwendung des Begriffes (vgl. SHMIDA & WILSON 1985: 5 ff.). Die **Fundamentalnische** umgrenzt das hypo-thetische Wirkungsfeld, in dem ein Organismus überhaupt lebensfähig ist. Demgegenüber kennzeichnet die **Realnische** die Verhältnisse unter synökologi-schen Bedingungen. Im Gegensatz zur vielfach geäußerten Ansicht, dass es unbe-setzte Nischen per definitionem nicht geben kann, wird hier die Auffassung ver-treten, dass diese nicht nur denkbar, sondern sogar weit verbreitet sind.

Ökosystem: Biotop + Biocoenose (vgl. u.a. SCHAEFER 1992: 231). Diese Kurz-formel, die bis dato eine vergleichsweise leicht verständliche darstellte, verliert derzeit an Konturen, da besonders im englischsprachigen Raum dem Biotop immer mehr biotische Anteile zugestanden werden, die eigentlich (ehemals) als Teil der Biocoenose angesehen worden waren. Bei der Erforschung von Ökosys-temen wird das Augenmerk vor allem auf Stoff- und Energieflüsse gelegt.

Ökotypen: unterschiedlich eingenischte und genetisch verschiedene Organismen innerhalb einer Art.

on farm: Erhaltung genetischer Ressourcen durch ihre Bewirtschaftung, insbe-son-dere Erhaltung von Kulturarten, Landsorten bzw. Haustieren durch Anbau und Erhaltungszüchtung.

parapatrisch: Vorfahren und Nachkommen in sich überlappenden Gebieten. Bei der parapatrischen Artbildung entsteht eine Art oder entstehen Arten in einem Gebiet, das partiell das Areal der Ursprungsarten oder Ausgangsart beinhaltet.

Pflanzengenetische Ressourcen: Reproduktionsmaterial von Pflanzen mit aktuel-lem oder potentiellem Wert für Ernährung, Landwirtschaft und Forsten (vgl. MEYER & al. 1998: 11).

Phylogenese: Stammesentwicklung (von phylon = Stamm). Die Frage nach der phy-logenetischen Verwandtschaft zweier Individuen oder Sippen ist von der Frage nach der phylogenetischen Verwandtschaft zweier Regionen zu unterscheiden. Im ersten Fall geht es um die genetischen Unterschiede und Gemeinsamkeiten, im zweiten um die verwandtschaftlichen Beziehungen der Floren und Faunen.

Plasmotyp: Gesamtheit der nicht in den Chromosomen liegenden Erbanlagen; Mitochondrien und Chloroplasten enthalten beispielsweise eigene Gene, die nicht auf den Chromosomen liegen. **Plasmotyp** und **Genotyp** (Gesamtheit der in den Chromosomen liegenden Erbanlagen) zusammen bilden den **Idiotyp**, der letztlich im Zusammenspiel mit den Umwelteinflüssen den **Phänotyp**, das Erscheinungs-bild des Organismus, prägen.

Ploidiegrad, Polyploidie: Unregelmäßigkeiten bei Zellteilungen können dazu führen, dass einzelne Chromosomen oder Chromosomensätze nicht repliziert bzw. bei der Verteilung auf die Tochterzellen nicht getrennt werden. Wenn in einer Tochterzelle ein doppelter **(diploider)** oder mehrfacher **(polyploider)** Chromosomensatz enthalten ist, so hat sich der **Ploidiegrad** gegenüber der Mutterzelle bzw. Stammpopulation oder Ausgangsart verändert. Polyploide Pflanzenarten zeichnen sich häufig durch üppigeren Wuchs gegenüber den diploiden Formen aus.
Bei Tieren ist Polyploidie aller Körperzellen seltener zu finden als bei Pflanzen. Häufig werden aber während der Individualentwicklung der Tiere (auch bei Pflanzen nicht selten) einzelne Körperzellen polyploid, z.B. bei Insektenlarven.

Population: Bevölkerung; Gesamtheit der Individuen einer Art, die einen bestimmten Lebensraum bewohnen oder die sich als Nomaden durch permanente oder temporäre räumliche Nähe der Individuen auszeichnen und im allgemeinen viele Generationen lang genetische Kontinuität zeigen. Als **Metapopulation** wird der diskrete Teil einer Population bezeichnet, der einen konkreten Landschaftsausschnitt oder einen konkreten Biotop, z.B. eine Wiese oder einen Bach, besiedelt. Das **Metapopulationskonzept** thematisiert besonders den Aspekt des lokalen Aussterbens und der Wiedereinwanderung (vgl. BONN & POSCHLOD 1998: 11). Junge und alte Individuen stehen für die Fortpflanzung i.d.R. nicht zur Verfügung. Auch bestimmte Verhaltensweisen führen zur Einschränkung der Fortpflanzungsgemeinschaft innerhalb der Population. Als **effektive Population** wird der Teil einer Population oder Metapopulation bezeichnet, der aktiv an der Fortpflanzung beteiligt ist.

Produzenten: Photo- oder chemoautotrophe Organismen; grüne Pflanzen bzw. bestimmte Bakterien, die anorganische Stoffe aufnehmen und aus diesen organische Stoffe produzieren.

Protozoen (Urtiere): Einzellige Tiere bzw. tierähnliche, zur eigenständigen Bewegung fähige Lebewesen, die sich z.T. auch in Zellkolonien zusammenschließen.

Ramsarkonvention: 1971 in Ramsar/Iran von 75 Staaten unterzeichnete Konvention zum weltweiten Schutz von Feuchtgebieten (stehende und fließende Gewässer, Moore, Sumpfgebiete, Feuchtwiesen und Küstengebiete). Der Schutz soll vor allem wandernden Vogelarten als Brut- bzw. Rastquartier zugute kommen.

Rote Liste (Red Data Book): Aufzählung regional oder global gefährdeter Arten (zumeist einer bestimmten Artengruppe). Rote Listen werden von Fachleuten (der Biologie) erstellt und von vielen Personen und Institutionen berücksichtigt bzw. als Planungsinstrument genutzt.

Saprophagie: Fraß bzw. Aufnahme und Verwertung von toter organischer Substanz pflanzlichen oder tierischen Ursprungs. Hierzu gehören aasfressende (nekrophage), kotfressende (koprophage), Blattstreu, Totholz und tote Wurzeln verzehrende Tiere.

Schlüsselart: Art, die eine für das Ökosystem bedeutsame Schlüsselstellung einnimmt. Der Verlust einer Schlüsselart wird unweigerlich Veränderungen im Stoff- und Energieflussgeschehen nach sich ziehen, wenn die entsprechende ökologische Nische nicht durch eine andere Art besetzt werden kann.

Speziation: Artbildung; Prozess, bei dem eine oder mehrere Arten neu entstehen.

Stabilität: In der Ökologie sehr unterschiedlich verwendeter Begriff (vgl. TREPL 1999: 111): im Sinne von **Persistenz**, wenn eine bestimmte Variable über längere Zeit ihren Wert behält, im Sinne von **Resistenz**, wenn die Widerstandsfähigkeit gegenüber einem Wirkfaktor gemeint ist (messbar als Ausmaß, in dem sich eine Variable durch eine Störung verändert), oder im Sinne von **Resilienz (Elastizität)**, die sich auf die Rückkehrgeschwindigkeit einer Variablen zum alten Wert bezieht.

Standort: Gesamtheit der an einem Ort vorhandenen Umweltfaktoren; da Organismen mehr oder weniger empfindlich auf Veränderungen ihrer Umwelt reagieren (im Extrem überhaupt nicht bzw. durch sofortiges Absterben) bezieht sich der Begriff nicht auf die Wirksamkeit, sondern auf die äußeren Bedingungen. Der Begriff wird in der Vegetationskunde häufig benutzt; in tierökologischem Zusammenhang wird stattdessen der Begriff Habitat verwendet. Während allerdings der Begriff Standort klar abgegrenzt ist gegen den Terminus Fundort, beinhaltet der Ausdruck Habitat je nach Autor das Eine, Beides oder das Andere.

Sukzession: Zeitliche Aufeinanderfolge von Pflanzengesellschaften an einem Wuchsort (WILMANNS 1998: 46 f.).

Symbiose: Lebensgemeinschaft von zwei oder mehreren Arten, die in engem Kontakt miteinander leben und voneinander profitieren. Symbiosen können sehr eng sein, so dass die Partner ständig miteinander in Verbindung sind **(Endosymbiose)** oder sie können phasenweise zusammentreten **(Ektosymbiose)**.

sympatrisch: Vorfahren und Nachkommen im selben Gebiet. Bei der **sympatrischen Speziation** entsteht die neue Art oder entstehen die neuen Arten im Wuchsgebiet der Elternarten.

Synusie: Gilde; Schicht oder Aufwuchs von bezüglich Lebensform und/oder Wuchshöhe ähnlichen Pflanzen oder Tieren, durch spezifische Merkmale (Zusammensetzung, Dominanzverhältnisse, Struktur) zu charakterisieren. Auch einartige Bestände sind als Synusien aufzufassen. Auch Einzelpflanzen oder einzelne Tiere können Synusien zugeordnet oder als Fragmente von Synusien aufgefasst werden.

Systematik: Modus, nach dem geordnet und hierarchisiert wird. Die biologische Systematik stützt sich auf die Forschungsergebnisse der Paläologie, Embryologie, Genetik, Biochemie und Biogeographie.

Taxonomie: Teilgebiet der Systematik, welches sich mit der Beschreibung, Benennung und Ordnung von Lebewesen befasst.

Typus: (griechisch typos) „Urbild, das ähnlichen oder verwandten Dingen oder Individuen zugrundeliegt" (DROSDOWSKI 1989: 1573), „die allgemeine Ordnung der Mannigfaltigkeit der Erscheinungen". . . „widerspiegelnde Idealstruktur" (HÖRZ & al. 1991: 906). „Das Wesentliche für einen Typus ist nicht, wieviele dazugehören, sondern, was er erschließt. Echte Typen sind keine Sammelschachteln, sondern Brennpunkte." (KRETSCHMER 1961 zit. in RAUSCHERT 1969: 156). „Klar und präzise definierbar und für die Kennzeichnung eines solchen Typus wesentlich ist grundsätzlich stets nur die Lage seines Kernes, nicht jedoch der genaue Verlauf seines Randes." (RAUSCHERT a.a.O.).

Vicinismus: Der Terminus Vicinismus wurde zum ersten Male in einer pflanzensoziologischen Arbeit von NORDHAGEN (1939/40: 31, 53, 73 f., 89, 98, 107, damals „Vizinismus") gebraucht. Vicinus ist lateinisch und bedeutet Nachbar. Unter Vicinismus ist das Erscheinen einer Pflanzenpopulation an einem bestimmten Ort zu verstehen, wenn es aus der Einwanderung von direkt benachbarten Flächen resultiert bzw. wenn die Populationsdichte von der direkten Nachbarschaft gleichartiger Individuen profitiert (vgl. u.a. WESTHOFF & VAN OOSTEN 1991: 275, ZONNEVELD 1995: 441 ff.; dort auch Nennung weiterer Literatur).
Der Begriff „Masseneffekt" (**mass effect** sensu SHMIDA & WHITTAKER 1981 und SHMIDA & ELLNER 1984 in SHMIDA & WILSON 1985: 6) deckt sich im Wesentlichen mit dem Begriff Vicinismus.

Wildnis: Gänzlich unberührte, natürliche Natur bzw. für längere Zeit nicht mehr von Menschen beeinflusste Natur; HOFMEISTER (1999: 15 ff.) unterscheidet eine „erste Wildnis" (wilde Natur), die es nicht mehr gibt, und eine „zweite Wildnis" (als Beispiel: verwilderter Garten).

WWF: World Wide Fund for Nature (ehemals World Wildlife Fund); 1961 in der Schweiz gegründete, wichtige unabhängige internationale Organisation, die den Schutz der biologischen Vielfalt zum obersten Ziel hat. Die Arbeit konzentriert sich auf drei Großlebensräume: Meere mit Küsten, Binnenland-Feuchtgebiete und Wälder. Als Zielarten werden überwiegend bedrohte Wirbeltiere gewählt.

Zielart: Im praktischen Naturschutz ist es unmöglich, sich um Erhalt und Wohlbefinden aller Arten mit derselben Intensität zu kümmern. Nach dem **Zielartenkonzept** werden daher bestimmte Arten ausgewählt, deren Erhaltung vorrangig angestrebt wird. Im günstigen Fall wird ein erfolgreicher Schutz einer Zielart auch das Überleben weiterer Arten zur Folge haben (**umbrella effect**). Zielarten werden nach verschiedenen Gesichtspunkten ausgewählt. Zu diesen gehören u.a. die Stellung einer Art im Wechselwirkungsgeschehen, deren Nutzbarkeit, aber auch deren Popularität bzw. Attraktivität. Es sind daher vor allem Wirbeltiere, Insekten (Schmetterlinge) und höhere Pflanzen (Orchideen), die vorrangig als Zielarten ausgewählt werden.

Register

UTB FÜR WISSENSCHAFT

Fachbereich Auswahl
Ökologie

14 Walter/Breckle,
Vegetation und Klimazonen
(Ulmer). 7. Aufl. 1999.
DM 58,–, öS 423,–, sfr 52,50

269 Wilmanns,
Ökologische Pflanzensoziologie
(Quelle & Meyer). 6. Aufl. 1998.
DM 54,–, öS 394,–, sfr 49,–

284 Walter,
Allgemeine Geobotanik
(Ulmer). 3. Aufl. 1986.
Dm 32,80, öS 239,–, sfr 30,50

521 Leser,
Landschaftsökologie
(Ulmer). 4. Aufl. 1997.
DM 39,80, öS 291,–, sfr 37,–

729 Kloft/Gruschwitz,
Ökologie der Tiere
(Ulmer). 2. Aufl. 1988.
DM 34,80, öS 254,–, sfr 32,50

888 Steubing/Schwantes,
Ökologische Botanik
(Quelle & Meyer). 3. Aufl. 1992.
DM 34,80, öS 254,–, sfr 32,50

1338 Häckel,
Meteorologie
(Ulmer). 4. Aufl. 1999.
DM 58,–, öS 423,–, sfr 52,50

1514 Schultz,
Die Ökozonen der Erde
(Ulmer). 2. Aufl. 1995
DM 39,80, öS 291,–, sfr 37,–

1650 Hampicke,
Naturschutz-Ökonomie
(Ulmer). 1991.
DM 36,80, öS 269,–, sfr 34,–

1793 Schönwiese,
Klimatologie
(Ulmer). 1994.
DM 39,80, öS 291,–, sfr 37,–

1947 Mühlenberg/Slowik,
Kulturlandschaft als Lebensraum
(Quelle & Meyer). 1997.
DM 39,80, öS 291,–, sfr 37,–

1958 Altmann,
Umweltpolitik
(Lucius & Lucius). 1997.
DM 44,80, öS 327,–, sfr 41,50

2001 Brandes/Recke/Berger,
Produktions- und Umweltökonomik
Band 1
(Ulmer). 1997.
DM 39,80, öS 291,–, sfr 37,–

2027 Seewald/Kronbichler/
Größing, Sportökologie
(Limpert). 1998.
DM 44,–, öS 321,–, sfr 41,–

UTB
FÜR WISSEN
SCHAFT

Fachbereich Auswahl
Ökologie

Bonn/Poschlod, Ausbreitungs-
biologie der Pflanzen Mittel-
europas
UTB Große Reihe 8142
(Quelle & Meyer). 1998.
DM 48,–, öS 350,–, sfr 44,50

Dierschke,
Pflanzensoziologie
UTB Große Reihe 8078
(Ulmer). 1994.
DM 98,–, öS 715,–, sfr 89,–

Dierssen, Vegetation Nordeuropas
UTB Große Reihe 8115
(Ulmer). 1996.
DM 148,–, öS 1080,–, sfr 131,50

Ellenberg, Vegetation Mittel-
europas
UTB Große Reihe 8104
(Ulmer). 5. Aufl. 1996.
DM 128,–, öS 934,–, sfr 114,–

Kaule,
Arten- und Biotopschutz
UTB Große Reihe 8028
(Ulmer). 2. Aufl. 1991.
DM 98,–, öS 715,–, sfr 89,–

Larcher,
Ökophysiologie der Pflanzen
UTB Große Reihe 8074
(Ulmer). 5. Aufl. 1994.
DM 88,–, öS 642,–, sfr 80,–

Launert,
Biologisches Wörterbuch
Dt.-Engl./Engl.-Dt.
UTB Große Reihe 8105
(Ulmer). 1998.
DM 78,–, öS 569,–, sfr 71,–

Otto,
Waldökologie
UTB Große Reihe 8077
(Ulmer). 1994.
DM 88,–, öS 642,–, sfr 80,–

Pott, Die Pflanzengesellschaften
Deutschlands
UTB Große Reihe 8067
(Ulmer). 2. Aufl. 1995.
DM 78,–, öS 569,–, sfr 71,–

Rabotnov,
Phytozönologie
UTB Große Reihe 8088
(Ulmer). 1995.
DM 98,–, öS 715,–, sfr 89,–

Steubing/Fangmeier,
Pflanzenökologisches Praktikum
UTB Große Reihe 8062
(Ulmer). 1992.
DM 58,–, öS 423,–, sfr 52,50

Wagner, Betriebswirtschaftliche
Umweltökonomie
UTB Große Reihe 8131
(Lucius & Lucius). 1997.
DM 49,—, öS 358,—, sfr 45,50

UTB
FÜR WISSEN SCHAFT

Fachbereich Auswahl
Biologie

Schroeder,
Lehrbuch der Pflanzengeographie
UTB Große Reihe 8143
(Quelle & Meyer). 1998.
DM 88,–, öS 642,–, sfr 80,–

15 Heß,
Pflanzenphysiologie
(Ulmer). 10. Aufl. 1999.
DM 58,–, öS 423,–, sfr 52,50

18 Baeumer,
Allgemeiner Pflanzenbau
(Ulmer). 3. Aufl. 1992.
DM 39,80, öS 291,–, sfr 37,–

62 Weberling/Schwantes,
Pflanzensystematik
(Ulmer). 7. Aufl. 2000.
DM 44,80, öS 327,–, sfr 41,50

110 von Faber/Haid,
Endokrinologie
(Ulmer). 4. Aufl. 1995.
DM 27,80, öS 203,–, sfr 26,–

791 Cleffmann,
Stoffwechselphysiologie der
Tiere
(Ulmer). 2. Aufl. 1987.
DM 32,80, öS 239,–, sfr 30,50

1015 Kaudewitz,
Genetik
(Ulmer). 2. Aufl. 1992.
DM 48,–, öS 350,–, sfr 44,50

1101 Topp,
Biologie der Bodenorganismen
(Quelle & Meyer). 1981.
DM 26,80, öS 196,–, sfr 25,–

1450 Ott,
Meereskunde
(Ulmer). 2. Aufl. 1996.
DM 39,80, öS 291,–, sfr 37,–

1472 Rensing/Cornelius,
Grundlagen der Zellbiologie
(Ulmer). 1988.
DM 42,80, öS 312,–, sfr 39,50

1476 Schubert/Wagner,
Botanisches Wörterbuch
(Ulmer). 12. Aufl. 2000.
DM 39,80, öS 291,–, sfr 37,–

1643 Brand,
Taschenlexikon der Biochemie
und Molekularbiologie
(Quelle & Meyer). 1992.
DM 29,80, öS 218,–, sfr 27,50

1741 Throm,
Grundlagen der Botanik
(Quelle & Meyer). 2. Aufl. 1996.
DM 36,80, öS 269,–, sfr 34,–

UTB
FÜR WISSEN
SCHAFT

Auswahl Fachbereich
Biologie

1787 Böhlmann, Botanisches
Grundpraktikumzur Phylogenie
und Anatomie
(Quelle & Meyer). 1994.
DM 29,80, öS 218,–, sfr 27,50

1817 Singleton,
Einführung in die Bakteriologie
(Quelle & Meyer). 1995.
DM 39,80, öS 291,–, sfr 37,–

1828 Oberdorfer, Pflanzen-
soziologische Exkursionsflora
(Ulmer). 1. Aufl. 1994.
DM 39,80, öS 291,–, sfr 37,–

1861 Kutschera, Kurzes Lehrbuch
der Pflanzenphysiologie
(Quelle & Meyer). 1995.
DM 49,80, öS 364,–, sfr 46,–

1869 Neumann, Pflanzliche Zell-
und Gewebekulturen
(Ulmer). 1995.
DM 36,80, öS 269,–, sfr 34,–

1871 Schwantes,
Biologie der Pilze
(Ulmer). 1996.
DM 42,80, öS 312,–, sfr 39,50

2026 Kutschera,
Grundpraktikum zur
Pflanzenphysiologie
(Quelle & Meyer). 1998.
DM 36,80, öS 269,–, sfr 34,–

Brunold/Rüegsegger/Brändle
(Hrsg.), Streß bei Pflanzen
UTB Große Reihe 8125
(P. Haupt). 1996.
DM 34,80, öS 254,–, sfr 32,50

Heß,
Biotechnologie der Pflanzen
UTB Große Reihe 8060
(Ulmer). 1992.
DM 78,–, öS 569,–, sfr 71,–

Kinzel, Stoffwechsel der Zelle
UTB Große Reihe 8040
(Ulmer). 2. Aufl. 1989
DM 36,–, öS 263,–, sfr 33,–

Spring/Buschmann,
Grundlagen und Methoden der
Pflanzensystematik
(Quelle & Meyer). 1998.
DM 34,80, öS 254,–, sfr 32,50

Preisänderungen vorbehalten.

Das UTB-Gesamtverzeichnis
erhalten Sie in Ihrer Buchhandlung
oder direkt von UTB,
Postfach 80 11 24, 70511 Stuttgart.